"十二五"国家科技支撑计划项目课题"严寒地区绿色村镇体系及其关键技术"研究成果(课题号:2013BAJ2B01)

严寒地区绿色村镇建设
综合评价体系与方法

杨晓林　王　洪　翟凤勇　等著

U0254205

中国建筑工业出版社

图书在版编目(CIP)数据

严寒地区绿色村镇建设综合评价体系与方法/杨晓林,王洪,翟凤勇等著. 北京:中国建筑工业出版社,2015.12

ISBN 978-7-112-18865-9

Ⅰ.①严… Ⅱ.①杨… ②王… ③翟… Ⅲ.①寒冷地区-乡镇-生态建筑-综合评价-研究-中国 Ⅳ.①TU18

中国版本图书馆 CIP 数据核字（2015）第 299984 号

本书是"十二五"国家科技支撑计划课题"严寒地区绿色村镇体系及其关键技术"(2013BAJ2B01)的研究成果之一。本书全面系统地梳理、研究了严寒地区绿色村镇建设的内涵、特征和建设目标,构建出适合严寒地区的综合评价指标体系,确定了综合评价模型与方法。全书共分 8 章,内容包括概述、绿色村镇建设基本理论、绿色村镇建设现状分析、严寒地区绿色村镇建设综合评价指标体系的建构技术、严寒地区绿色村镇评价指标的量化标准与方法、严寒地区绿色村镇综合评价模型、严寒地区绿色村镇建设综合评价软件解决方案、严寒地区绿色村镇建设管理体系与对策建议。

本书适用于村镇建设管理和研究部门的管理人员、研究人员、乡镇及村领导,也可供大专院校相关专业的师生参考。

* * *

责任编辑：赵晓菲　朱晓瑜

责任校对：陈晶晶　李美娜

严寒地区绿色村镇建设综合评价体系与方法

杨晓林　王　洪　翟凤勇　等著

*

中国建筑工业出版社出版、发行(北京海淀三里河路 9 号)

各地新华书店、建筑书店经销

北京红光制版公司制版

北京市密东印刷有限公司印刷

*

开本：787×1092 毫米　1/16　印张：16　字数：328 千字

2019 年 6 月第一版　　2019 年 6 月第一次印刷

定价：**58.00** 元

ISBN 978-7-112-18865-9

(28169)

版权所有　翻印必究

如有印装质量问题,可寄本社退换

(邮政编码　100037)

前 言

当今社会绿色理念已成为世界的主题。村镇建设必须与资源环境保护相协调,体现的是人与自然的和谐,其最终目的是改善人居环境。评价绿色村镇时,应充分体现节能、节地、节水、节材、保护环境,结合村镇所在地域的气候、资源、自然环境、经济、文化等特点,因地制宜进行指标设置与评价。因此,绿色村镇建设已经成本村建设的必由之路。

我国严寒地区的范围广泛,大约占国土面积的44.6%,主要集中在高纬度和高海拔地区。严寒地区的村镇建设由于受到恶劣的气候条件影响,而且这些地区的经济发展也不如南方经济发达地区,如何在这样的地区进行绿色村镇建设需要有针对性的研究。因此,制定一套适宜严寒地区绿色村镇建设的指标体系和评价方法,对于指导这些地区合理开展村镇建设,对绿色村镇建设现状进行评价,同时根据评价结果进行分析,发现建设中的问题,指明改进的方向,引导村镇建设向可持续发展的方向来进行具有现实的指导意义。

本书是"十二五"国家科技支撑计划项目课题"严寒地区绿色村镇体系及其关键技术"(2013BAJ2B01)的研究成果之一。本书由哈尔滨工业大学课题组成员编写,包括杨晓林、王洪、张红、翟凤勇、李良宝、叶蔓、冉立平、王洪林、鲍婷、周巧丽、杨伟、王悦、宫德圆、范东东、张洪波、曲红红。

本书全面系统地梳理、研究了严寒地区绿色村镇建设的内涵、特征和建设目标,构建出适合严寒地区的综合评价指标体系,确定了综合评价模型与方法。全书共分8章,内容包括概述、绿色村镇建设基本理论、绿色村镇建设现状分析、严寒地区绿色村镇建设综合评价指标体系的建构技术、严寒地区绿色村镇评价指标的量化标准与方法、严寒地区绿色村镇综合评价模型、严寒地区绿色村镇建设综合评价软件解决方案、严寒地区绿色村镇建设管理体系与对策建议。

由于时间和水平所限，本书中可能存在许多不足和待改进之处，恳请广大读者给予批评指正。同时期望通过本书的出版，为我国严寒地区绿色村镇建设领域的研究和绿色村镇建设的健康发展尽一份绵薄之力。

目　录

第 1 章

概　　述

1.1 研 究 背 景

中国是一个农业大国，2010 年，超过 50% 的中国人口仍然生活在农村地区。2003 年中央委员会举行了关于农村问题的工作会议，提出了"三农"问题。2004 年，温总理在两会会议上，做了政府工作报告。在报告中再一次提出"三农"问题。2004 年上海，胡锦涛总书记发言强调"三农"问题的地位。强调"三农"问题为全国工作的重点。这说明农村建设、农业问题已经成为国家、社会关注的重点。2006 年 2 月 21 日，中央"一号文件"提出了我国新农村建设总体方针。2012 年 11 月，中国共产党第十八次代表大会提出"美丽中国"的概念，这一概念延伸出美丽村镇，强调村镇建设要综合考虑经济、政治、文化、生态等方面的内容，注重可持续发展、提倡绿色节能型社会。

改革开放以来，我国城市经济发展水平取得了巨大的进步。2012 年城镇人口人均可支配收入较改革开放之初增长超 70 倍，人民生活水平稳步提升，教育、医疗、科技、军事等各方面成果卓著。然而，在取得如此进步的同时，城市的发展也付出了惨痛的代价。资源枯竭、环境恶化、自然灾害频发、城市规划混乱、交通堵塞、城市人口生活压力大、幸福指数普遍偏低。据国务院环保部门发布的统计结果显示，2012 年全国 74 个主要大中城市中，空气质量全年达标率仅占 4.1%，全国平均雾霾天气达 35.9 天。在 2014 年"两会"期间，中央政府决心下大力气治理雾霾天气，拨付 50 亿资金专门用于京津冀及周边地区大气污染治理工作。这种先污染后治理的路线让城市的发展付出了惨痛的代价。人们开始逐渐意识到可持续发展、人与自然和谐共生的重要性。

在新时期农村发展的进程中，党中央认真吸取了城市发展的教训，融入可持续发展的理念，同时借鉴西方发达国家村镇发展的成功经验，提出了社会主义新农村的建设标准，即："生产发展、生活富裕、乡村文明、村容整洁、管理民主"。强调在社会主义新农村建设进程中，不仅要注重经济发展，提高生产力发展水平，更要注重节能减排，保护生态环境。在提升农民物质生活水平的同时，关注其精神生活，注重农村人文环境的建设。此外，为避免城市建设中边建边拆，拆了又建的现象再次发生，村镇在早期建设中应做好规划工作，避免重复建设。新农村建设的内涵是丰富的，要求是全面的，思路是清晰合理的。为此，学术界提出了一个能够全面反映新农村建设内涵的名词——绿色村镇：即经济发展、生态健康、资源高效利用、人民幸福、管理民主、人与自然和谐共处的一种村镇。

在不同阶段，我国多位领导人都提出了村镇建设的要求，这一方面说明了国家对村镇建设、城镇化的重视，另一方面，随着时代的发展，村镇建设的重点和内涵也在不断调整。可以说村镇建设要顺应时代的发展。

现阶段，我国农村建设状况堪忧：乡镇工业造成的环境污染逐年增加，生活污水大多未经过处理，造成河流和水源的污染。缺少垃圾处理装置，生活垃圾大多只进行初级的掩埋或者直接丢弃，极大影响生活环境。养殖业产生粪便缺乏处理，堆砌在庭院，致使气味浓重。农业种植产生的秸秆很少进行利用，这样不仅浪费资源，而且每到秋天烧荒，都很容易引起火灾，产生巨大的烟尘也会影响空气的质量。另外，农村能源利用率低下产生很大浪费，缺少节水装置，农田灌溉效率低，生活用水一般都没有二次利用。农村缺少规划，宅基地、空地过多，导致土地的闲置和浪费。村镇建设技术落后，房屋保温性能差，冬季需要消耗能源较多，并且建筑水平落后，房屋质量较差。

以上这些问题严重影响了村镇的发展和居民的生活。特别在这个人口日益增多、能源危机严重的时代，节能环保的绿色理念已经成为全社会的共识。绿色村镇是以"四节一环保"和"可持续发展"为特征的村镇，这也是我国村镇发展的方向。在"十二五"期间，我国大力倡导以节能环保、可持续发展为特征的绿色村镇建设。然而，我国幅员辽阔，地域差别大，特别是我国北方地区，冬季寒冷，供暖时间长，能源消耗巨大，供水、道路、交通等方面都会受到影响，因此我国北方严寒地区绿色村镇建设要充分考虑严寒地区的特点，建设适合北方地区的绿色村镇。

然而，何为绿色村镇，绿色村镇的评定标准是什么，如何来评价一个村镇是否是绿色村镇，却没有一个科学合理的考核办法。目前国内该领域的相关研究中，对生态城市、可持续发展城市的评价内容较多，国家和各省市也都相应建立了指标体系和评价标准，但这些指标和标准都是针对城市发展的。专门针对绿色村镇的评价方法方面的研究还只是起步阶段。而针对城市的评价方法显然不太适合农村地区。国外相关领域研究成果虽然较多，但由于中国特殊的国情，并不具有太大的借鉴意义。同时，严寒地区的村镇建设由于受到恶劣的气候条件影响，这些地区的经济发展也不如南方经济发达地区，如何在这样的地区进行绿色村镇建设需要有针对性的研究。

综上所述，制定一套适宜严寒地区绿色村镇建设的指标体系和评价方法，对于指导这些地区合理开展村镇建设，对绿色村镇建设现状进行评价，同时根据评价结果进行分析，发现建设中的问题，指明改进的方向，从而引导村镇建设向可持续发展的方向来进行具有现实的指导意义。

本研究正是基于以上背景，依托"十二五"国家科技支撑计划课题"严寒地区绿色村镇体系及其关键技术（2013BAJ2B01）"，通过对严寒地区绿色村镇相关概念的分析和界定，结合相关理论基础，构建严寒地区绿色村镇评价指标体系，用以对正在建设的村镇进行引导、监督和绿色建设成果的评价。同时，可以有效地避免村镇建设的不科学、不绿色发展，帮助政府作出科学合理的决策。

1.2 研 究 现 状 分 析

1.2.1 绿色村镇研究现状

1.2.1.1 国外绿色村镇方面的研究

国外村镇建设的研究较早，出现了许多理论和建设方式，主要有：田园城市理论、卫星城理论、示范工程、一村一品、区域理论、新城镇运动理论等，都从不同角度和方向阐述了村镇整体发展的方向。

Liu Wenxia（2010）强调要以绿色的理念进行撤乡并镇，在撤乡并镇中行政村减少，大量土地闲置、饮用水供给、污水垃圾处理问题更加突出，这些更要注重绿色理念。同时还指出村镇建设中要注重绿色理念的推广、建立合理的制度和绿色技术支持系统，并认为绿色理念下建立的村镇可以提供给居民更好的生活条件和环境质量。Dinesh C Sharma（2010）指出通过发展绿色能源来改变村镇的生活，印度主要通过政府政策引导和民间团体来进行绿色能源的推广，推进绿色能源的技术和结合当地实际情况发展绿色能源缓解农村用电紧张和能源浪费。Colin Trier 和 OlyaMaiboroda（2009）提出在农村进行绿色村镇建设，使居民改变生活方式和支持村镇建设是一个巨大的挑战，村民的合作和积极参与使绿色村镇建设形成滚雪球的效果，提高建设速度。

Jan Hinderink 和 Milan Titus（2010）主要研究小城镇与区域发展的关系，该文章提出村镇发展水平与政治经济条件有很大关系，探求村镇的发展及村镇合理的范围。Han Fei（2011）指出了不同的区域经济类型和与之对应小城镇发展策略。George Owus（2008）提出小城镇建设可以带动区域经济发展，小城镇建设的核心是充分的资金和中央政府的支持。Hubert H. G（2009）在研究农村可持续发展问题时，指出农村水资源利用效率低下，这严重影响了农民的收入，要建立完善的雨水和灌溉系统，使水资源得到可持续利用。

国外村镇建设实践方面对我国村镇建设也有很多启示。西方发达国家，工业化和城市化较早，为了解决城市拥堵，避免农村人口的大量流入，开始重视农村建设。由于其村镇建设时间较早，村镇建设理论及实践都比较成熟。而在亚洲以日本和韩国为代表的村镇建设也取得了很好的效果。

在德国，随着城市的发展，基础设施和公共服务的完善，越来越多的农村人口涌入城市，为了解决农村人口过疏的问题，德国政府提出村镇改造的计划，创造更好的生活和生产环境让农民愿意留在村镇。在这一过程中德国非常注重环境和景观的保护，时刻注意避免先污染后治理的情况发生，绝不允许为了经济而破坏环境的行为，因而德国的森林覆盖率较高。而且在环境保护方面制定了许多明确的规定和硬性指标，任何项目都要遵守。同时，德国非常注重农村污水和垃圾的处理，每个村镇都有污水处理装置或技术，在镇政府所在地还有污水处理厂。可见德国对于环境保护的重视程度。

英国作为世界上最早进入工业化的国家，由于其工业快速发展、城市化程度不断加大，由此产生了许多环境问题。工业生产与城市生活产生巨量的垃圾、污水没有处理就排放到环境中去，城市扩张造成农村土地减少等诸多问题，使得英国政府不得不采取措施来遏制环境的破坏和乡村土地的减少。因此英国开始了绿色村镇的建设。英国首先把绿色村镇的重点放在了村镇环境保护、景观绿化和农业用地的使用上面，并且颁布了《国家公园和乡村土地使用法案》。此外，由于生产和生活产生的大量垃圾也困扰着英国政府，因而英国村镇建设中特别注意垃圾处理问题，在村镇和城市周边修建垃圾厂，并且用垃圾产生清洁能源，用来供能和发电，这样垃圾得到很好的处理，变废为宝，保护了环境的同时也节约了能源。

日本是一个资源匮乏的国家，在很早就意识到节能环保的重要性，在村镇建设中也特别重视这一方面。政府要求村镇建设有详细的规划，通过规划合理地利用村镇的土地资源，避免浪费。而且特别重视基础设施和服务设施的建设，并在很早的时候就将其纳入了村镇建设的重点内容。在水资源方面从原来的修建农业水渠、蓄水池等设施以及节水灌溉装置，到近年来，采取各种保护生态环境的建设方式，如恢复当地生物栖息地，既保护了环境，又有更好的水利功能。

1.2.1.2　国内绿色村镇方面的研究

我国关于农村发展和建设研究从新中国建立已经开始，尤其是改革开放以后，特别是"十一五"和"十二五"的科技支撑计划开始支持与绿色村镇建设相关的课题研究。目前，国内研究村镇建设主要集中在土地利用和集约、建筑节能技术、能源选择与新能源、村镇的规划、村镇公共服务设施、技术适宜度等领域。例如：杨俊（2011）分别对村镇的绿色性和耐久性进行了经济分析，把建筑的节能、节水、节地、节材折换成现值分析绿色建筑经济性问题。崔明珠（2012）进行东北村镇太阳能采暖效果和集热器面积关系的研究，给出了针对不同采暖要求和节能与非节能建筑这两个指标的采暖热负荷与集热器面积的公式和数值。林亦婷（2012）针对寒地村镇屋顶的形式、材料、构造方法等做了细致的分析，提出了适宜性问题。肖忠钰（2008）和王建庭（2008）分别进行了北方寒冷地区村镇住宅节能技术适宜度评价研究和北方寒冷地区村镇住宅建筑节能适宜技术研究。

黄晓军和杨丽（2006）针对村镇规划提出了合理化建议。姜轶超（2013）提出了东北地区绿色小镇的城乡发展不统一、绿色"底子差"、科学技术水平低等问题，并针对问题给出统筹城乡发展、充分利用"大农业优势"和增加资金、技术投入等解决对策。

除此之外，我国还开展了生态村镇美丽乡村等新农村建设等工作，围绕这些工作开展了相应的评价标准方面的研究。

1.2.2 绿色村镇评价指标体系研究现状

1.2.2.1 国外关于绿色村镇评价指标体系相关研究

国外关于绿色方面的评价体系较多，主要集中在建筑方面。英国是最早开始绿色建筑领域研究的国家之一。现在已有的比较成熟的绿色建筑评估体系有英国的BREEAM、美国的 LEED、加拿大的 GB-TOOL 等。这些体系针对不同的评价对象有各自的评价指标和评价方法，并且成为各国绿色建筑评价的依据。随着绿色建筑领域的不断发展，越来越多的学者参与进来，Rebecca C（2008）对比和分析了不同绿色建筑评估体系指标的区别和联系，并站在规划的角度，给出不同指标体系的适用情况。Hikmat H. Ali（2009）提出一种适合发展中国家的绿色建筑评估模型。Bryce Gilroy Scott（2009）在《绿色建筑评价和材料和能源效率》一文中提到应采用生态足迹对绿色建筑进行评估，注重材料的循环利用，并对建筑进行合理化设计，以确保建筑寿命的延长。Duk-Byeong Park 和 Yoo-ShikYoon（2010）利用德尔菲法和层次分析法，提出了一个包含四个模块 33 个指标的可持续乡村发展指标体系。这套指标体系中所有的指标都是可测量的。2000 年意大利学者 Marco Trevisan 采用地理信息系统（GIS）技术对城市生态系统进行了评价；Matthew A（2001）利用生态足迹模型，将之与生态系统过程模型结合，来对生态系统进行评价；国外近期研究中，学者们开始将研究重点从范式的模型构建转移到具体对象的实际评价上来；U. M. Mortberg（2007）对瑞典斯德哥尔摩市生态状况进行评价时，通过分析生物多样性和城市化进程对城市生态环境的影响，确立了相应的指标体系和定量化分析模型，并进行模型应用，最终探索出减轻城市化进程对生物多样性影响的途径；A. Cherp（2008）则采用系统分析理论对中欧国家和中亚转型国家环保意识状况进行评价；LeslieRichardson 和 John Loomis（2009）利用 CVM 模型（权变价值方法）和 WTP（willing-to-pay）模型对生态环境进行了评价；Eneko Garmendia 和 Sigrid Stagl（2010）指出，在对城市环境进行评价时，融入公众的态度，能够更真实的反映城市环境的状况，为证明此观点，两位学者选取了欧洲典型的三个资源管理的案例，通过建立模型，进行了实证分析。

国外对综合评价指标体系问题研究较早，现已形成了很多方法，Satty T. L 通过利用层次分析法（AHP）来进行指标筛选和权重确定。Chankong V 利用决策理论里的多目标决策来建立指标。而随着数学、计算机等学科的发展，不同学科方法的交叉融合，形成了许多新的综合评价和指标体系建立方法，如模糊综合评价、灰色关联、主成分分析、因子分析、聚类分析等方法。而随着计算机和信息领域的进一步发展，出现了人工神经网络技术、遗传算法、蒙特卡洛模拟等新的方法。而且现在不同领域方法结合的趋势越来越明显，出现了如模糊 AHP，模糊灰色关联聚类等方法。20 世纪 80 年代，由波兰数学家 Z. Pawlak 提出的粗糙集算法，由于其在处理不完整、不精确、模糊的数据和不确定知识方面的优势，而且可以仅根据数据来进行指标约简，确定属性间的重要程度，因而越来越受到学术界的重视，现已成为一个热点研究内容。

1.2.2.2　国内关于绿色评价指标体系的研究

绿色村镇的建设观念在我国传播较晚。传统村镇规划建设更多考虑其经济性能和使用性能，而忽略了村镇建设对生态环境的影响，其评价体系的研究不仅不全面，而且更多建立在专家定性的描述阶段，并没有从定量的角度给出绿色村镇的评价标准和评价方法。目前，专门针对绿色村镇的评价还处于空白状态。不过相关领域研究成果则较多。在指标体系构建方面，2011 年国家环保部门颁布了《绿色低碳重点小城镇建设评价指标（试行）》。该体系针对我国小城镇发展的特点，从经济、社会、环境、能源、规划、景观、文化等 7 个方面，构建了 35 个项目、62 个指标的评价体系。2012 年，中国村镇建设部门联合亚太环保协会，组建了"中国美丽村庄研究课题组"，经过近一年时间的调研和分析，建立了《中国美丽村庄评鉴指标体系（试行）》。该体系从经济、社会、人文、环保四个角度，遵循人与自然和谐发展的原则，从 7 个方面构建了 21 个二级指标的评价体系。此外，针对我国部分地区提倡的生态村镇建设，有学者从环境、经济、社会三个方面构建了 15 个评价指标体系。需要指出的是，美丽村庄、生态村镇、绿色低碳小城镇虽然和本文的绿色村镇名称相似，但内涵有本质区别，前者更多关注村镇建设的生态效应。

我国的学者在相关方面取得了相应的研究成果。车乐（2010）运用空间—时间—环境三维联动的评价体系对生态世博进行评价。李海龙（2011）通过对生态城市建设的现状分析，提出了生态城市指标体系，并且在研究生态文明城市的建设理论与方法中，阐述了生态城市起源和标准。王婉晶（2012）通过对国内绿色、环保、生态城市相关指标体系的对比分析，建立了绿色城市指标体系。

新农村建设方面，张磊（2009）根据国家新农村建设二十字方针，针对现有村镇指标构建问题，建立新农村建设评价指标。赵复强（2008）针对新农村建设评价指标纵向可比较性较差、阶段性指标缺乏、产业化指标不明确、融资指标缺失和粮食指标遭忽视等问题，提出了六点具体措施。李广海（2007）等挖掘和谐的理念，将其与新农村建设结合，运用层次分析法建立指标体系。李佐军（2006）通过研究以人为本的发展理论，并将其作为基础，建立以人为本的理论模型，从发展和建设社会主义新农村的发展情况、农民的条件、要素条件、制度条件和劳动条件五个方面建立指标体系，并对新农村建设和发展进行模糊综合评价。

可持续发展指标体系方面，国内论文较多，如胡晓凯（2012）提出了山东省农业发展可持续评价指标体系，王丽枝（2013）基于对国内外可持续发展体系的研究，根据河北省具体的情况，提出了河北省小城镇评价指标体系。郝波（2009）从系统需求的角度出发，提出了一种构建可持续发展指标的建设思路。

国内关于综合评价指标体系的研究也很多，如王铮使用综合回归法，张尧庭（1990）使用数理统计的方法筛选指标。苏为华（2000）对数理统计方法和指标体系结构优化进行了系统研究。陈海英（2004）通过对智能指标筛选方法的研究，提出了神经网络法进行指标优化的具体步骤。陈洪涛（2007）提出了应用粗糙集理论来进行冗余指标的约简。李远远（2009）详细地阐述了粗糙集理论如何进行指标筛选和权重确定。齐宝库（2012）基于 BP 神经网络，详细的分析了其在绿色建筑评价中的优势，并建立了评价模型。张昆（2012）将相关性分析与粗糙集的理论进行结合建立了指标筛选模型，先用相关分析进行第一次筛选，再用粗糙集进行第二次指标筛选，最后形成生态评价指标体系。刘样（2012）通过采用多种评价方法的融合，建立了 SG-MA-ISPA 模型，可以较好地对可持续发展指标体系进行筛选。

熊鹰（2008）则利用层次分析法评价生态安全性；容咏勤（2012）也曾在绿色村镇住宅建设模式研究中利用了层次分析法进行评价；张凤太（2008）将熵权法和灰色关联度法相结合来对城市生态安全进行评价；耿勇（2010）将灰色关联分析和层次分析法结合起来对城市复合产业生态系统进行评价；还有一些应用计算机等先进科技进行评价的尝试，比如高玉荣（2012）利用遥感 RS 和 GIS 技术，对黑龙江省生态环境做过全面的分析和评价；徐大立（2007）等人在对浙江农业生态地质环境做评价时借助了生物生产力法和环境价值损失折算法。

1.2.3 国内外研究评述

从大量文献可以看出，国外从不同的角度研究村镇建设，如农村地区对清洁能源的利用研究、撤乡并镇中以绿色的视角进行建设、绿色村镇建设中居民参与的重要性、村镇建设与区域发展等。这些研究丰富了村镇建设理论，对绿色村镇建设有很强的指导意义。同时英国、德国和日本等村镇建设的经验也对我国绿色村镇建设有很强的指导意义。我国学者从技术、经济、适用性、规划等角度对村镇建设进行了研究。但是无论是国内还是国外，更多的是选取绿色村镇建设的一个方面进行研究，缺少对绿色村镇总体、绿色村镇概念的研究。

评价指标体系研究方面，国外对于绿色建筑、绿色住宅的研究形成了许多指标体系。但是针对村镇整体的较少，而且绿色建筑更多是以城市建筑为标准，对于村镇经济水平来说难以达到。而国内针对新农村、可持续发展的指标体系研究论文数量巨大，但许多是从小康社会思路进行的。目前，专门针对绿色村镇的评价研究内容较少，对相关领域比如生态环境、城市生态系统、绿色建筑、绿色住宅、绿色建筑的评价成果很多。纵观国外这些领域的发展历程，我们发现其在前期和后期的研究侧重点不同。发展的前期多致力于构建评价模型，从总体上进行定性评价，而忽视其实际的操作价值，也很少有学者将研究成果应用到某一具体对象上进行实际评价。而到后期，学者们开始转化研究思路，采取先选定评价对象，根据评价对象特点，构建与之匹配的评价模型，在此基础上通过调研，获取数据，得出评价结果，并给出意见和建议。

纵观国内外相关研究成果，主要问题如下：

（1）绿色村镇的评价目前还处于空白状态。尽管目前关于生态村镇、生态城市、绿色建筑的评价方法较多，但其与绿色村镇的内涵有本质区别，绿色村镇不仅强调村镇建设的生态要求，环境要求，更关注村镇规划的合理性、村镇的产业发展、基础设施建设、景观绿化、人文环境、交通物流、卫生教育等。因此，绿色村镇的评价过程应更复杂，涉及面更广。

（2）国内相关领域评价方法多是定性评价，缺乏科学准确的数量依据。国外的评价模型和方法虽然较多，但由于国内特殊的国情，照搬照抄并不适用。因此，必须根据国内绿色村镇的内涵和特点，借鉴西方国家的研究成果，开发适合我国国情的绿色村镇评价体系。

（3）目前国内外研究成果中，评价对象多是城市，专门针对农村地区的研究很少，而城市和农村发展状况不同、要求不同，相应的评价标准也应有所区别。因此，针对城市的评价模型不能直接拿来评价村镇，必须针对村镇特点，构建与之相适应的评价体系。

综上所述，建立一套适合我国村镇建设特点的绿色村镇评价体系极为必要。

1.3　课题研究的意义与目的

1.3.1　课题研究的目的

绿色村镇的概念在我国已慢慢为人们所认识。"十二五"期间国家也在全国推行生态村镇、绿色村镇的建设。然而，建设状况如何，是否达到了绿色村镇的建设标准，却没有一个科学的评价方法和评价标准。新农村建设背景下，村镇建设涉及面广、影响因素多、过程复杂、不能单纯地通过某一方面的改善来衡量绿色村镇整体的建设效果。同时若没有一套科学的建设标准，各地方在建设过程中便没有参照体系，盲目建设的后果很可能是浪费资源、拆了重建，不仅达不到计划目标，还可能走上重复建设的老路。因此，必须建立一套能够为各村镇建设提供参考和依据，能够全面考核各地绿色村镇建设效果的评价体系和评价方法。

绿色村镇是一个经济高效发展、生态良性循环、资源节约利用的农村聚居点，具有"四节一环保"的特点，是自然、村镇和人融为一体的"社会－经济－自然"复杂融合的系统。

绿色村镇建设的效果如何，建设的方向和重点是否正确，这些问题怎么来评判和衡量，需要建立一个科学合理的绿色村镇指标体系来实现。通过严寒地区绿色村镇评价指标体系来评价村镇建设的情况、绿色建设的现状、建设中的不足和差距等。然而，严寒地区绿色村镇建设是一个长期的复杂的建设过程。它受到气候条件、地理位置、风俗习惯、经济水平、社会环境等方方面面的影响，因此其评价指标体系需要多方面的考虑。

本课题的研究目的主要有：

（1）借鉴国内外生态、可持续发展、绿色建筑和区域发展评价指标体系，结合我国严寒地区绿色村镇特点，进行严寒地区绿色村镇综合评价指标体系建构技术研究，建立一套适合我国严寒地区的绿色村镇建设评价指标体系。

（2）进行严寒地区绿色村镇评价指标的量化标准与方法研究，明确严寒地区绿色村镇建设综合评价各项指标的确定方法。

（3）建立各种综合评价模型进行综合评价。

（4）研发严寒地区绿色村镇建设综合评价软件进行综合评价。

1.3.2　课题研究的意义

"十一五"期间，国家提出创建"生产发展、生活富裕、生态良好、村容整洁、管理民主"的社会主义新农村议题，并已经取得了一系列成果。"十二五"期间，党中央更加注重村镇建设的生态性和绿色性，对节能、节水、节材、节地及绿色环保低碳提出了更高的要求。绿色村镇的评价研究无疑响应了党中央的要求，是绿色村镇建设的必要前提，具有极大的理论意义和实践意义。

（1）理论意义。丰富绿色村镇理论体系。首先，严寒地区绿色村镇的评价是绿色村镇理论体系的重要组成部分。目前，绿色村镇的内涵已经开始为国人所接受，相关的研究工作也在有条不紊的展开。对绿色村镇进行评价方法的研究是绿色村镇课题研究的重要环节，也是绿色村镇从理论到实际应用的重要步骤，能够极大的丰富绿色村镇的理论体系。

（2）实践意义。建立严寒地区绿色村镇评价指标体系可以指导绿色村镇的建设，有很强指导意义。同时合理的绿色村镇评价指标体系可以用来对村镇建设效果进行有效的评估，对绿色村镇建设起到监督和促进作用，让绿色村镇建设更加合理。

1.4　课题研究方案

本课题的研究目标是在可持续建设、循环经济理论、生态设计理论、全寿命周期理论的指导下，结合严寒地区的气候、资源、文化以及经济发展的特点，以充分体现节能、节地、节水、节材、保护环境为特征，通过课题研究形成一套适应严寒地区的绿色村镇建设综合评价指标体系和综合评价方法以及支撑的关键技术。

因此，运用可持续发展理论、循环经济理论、生态设计理论、全寿命周期理论，结合严寒地区的特点，对绿色村镇明确定义。在对绿色村镇进行全面分析的基础上，以充分反映节能、节地、节水、节约材料以及环境保护等方面情况，建立一套适宜严寒地区村镇特点及规模的综合评价指标测度和综合评价指标体系，同时开展严寒地区绿色村镇建设评价指标的量化标准与方法研究，结合严寒地区村镇特点，制定严寒地区绿色村镇建设评价的量化标准与评价方法，构成严寒地区绿色村镇体系研究的技术工具。

该研究的技术路线如图 1-1 所示。

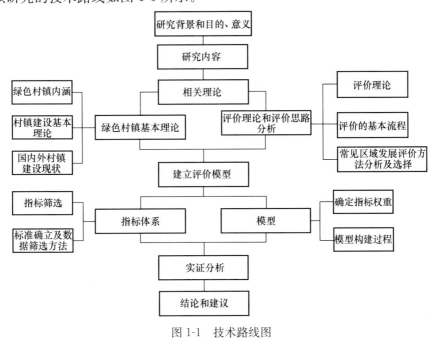

图 1-1　技术路线图

该课题的研究过程如图 1-2 所示。

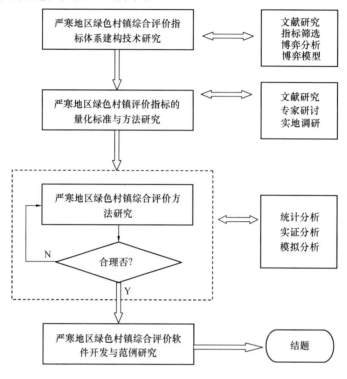

图 1-2　研究过程示意图

1.5　课题研究的主要方法

根据课题研究的需要，主要采用以下几种方法进行课题研究：

（1）文献研究法

在进行绿色村镇的定义以及指标海选时均采用文献研究法来进行。由于绿色村镇还没有一个被广泛认可的定义，因此在构造指标体系之前，先需要明确其定义，这时就需要通过查阅相关文献，通过现有研究文献中的相关定义，通过理论分析，给出一个合理的定义。在指标的筛选过程中，首先要进行指标的海选，这时就要运用文献研究方法，收集国内外相关研究中与绿色村镇建设相关的各类评价指标，并运用频度分析法与理论分析相结合等方法构建最终的指标体系。

（2）比较分析法

将绿色村镇建设与生态城市、生态县、生态村建设进行比较，将绿色村镇建设与社会主义新农村建设进行比较，将绿色村镇建设与低碳小城镇建设进行比较，将绿色村镇建设与美丽乡村建设进行比较，分析其异同点，参考其指标体系中的相关指标。将国外村镇建设与国内村镇建设进行比较，吸收国外村镇建设的优点，将反映其优点的相应指标考虑在指标体系的指标设立或指标评价中。

（3）实地调查法

通过对严寒地区的村镇进行实地调查和对村镇居民进行问卷调查的方式来获得研究的第一手资料，并对获得的资料进行分析整理，提取与研究相关的内容，从村镇体系的宏观角度和居民感受的微观角度进行严寒地区绿色村镇的深度研究，从而指导指标体系的构建。

（4）专家意见法

主要是采用访谈、邮件、开会等多种方式征询该领域专家对于指标体系初选的意见，经过对专家意见进行梳理，构建严谨的、可应用性的指标体系，在严寒地区绿色村镇建设中，发挥指引和控制的作用。

第 2 章

绿色村镇建设基本理论

2.1 绿色村镇建设的理论基础

2.1.1 生态学理论

2.1.1.1 生态学概念

生态学概念最早由德国生物学家赫克尔（Ernst Haeckel）于 1869 年首次提出，并于 1886 年创立生态学这门学科。赫克尔将生态学定义为：生态学是研究生物体与其周围环境（包括非生物环境和生物环境）相互关系的科学。生态学研究的基本对象是两方面的关系，其一为生物之间的关系，其二为生物与环境之间的关系。对生态学的简明表述为：生态学是研究生物之间、生物与环境之间相互关系及其作用机理的科学。我国著名的生态学家马世骏根据系统科学的思想提出：生态学是研究生命系统和环境系统相互关系的科学。

生态学理论的形成和发展经历了漫长的历史过程，在人类历史的早期，朴素的生态学思想萌芽。随着科学技术的飞速发展，工业的快速增长，工业发展、经济增长也带来了资源竞争、工业污染及生态环境恶化等问题。其中生态问题成为制约可持续发展的重要因素之一，1992 年"环境与发展大会"的召开，联合国组织及各国政府，已把生态学的基本原则看作是社会可持续发展的理论基础。可持续发展观念协调社会与人的发展之间的关系，包括生态环境、经济、社会的可持续发展，但最根本的是生态环境的可持续发展。应当指出，由于人口的快速增长和人类活动干扰对环境与资源造成的极大压力，人类迫切需要掌握生态学理论来调整人与自然、资源以及环境的关系，协调社会经济发展和生态环境的关系，促进可持续发展。生态村镇是研究村镇人类活动与周围环境之间关系的理论。同时生态与绿色都体现了环保、节能的思想，因此生态理论也就成为绿色村镇建设的直接理论基础之一，所以生态学的很多理论与方法可以移植和应用到生态村镇建设理论中。

2.1.1.2 生态学研究对象

生态学主要研究对象是生物和环境、人与环境的关系，这其中涉及许多方面和许多学科。

（1）生态建设

生态建设简称 ECO，是 Eco-build 的缩写，主要是对受人为活动干扰和破坏的生态系统进行生态恢复和重建，是根据生态学原理进行的人工设计，充分利用现代科学技术，充分利用生态系统的自然规律，是自然和人工的结合，达到高效和谐，实现环境、经济、社会效益的统一。生态建设是以改善生态环境、提高人民生活质量、实现可持续发展为目标，以科技为先导，把生态环境建设和经济发展结合起来，促进生态环境与经济、社会发展相协调。

生态建设的直接目标是修复受损生态系统和景观的结构、功能和过程并使之达到健康的状态，因此生态建设的参照系未必是原生的生态系统和景观。恢复或重建的系统能够长期持续地自我维持，是生态建设的最终目标。

生态建设的特点包括：

1）复杂性。生态建设不可能超越一定历史、社会、经济、文化等多种因素的影响和制约，所以不单纯是技术问题，相反具有相当的复杂性。因此，生态建设中的非技术因素，特别是人文社会因素必须引起足够重视。

2）针对性。必须针对具体区域的生态环境问题进行规划、设计和实施，即所谓因地制宜。

3）动态性和不确定性。生态建设的动态性源于生态系统本身组成、结构、过程和功能的动态性，而且，生态系统的动态演替或灾变更多地表现为复杂的非线性，导致实践中生态建设作用下生态系统和景观演变方向的不确定性，也就意味着生态建设不可避免地存在风险。因此，开展相关评价工作就成为生态建设过程中的重要环节。

生态的恢复和重建过程需要根据生态学的原理和方法进行，遵循生态系统的自然规律和其他生物的习性，试图尽量保持生态系统的平衡、稳定、和谐，使人与自然环境和谐统一，实现经济、社会、环境的和谐发展。

（2）生态材料

随着社会的发展，资源消耗急速增加，资源的枯竭，大量废弃物及有害物排出，地球环境日益恶化，严重威胁人类自身的健康。为了解决资源与环境的协调问题，必定要在材料科学与工程学科中反映环境与健康意识。以日本的山本良一教授为代表的材料学家们提出了生态材料的概念。

生态材料，是指那些具有良好使用性能或功能，并对资源和能源消耗少，对生态与环境污染小，再生利用率高或可降解循环利用，在制备、使用、废弃直到再生循环利用的整个过程中，都与环境协调共存的一大类材料。它不仅包括直接具有抗菌、防污净化环境、修复环境等功能的高新技术材料的开发，也包括对现在用量大、使用面广的传统材料及其产品的改造，使其"环境化"。事实上，现存的任何一种材料，一旦引入环境意识加以改造，使之与环境有良好的协调性，就应列入"生态材料"。

生态材料应具备三个特点：

1）先进性，即为人类开拓更广阔的活动范围和环境；

2）环境协调性，使人类的活动范围同外部环境尽可能协调；

3）舒适性，使活动范围中的人类生活更加健康、繁荣、舒适。

21世纪是可持续发展的世纪，要实现社会的可持续发展，作为社会发展物质基础的材料应该首先实现可持续发展的目标。生态环境材料作为解决资源、能源和环境问题的实体材料，也是研究村镇中居民和环境之间关系的重要部分。

（3）生态城市

随着经济日益增长，人类生态环境逐步恶化，资源枯竭、人口膨胀、水土流失、生物多样性减少等问题越来越突出。在这一背景下，"人与生物圈计划"由联合国教科文组织在20世纪70年代提出。在该计划中，首次出现生态城市的概念。1981年，苏联城市生态学家亚尼茨基提出"生态城市"的理想模式。20世纪90年代，人们进一步深化对生态城市的认识，不仅重申社会生态的意义，而且强调生态伦理和道德价值在生态城市建设中的重要性以及对复合生态系统的认识。进入21世纪后，生态城市得到学界和社会的广泛接受。生态城市从广义上讲，是建立在人类对人与自然关系更深刻认识的基础上的新的文化观，是按照生态学原则建立起来的社会、经济、自然协调发展的新型社会关系，是有效的利用环境资源实现可持续发展的新的生产和生活方式。狭义的讲，就是按照生态学原理进行城市设计，建立高效、和谐、健康、可持续发展的人类聚居环境。

生态城市的创建标准，要从社会生态、自然生态、经济生态三个方面来确定。社会生态的原则是以人为本，满足人的各种物质和精神方面的需求，创造自由、平等、公正、稳定的社会环境；经济生态原则保护和合理利用一切自然资源和能源，提高资源的再生和利用，实现资源的高效利用，采用可持续生产、消费、交通、居住区发展模式；自然生态原则，给自然生态以优先考虑最大限度的予以保护，使开发建设活动一方面保持在自然环境所允许的承载能力内，另一方面，减少对自然环境的消极影响，增强其健康性。

总体来看，生态城市的基本理念是自然、社会、经济等复合而成的整体生态，阐述本体与其周边整体环境的共生关系，其核心含义是"关系的和谐"，这种和谐要体现在人与自然能够和谐共存，互惠互利上，同时，经济、社会、环境相互协调，实现可持续发展；二是空间上的强调整体性，注重整体宏观地域环境背景下的整体效益评价；三是时间上的注重整体性，即不仅要看当前的效益还要看未来的效益。

2.1.2 城市建设相关理论

随着我国现代化和城市化的发展，国家越来越重视城乡一体化、区域协调发展。城乡一体化是我国现代化和城市化发展的一个新阶段，城乡一体化就是要把工业与农业、城市与乡村、城镇居民与农村居民作为一个整体，统筹谋划、综合研究，通过体制改革和政策调整，促进城乡在规划建设、产业发展、市场信息、政策措施、生态环境保护、社会事业发展的一体化，改变长期形成的城乡二元经济结构，实现城乡在政策上的平等、产业发展上的互补、国民待遇上的一致，让农民享受到与城镇居民同样的文明和实惠，使整个城乡经济社会全面、协调、可持续发展。而区域协调发展是指某一区域城市和农村把经济、资源、环境、社会的各个方面综合考虑，使各个部分相互促进、协调发展，使全区域发展达到和谐最优，而不是为了某一方面的发展而造成其他方面的破坏。由于城市发展与农村息息相关，村镇的发展需要借鉴城市发展的经验，避免城市发展中出现的问题，从而较好、较快的建设绿色村镇。因此，绿色村镇可以借鉴城市建设的相关理论，如绿色城市理论、生态城市理论、生态园林城市理论、可持续城市理论等。

2.1.2.1　绿色城市理论

古今中外关于"绿色城市"的思想萌芽很早，但直到 20 世纪末，才在全球生态环境恶化的背景下形成了确定的概念，并在全球范围内广泛开展。

欧美绿色城市强调的是城市可持续发展的思想。绿色城市具有多种表现形式，体现在不同国家、不同城市的各个层面，如城市形态、土地利用、交通模式及城市的经济和管理手段等。在此基础上，绿色城市在强调城市内部结构关系、城市与自然关系的同时，又涉及了城市中人与人的关系。可见，"绿色城市"是一个动态的概念，随着不同的时代背景而不断丰富提高。绿色城市可以定义为社会经济、生态环境健康发展，城市环境优美宜居，人民生活富足安康的现代化城市。绿色城市具有合理的绿地系统、广阔的绿色空间、较高的绿地率和绿化覆盖率，环境（空气）质量优良，园林景观优美；绿色城市基础设施完善，自然资源受到妥善保护和合理利用，环境污染被有效控制，能量和物质的输出与输入达到动态平衡，自然生态和人工环境完美和谐；绿色城市进行绿色生产，城市经济高效运转，与城市环境协调发展；绿色城市崇尚绿色生活，人居环境良好，社会和谐进步；绿色城市文化繁荣，具有浓厚的地方特色和独特风貌。可见，绿色城市是环境、生态、经济、社会和文化高度和谐、可持续发展的城市。绿色城市的本质是生态城市，能量和物质的输入与输出达到动态平衡，"自然、社会、经济"协调发展，需求欲望与物质财富相适应，是人类进步理念在人居环境建设与发展中的体现。

要实现绿色发展，不能以牺牲其他地区的生态环境质量来维持自己的生态环境质量，孤立地推行以取悦视觉而非以生态质量为目标的城市绿化，不能称之为绿色发展。相对于其他城市概念而言，绿色城市涵盖了绿色科技、绿色能源、绿色住宅、绿色消费等多方面内容，内涵更丰富，目标层次更合理，使得绿色城市在"绿色经济、绿色新政"的社会运动和思潮背景下基础更坚实，途径更具体，定位更准确。

2.1.2.2 生态园林城市

我国从 1992 年开始园林城市的创建活动，其重点在城市的绿化建设，实行了十多年后，全国城市的生态化倾向越来越明显。因此，2004 年 9 月 22 日，国家建设部向全国又发出了创建生态园林城市的号召，提出建设生态园林城市的新目标，其根本目的在于落实以人为本，全面、协调、可持续的科学发展观，促进我国城市的可持续发展。由于目标明确单一，可操作性强，适合目前我国的国情，对于改善我国城市的生态环境，以及建设生态城市都具有重要的现实意义和基础作用，所以创建"生态园林城市"成为建设生态城市的阶段性目标。

生态园林城市的理论尚在发展之中。2004 年生态园林与城市可持续发展高层论坛就生态园林城市与可持续发展问题进行了深入研讨，与会学者达成了共识：保护非再生自然资源；珍惜赖以生存的生态环境；抢救逐渐消亡的历史文化；统筹经济发展与环境建设；建设舒适宜人的绿色家园；缩小区域差异与平衡发展；重视科学规划与有效实施；承担历史赋予的社会责任。建设"生态园林城市"就是要利用环境生态学的原理，规划、建设和管理城市，进一步完善城市绿地系统，有效防治和减少城市大气污染、水污染、土壤污染、噪声污染和各种废弃物，实施清洁生产、绿色建筑，促进城市中人与自然的和谐，使环境更加清洁、安全、优美、舒适。真正的生态园林城市应该是生态之城、美丽之城、高效之城、和谐之城。

2.1.2.3 可持续城市

20 世纪 90 年代中期，随着世界城市化率接近 45％，城市因其人口和经济活动高度集聚的特点，被视为导致各种不可持续发展问题的现实根源，也被看作是实现可持续发展的未来希望。1995 年，瑞典皇家科学院召开"可持续城市"系列研讨会，探讨城市可持续发展的相关问题；1996 年，第二届联合国人类住区会议首次提出"可持续城市"的官方概念：在这个城市里，社会、经济和物质都以可持续的方式发展，根据其发展需求有可持续的自然资源供给（仅在可持续产出的水平上使用资源），对于可能威胁到发展的环境危害有可持续的安全保障（仅考虑到可接受的风险）。之后，可持续城市的概念逐渐深入人心，被认为是满足可持续发展目标的理想城市模型，包含公平、美丽、创造、生态、易于交往等特征。可持续发展理论在 20 世纪 90 年代初引入我国。1994 年，我国率先制定和公布《中国 21 世纪议程》，提出中国可持续城市的目标是：建设规划布局合理，配套设施齐全，有利工作，方便生活，住区环境清洁、优美、安静，居住条件舒适的城市。

可持续城市的内涵非常丰富，涉及了资源、环境、生态系统、城市形态、系统循环过程、宜居、福利等多个方面，它的构成要素中既包含自然与人文，也包含城市形态、城市系统物质与上层建筑、政策体制；是一个城市系统中社会、经济、生态、资源、政治、科技、文化、教育、居民素质、凝聚力等要素耦合关联的综合反映。可持续城市系统的状况或水平不仅取决于单个构成要素，更取决于构成要素间的结构及耦合机制。可持续城市应为城市形态结构合理，具有应对可承受风险的弹性；系统代谢效率高；提供可持续的生态、社会、经济方面福利并向着不断寻求三者动态平衡发展演进。

我国现代生态学理论与实践迅速发展，到 20 世纪 90 年代已形成了一套以社会—经济—自然复合生态系统理论为指导的相对完整的生态城市建设理论、方法体系与规划技术，同时，关于城市生态学热点领域的研究蓬勃发展，这些都为以生态导向的可持续建设提供了良好的理论与实践基础。1987 年后，关于可持续发展理念的论述很多，其中针对我国快速城市化进程的可持续以及导致人口、资源、环境、社会等不可持续问题讨论尤为热烈。但可持续城市建设的内涵、特征、指标体系、规划研究等方面发展则相对滞后，早期多以介绍国外相关理论基础以及城市形态、交通模式、住区、生态环境等有关方面的成功示范为主，随着相关研究受到众多学者的关注，我国的可持续城市研究也稳步开展。进入 21 世纪后的研究热点主要包括，从可持续角度评价我国快速城市化发展阶段产生的人口、资源、环境问题；对城市系统不同的组成要素、结构、功能、代谢的分析评价以及城市系统动态的模型模拟研究；从生态学角度研究城市生态系统、人居环境的可持续发展模式及其代谢过程；规划学界对可持续城市设计及规划探索；从人居环境及地理学范畴关注宏观区域可持续发展、城市形态、交通模式、中小尺度城市住区、消费方式等。

2.1.3 可持续发展理论

绿色村镇是可持续发展在区域发展、村镇建设领域可持续发展的具体表现。可持续发展是村镇发展和建设的目的，绿色村镇建设模式是实现村镇可持续发展的有效方面和最佳途径。因此，绿色村镇的理论需要可持续发展理论作为其基础。

2.1.3.1 可持续发展理论内涵

可持续发展包含以下几层含义：一是经济的可持续发展。可持续发展就是经济的发展，同时也强调这种发展应保持在自然与生态的承载力范围之内，即"保护自然资源的质量和其所提供服务，使经济发展的利益增加到最大限度"。二是生态的可持续发展。可持续发展是"自然资源及其开发利用之间的平衡"，使人类的发展与地球承载能力平衡，使人类生存环境得以持续。三是社会的可持续发展。可持续发展是社会的持续发展，包括生活质量的提高与改善，即"资源在当代人群之间以及与后代人群之间公平合理的分配"。四是回归自然的可持续发展。可持续发展理论是对人类中心广义的否定，也是对主体性原则的否定，人类只能放弃对自然界的控制，回归自然而成为"自然界普通的一员"，才能实现生态保护和可持续发展。五是以人为本的可持续发展。"可持续发展是一种以人的发展为中心，以包括自然、经济、社会内的系统整体的全面、协调、持续性发展为宗旨的新的发展观"，即以人为中心的系统发展观是一种"以人为中心的发展观"，认为"可持续发展的核心是要以人为本"。六是协调的可持续发展，可持续发展是社会、经济与环境的协调发展。

1987 年，《世界环境与发展委员会》公布了题为《我们共同的未来》的报告。报告提出了可持续发展的战略，随后在可持续发展战略的实践过程中发现战略目标的实现离不开管理、法制、科技、教育等方面的能力建设的支撑。可持续发展的能力建设是可持续发展的具体目标得以实现的必要保证，即一个国家的可持续发展很大程度上依赖于这个国家的政府和人民通过技术的、观念的、体制的因素表现出来的能力。具体地说，可持续发展的能力建设包括决策、管理、法制、政策、科技、教育、人力资源、公众参与等内容，具体包括可持续发展的管理体系、可持续发展的法制体系、可持续发展的科技系统、可持续发展的教育系统和可持续发展的公众参与。

2.1.3.2 可持续建设及其理论内涵

建筑业既是国民经济重要的产业部门，也是典型的"资源能源消耗大户"和主要的"环境污染源"。研究表明：建筑业及其相关行业消耗了地球上余额 50% 的能源，产生了全球 24% 空气污染，40% 的水源污染、20% 的固体垃圾等。建筑业的可持续发展直接关系到人类社会能在什么程度和时间轴上实现永续发展。

此外，1994 年，在佛罗里达 Tampa 召开的第一届国际可持续建设会议（CIBTG16）上，Kibert 教授将可持续建设定义为："基于有效的资源利用和生态原则，建立一个健康的居住环境"。而经过了多年的研究，其理论也得到了很大的发展和完善。它强调的是全寿命周期的过程，这里提到的建设项目的全寿命周期是包括可行性研究、制定决策、设计、施工、竣工验收、运营维护到最后的拆除等阶段，而在可持续建设的每一个阶段，均要综合考虑资源的利用、环境的保护、社会效益和利益相关方的利益。可持续建设追求的应是建设项目全寿命周期的综合效益的最大化，而这里的综合效益包括了经济效益、环境效益和社会效益。

1996 年，在《中华人民共和国人类居住发展报告》中，对进一步改善和提高居住环境质量提出了更高要求。2001 年 5 月，我国推出了《关于推进住宅产业现代化，提高住宅质量若干意见》《中国生态住宅技术评估手册》，2002 年 10 月底出台了《中华人民共和国环境影响评价法》，为工程项目的环保问题提供了法律依据。之后又出台了一系列绿色施工规范文件和绿色建筑评价标准文件等，旨在保护周围环境，节约资源能源，减少建筑垃圾和为人们提供健康舒适的生活、居住和工作环境。

人们对建筑业可持续发展观的认知是一个由表及里、由浅入深、由此及彼的过程，总体上人们对建筑业可持续发展思想的认识可以分为两类：形态认知和过程认知。前者包含绿色建筑、节能建筑和低碳建筑等；后者是指绿色建筑的实现途径。任宏和陈婷等学者用可持续建设来统称建筑业在可持续发展方面的理论和实践。他们对于可持续建设这样定义：加强施工活动控制，在建设全过程中最大限度地节约资源，保护环境和减少污染为人们提供健康施工和高效的使用空间。同时帮助建筑企业培育可持续发展理念，营造建筑行业可持续发展氛围，追求人类建造环境的可持续发展。可持续性建筑关注对全球生态环境、地区生态环境及自身室内外环境的影响；关注建筑本身在整个生命周期内（即从材料开采、加工运输、建造、使用维修、更新改造直到最后拆除）各个阶段对生态环境的影响。简而言之，就是对外部的生态环境保护，对大自然最低干扰，对室内环境保护，增进居住人的健康。

可持续建设主要有一次性建设、多工种作业、跨行业协作和多目标管理的特点。它包括 3 个层次、6 个属性。3 个层次是指可持续的施工过程、可持续的建设全过程、可持续的建造环境；6 个属性是指社会、经济、环境、技术、政策和文化。可持续的施工过程即为绿色施工。可持续的建设全过程要求从工程前期到项目交付使用的全过程，都要符合可持续发展的思想和原则。可持续的建筑业不仅是对承包商的约束，更要求全员参与、全方位调动。同时，6 个属性贯穿于各个层次之中。可持续建设系统可用图 2-1 表示。

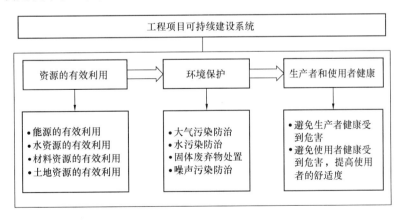

图 2-1　可持续建设系统

2.1.4 绿色建筑理论

2.1.4.1 基本概念与发展历程

绿色建筑是指在建筑的全寿命周期内，最大限度节约资源、节能、节地、节水、节材、保护环境和减少污染，提供健康适用、高效使用，与自然和谐共生的建筑。

最早在 19 世纪 60 年代保罗·索莱里提出了生态建设的概念。1969 年，美国建筑师伊恩·伦诺克斯所著的《设计与自然》标志着生态建筑的正式诞生。19 世纪 70 年代，石油危机使许多建筑节能技术，如太阳能、地热、风能等应运而生，此后，节能建筑成为建筑发展的先导。1990 年，英国发布世界上第一部绿色建筑评估体系《建筑研究所环境评估法》（BREEAM），1996 年美国建筑委员会制定 LEED 评估体系、2001 年日本成立的建筑综合评价委员会建立了建筑物综合环境性能评价体系，之后中国香港、中国台湾地区和加拿大陆续发布各自的绿色建筑标准文件。

在中国，绿色建筑起步于 1992 年的巴西里约热内卢联合国环境与发展大会，之后中国政府相续颁布了若干相关纲要、导则和法规，大力推动绿色建筑的发展。2004 年 9 月建设部"全国绿色建筑创新奖"的启动标志着我国的绿色建筑发展进入了全面发展阶段；2006 年，建设部正式颁布了《绿色建筑评价标准》；2007 年 8 月，建设部又出台了《绿色建筑评价技术细则（试行）》和《绿色建筑评价标识管理办法》，逐步完善适合我国的绿色建筑评价体系。2008 年，住房和城乡建设部组织推动了绿色建筑评价标识和绿色建筑示范工程建设等一系列措施。2009 年 8 月 27 日，中国政府发布了《关于积极应对气候变化的决议》，提出了要立足国情发展绿色经济、低碳经济。2009 年和 2010 年，我国相继启动了《绿色工业建筑评价标准》《绿色办公建筑评价标准》的编制工作。2014 年 4 月住房和城乡建设部发布了国家标准《绿色建筑评价标准》的修订版本，于 2015 年 1 月 1 日实施。

前瞻产业研究院发布的《中国绿色建筑行业发展模式与投资预测分析报告前瞻》显示，截至 2013 年 1 月，全国已评出 742 项绿色建筑评价标识项目，总建筑面积达到 7581 万 m^2，其中设计标识项目 694 项，建筑面积为 7066 万 m^2；运行标识项目 48 项，建筑面积为 515 万 m^2。

742 项绿色建筑评价标识项目按地域分布，基于经济发展水平、气候条件等因素的差异，江苏、广东、上海、山东、北京等省市绿色建筑标识项目数量和项目面积较多。总体而言，我国绿色建筑产业规模相对其他国家较小但是发展较快，也意味着我国绿色建筑的市场空间巨大。

2.1.4.2　基本内涵

绿色建筑的基本内涵可归纳为：减轻建筑对环境的负荷，即节约能源及资源；提供安全、健康、舒适性良好的生活空间；与自然环境亲和，做到人及建筑与环境的和谐共处、永续发展。结合绿色建筑的基本概念，"全寿命周期"、"四节一环保"、"健康适用高效"、"与自然和谐共生"是绿色建筑概念中的几个重要的关键词，充分反映了绿色建筑在时间、特性、功能以及目标上的内涵深度。总结起来，绿色建筑的内涵存在于以下五个方面：

（1）全寿命周期

全寿命周期是指事物从产生到消亡的过程所经历的时间。传统建筑将全寿命周期可以定义为从项目的设计策划、组织施工、运营管理到维修拆除，绿色建筑将起始点延伸到原材料的开采、运输、生产，将结束点拓展到材料的回收利用。

（2）资源能源的节约

绿色建筑已经从对建筑提出单一的节能要求上升到对资源的全面节约。除了关注在建筑节能的工作基础上的对建筑自身的能耗性能进行的持续优化，并将土地资源、水资源、材料资源等资源的节约应用与能源节约上升到同一个高度。具体体现在对建筑全寿命周期的"四节一环保"。

节地方面：要求主要考虑建筑、建筑群体、建筑园区乃至城区、城市对建设用地的集成与优化利用。通过对土地污染防治、废弃场地利用、人均用地指标、绿化率、选址等指标的衡量，来要求建筑或园区实现节地目标。

节能方面：建筑用能消耗构成了建筑能耗的重要组成部分。建筑节能主要是通过提升建筑行业和产品标准、开发和推广能源技术等手段。在技术领域，自然通风、高效设备、外窗遮阳、围护结构和可再生能源利用是五个重点技术。基于建筑节能工作的开展，节能建筑诞生。节能建筑指的是根据气候条件和节能的基本方法，对建筑规划分区、群体和单体、建筑朝向、间距、太阳辐射、风向以及外部空间环境进行研究后，通过节能设计，采用了节能型的建筑技术和材料的建筑。

节水方面：要求从建筑综合利用统筹制定水系统专项方案，合理、科学进行生活用水、景观用水、绿化用水等多层用水系统布局，并倡导中水、雨水的回收利用，水的分项计量，节水器具的推广等。

节材方面：倡导对绿色建材的推广、评价与工程应用，要求优化建筑结构体系，建材应用倡导高强混凝土、高强钢的项目实践，并从可循环建材、可再生建材的利用比例角度，保障建筑材料的节约与可持续应用。

环保方面：其一强调室内环境的质量要求；其二注重对周边生态环境的保护要求。

（3）对整体环境的综合改善

绿色建筑对环境的改善体现在室内和室外两个层面。室内环境舒适度的改善是绿色建筑的一大特质。同样，将建筑对室外环境的影响降到最低，以及基于绿色建筑理念的项目实践对建筑所在区域的生态、人文环境优化也同样重要。这也决定了对绿色建筑的环境质量衡量不仅仅局限在建筑自身环境上。

（4）经济效益的综合提升

绿色建筑不是高成本的堆砌。绿色建筑并不意味着高成本，也不是只有高成本才能实现绿色建筑。绿色建筑项目的初始投资会有部分成本增加，但绿色建筑实现的是在全寿命周期的投入与产出的经济效益的综合提升。

（5）建筑技术的综合考量

绿色建筑由节约资源实现可持续利用资源，由保护环境上升到尊重环境，从而产生建筑物与大自然之间的双向正效应。因此，绿色建筑技术应用秉承因地制宜原则，以适宜为基本要求，而不是一味追求"高科技"的堆砌。

2.1.4.3 发展现状与发展前景

目前，绿色建筑的实施和建造在中国开展得如火如荼，无论是在技术方面还是在管理方面都在起着日新月异的变化。在日本，如今已能够实现建筑垃圾量化管理，他们广泛采用太阳能、遮阳、自然采光、屋面绿化、雨水回收等技术，广泛采用预制构件和部件，建筑标准化程度高，同时一向追求环保的建筑商、建筑师和设计师正把目标转向更为自然原始的方式设计楼房，而且在现实生活中被证明是可行的。在美国，政府和企业都十分重视绿色建筑的实施建造，而且从 2008 年开始，所有建筑面积在 5000 平方英尺以上的新建建筑都被要求要获得 LEED 的认证，每一栋获得 LEED 认证的绿色建筑安装了雨水收集处理系统，建筑内安装的是节能的 LED 灯，在垃圾处理方面旧金山的泛美金字塔大厦获得了黄金级的 LEED 认证，他们对垃圾的回收采用压缩的方式进行，据介绍，在购得一台垃圾压缩机之后，垃圾处理费用大为减少。英国 BRE 的环境楼（Environmental Building）为 21 世纪的办公建筑提供了一个绿色建筑样板。该大楼不仅提供了低能耗舒适健康的办公场所，而且还有用作评定各种新颖绿色建筑技术的大规模实验设施，它最大限度利用日光，采用自然通风，尽量减少使用风机，配备建筑用太阳能薄膜非晶硅电池，为建筑物提供无污染电力。该建筑还使用了 8 万块再生砖；老建筑的 96％均加以再生产或再循环利用；使用了再生红木拼花地板；90％的现浇混凝土使用再循环利用骨料；水泥拌合料中使用磨细粒状高炉矿渣；取自可持续发展资源的木材；使用了低水量冲洗的便器；使用了对环境无害的涂料和清漆。

作为亚洲规模最大的"绿色商办建筑群"之一，"星外滩"被视为中国发展绿色建筑的一个范例。这个项目创新性地集中应用了多项绿色建筑规划理念和节能技术，包括区域集中式能源系统、冰蓄冷系统和江水源热泵机组、雨水和中水收集系统、过渡季节免费制冷、二氧化碳监控室内新风、热回收系统、中水雨水回用、废弃物回收和可循环材料利用、采光天窗、下沉广场、分项计量、楼宇自控系统等。这些低碳节能措施有效节约了运营成本、提升了项目品质。"星外滩"所有建筑均已获得 LEED 金级认证。

如今我国绿色建筑的发展已经进入了一个新的阶段，随着科学技术的进步也将面临更大的发展，而其发展前景体现在如下几个方面：

（1）大众化、普及化、可感知

一是让民众了解绿色建筑，知晓绿色建筑带来的好处。这将是未来宣传工作的重点。例如，绿色建筑能为老百姓节约使用成本。用一栋使用寿命为 50 年的建筑来计算，绿色建筑建造过程中增加的成本在 3～5 年内能够收回，其后的几十年，将长期节约使用费用。绿色建筑能够改善老百姓的居住、生存环境。如新风系统，可优化室内空气质量，减少二氧化碳、二氧化硫、氮氧化物等温室气体的排放。

二是能源管理系统的应用为建筑内部水量、电能、热量、冷量等各项能耗相关信息的采集、数据统计、分析、对比，提供了一个可视性、可比性、易管理、易统计的能耗管理平台。据相关研究表明，仅节能、节水可视性可节约成本 15% 以上。

三是发展绿色建筑物业管理队伍。绿色建筑的物业管理是一个新兴、庞大的产业。包括绿色建筑的可再生能源、雨水收集、中水利用、垃圾分类等方面，仅这 4 项就蕴藏着 1 万亿元的市场商机。此外，激发民众参与绿色建筑设计、管理和改造的积极性，也能够增加其对绿色建筑的感知。

（2）与互联网融合

如今"互联网＋"的思想已经越来越多被人们所了解，运用互联网可以实现设计、施工、运营管理的互联网化。

设计互联网化。充分发挥互联网的开放性，提供免费的相关软件，分享评价节能、节水、节材、节地、通风、隔热、阳光等方面的基本数据，并将相关数据整合。同时在新部品、新部件、绿色建材、新型材料、新工艺等方面实现网络化，方便设计者使用。

标识管理互联网化。中国城市科学研究会于 2015 年推出绿色建筑标识的申请咨询监测评估网络系统，把申请、咨询、监测、性能评估、管理一体化设计，即通过各种方式，实现互联网与绿色建筑的融合。

施工互联网化。通过流通的信息实现供应链内的无缝衔接和零库存、低污染，提高施工质量。

运营互联网化。绿色建筑运营引入互联网概念，运用智能传感器，将建筑内 $PM_{2.5}$、二氧化碳浓度、VOC（挥发性有机化合物）、温度、湿度五项数据，通过云计算平台进行分析，在智能移动终端，实现建筑内外性能的可操控。

运行标识管理互联网化。绿色建筑将安装智能芯片，用于收集用户电耗、水耗、煤气、供暖、雨水利用、空气质量等数据，运用互联网大数据为客户提供分析、诊断、改进服务、设计反馈等信息。

（3）更生态友好，更人性化的绿色建筑

借鉴中国传统文化的相关理念，并把这种理念与节能减排结合起来，可以使绿色建筑的内涵进一步延伸。利用建筑的余能、余水和建筑垃圾，可以实现与大自然的共生。

城市消耗了 80% 的能源，但是如果反过来通过绿色建筑，通过物联网、智能电网，把一切可再生能源充分利用起来，城市就成为发电单位，这可以大大减少二氧化碳的排放。

绿色建筑事关每个人的健康，事关整个民族可持续发展。绿色建筑拥抱互联网，走出设计室，通过绿色建筑与互联网的融合，将虚拟技术与实体建筑相结合，全面提高绿色建筑的节能、节水、节材，降低温室气体的排放量。未来的绿色建筑将更生态友好、更人性化。

2.1.5 循环经济理论

循环经济思想萌芽于 Boulding 的"宇宙飞船经济"，其概念最早由 Pearce 等提出，而有明确意义的循环经济一词则是由 David Pearce 和 Kerry Turner 于 1990 年提出。可以认为，是 20 世纪 60～70 年代强调可持续性的生态经济学理论的崛起和发展，推动了循环经济概念和产业生态学理论在 20 世纪 90 年代的形成和扩散。1998 年，循环经济理念被我国研究生态经济学和产业生态学的学者首先引入，增加了中国对这个概念的理解和阐述，逐渐成为我国绿色发展理论研究、政策研究和社会实践的热点。

循环经济是针对传统线性经济模式而言的，"资源—产品—再生资源"的物质循环利用模式是循环经济区别于传统经济的本质特征。"资源—产品—再生资源"循环模式的本质是"废物资源化"。如果把"废物"看作"资源"，那么废物资源化需具备三项基本条件：第一，经济行为主体具有利用"废物"的权利；第二，经济行为主体具有利用"废物"的技术；第三，经济行为主体能够从"废物"利用中获得比较利益。物质循环利用模式本质上只是对待"废物"的观念不同于传统线性经济模式，这种循环模式是在假定废物资源化完成的前提下构想的一种经济形态，而废物资源化具有明显的不确定性，这使得基于这种假定下的物质循环利用模式的研究具有明显的不确定性。因此，"资源—产品—再生资源"的物质循环利用模式不能作为循环经济的本质特征看待。

循环经济本质上是关于资源可持续利用的理论，资源效用是循环经济理论关注的永恒主题。循环经济与传统经济的本质区别在于资源效用的衡量标准不同。传统经济的资源效用可以用现行的货币衡量，体现的是纯粹的经济价值，而循环经济的资源效用不仅仅需要体现经济价值，还需要体现环境价值和社会价值。需要指出的是，循环经济的资源效用真正需要体现的是一种比较价值。由于技术水平、历史文化背景的不同，不同经济行为主体对同类资源的环境价值、社会价值的挖掘能力是不尽相同的。因此，循环经济注重资源效用关于三种价值共同体现的渐进实现，而不是生态经济强调的同时实现。这是循环经济区别于生态经济的主要特征。那么，什么是三种价值的渐进实现呢？首先，需要注意一个现实，即现行的国民经济核算体系短期内难以改变。也就是说，短期内资源效用仍需用 GDP 衡量，那么度量环境价值和社会价值似乎难以实现。然而，虽然目前难以对环境价值和社会价值进行直接衡量，但可以通过对比不同经济行为主体同类资源的效用得到不同经济行为主体的"差距"，这种"差距"意味着经济行为主体某类资源效用的提升空间。与生态经济倡导的对经济行为主体资源效用进行单独的综合测度相比，对不同经济行为主体资源效用的对比测度更具操作性。总体上，循环经济的本质属性是"经济"，其外延是"社会"和"环境"与"经济"的关系。具体而言，循环经济的研究对象是满足人类生存和发展的资源效用的最大化与最优配置，其核心是考虑社会、环境因素影响下的资源节约，循环经济的研究范围包括资源节约与社会公平、环境保护之间的关系研究。

2.2　严寒地区绿色村镇相关概念分析

2.2.1　村镇界定

村为我国第四级行政区划名称，隶属于区、县辖市、镇或乡，是地方行政体系中最小的自治单位。村按规模分为基层村和中心村。基层村是指直接进行农业生产、生活的社会组成部分，构成社会体系的最底层，自然村和行政村都属于基层村的范畴。而中心村是由若干行政村、自然村（也就是基层村）组成的，具有一定量的人口和具有比较齐全的公共与基础设施的农村社区，它的规模与地位介于乡镇和行政村之间，它是我们进行村镇建设的主要对象。

镇是我国第三级行政区划名称，它的规模与行政地区介于市、县（县级行政区）与村（或村级区划）之间，乡与其一样是相同的行政区规划，现在镇为乡级区划主要类型。由于乡镇、村镇、市镇、集镇等多种名称混乱，为了进行区分，我们一般把单独的镇叫作"建制镇"。镇按规模大小分为：一般镇和中心镇。中心镇是指在一个县的周围的几个镇中，地区位置比较优越，有区位优势，经济发展较好较快，是几个镇中的领头羊，且镇的基础与公共服务等配套设施齐全完善，镇整体在地方具有示范作用，对周边地区有辐射和吸引力的重点镇。

因此，村镇建设所说的村镇是包括第三级行政区和第四级行政区的合称，包括基层村、中心村、一般镇和中心镇这四个层次。我国村镇规划按人口规模分级如表2-1所示。

村镇规划规模分级（单位：人）　　　　　　　　　　　　　表 2-1

规模	村　庄		集　镇	
	基层村	中心村	一般镇	中心镇
大型	大于 300	大于 1000	大于 3000	大于 10000
中型	100～300	300～1000	1000～3000	3000～10000
小型	小于 100	小于 300	小于 1000	小于 3000

2.2.2　绿色村镇

20 世纪 60 年代以来，由于能源危机和环境破坏，出现越来越多的自然灾害，在西方国家人们的环境保护意识越来越强烈。之后在 20 世纪 80 年代，这股绿色浪潮席卷全球，从西方发达国家扩展到发展中国家和地区。绿色环保越来越受到人们的重视。绿色这一个概念也越来越广泛的传播到社会的各个领域，各种带有绿色的新名词纷纷出现，如绿色食品、绿色产业、绿色经济、绿色生活、绿色城市、绿色建筑、绿色文化、绿色管理、绿色体育、绿色奥运等等，触及社会的各个方面。绿色这一概念，不仅仅是指一种颜色，绿色代表生命、健康和活力，绿色代表人与自然和谐相处的理念，代表着环境保护、节约能源和资源，是一种可持续发展的理念。

我国现在普遍采用和接受的绿色建筑概念来自于《绿色建筑标准》。绿色建筑是指在建筑的决策阶段、设计阶段、施工阶段、运营维护阶段乃至拆除阶段，最大限度地节约资源（节能、节地、节水、节材）、注重能源的利用效率、提高可再生能源的利用率，保护环境和减少污染，为人们提高健康、舒适、高效的使用空间，并且不影响周围环境和生态，与周围和谐共生的建筑。绿色建筑是可持续发展、绿色和节能等概念在建筑上的具体体现和应用。村镇建设不仅包括村镇范围内的由构筑物、建筑物等组成的基础设施、住宅、公共建筑等的建设还包括许多其他方面的建设，如村镇经济、村镇文化、村镇政务管理、村镇组织机构等许许多多个方面。

因此绿色村镇的定义比绿色建筑更加广泛。随着城乡一体化建设，村镇建设也可以参考城市建设理论。

结合上述分析，我们将绿色村镇定义为：绿色村镇是指经济发展、社会进步和生态环境协调发展，以资源高效利用、人与自然和谐相处、技术和自然达到充分融合为目标，在实现"四节一环保"（节能、节地、节水、节材和环境保护）的同时，最大限度地发挥村镇的生产力和创造力，适宜居民健康、舒适、安全生活的村镇。

绿色村镇应从以下几方面体现：

（1）生产绿色：清洁生产，村镇产业发展方式科学，现代农业特征突出，资源高效利用。村镇无重污染工业项目。

（2）建筑绿色：村镇居住设施、公共服务设施等符合绿色建筑要求。

（3）生活绿色：饮水安全、污水处理、垃圾和人畜粪便环保处理，村民生活方式健康环保，基础设施健全，生活条件便利、交通便利。

（4）环境绿色：减少环境污染，生态环境优美，村庄庭院整洁，镇容村貌文明整洁，呈现景观化特征。

（5）规划绿色：规划合理、功能齐全、环境友好。

（6）技术绿色：村镇建设采用技术满足"四节一环保"要求、效益明显。

2.2.3 严寒地区

建筑规划界通用的《民用建筑热工设计规范》GB 50176—93 中将温度作为划分气候区的指标，分为主要指标与辅助指标，主要指标为累年最冷月平均气温与最热月的平均气温，辅助指标为累年日平均气温不超过 5℃的天数和不低于 25℃的天数。按照这种指标划分出严寒地区等不同的气候分区。具体来说，我国严寒地区的面积广阔，约 412 万平方公里，这一区域主要分布在黑龙江、吉林、辽宁、河北、内蒙古、山西、甘肃、青海、新疆、西藏等省份，本课题中所研究的严寒地区主要是指我国东北三省的严寒地区。即黑龙江省、吉林省全境以及辽宁省丹东—辽阳—朝阳一线以北地区。该部分区域在经济、社会、地理、人文等方面在整个严寒地区内都有其独特的发展阶段和外在表征。

严寒地区气候特征主要是：

（1）冬季漫长，采暖期在六个月左右，以哈尔滨为例，冬季的采暖期为 189 天；

（2）夏季清爽宜人，没有酷暑天气，平均气温小于 25℃，降水小于 800mm。由于冬季漫长，所以日照时间比较短。风向以西北风为主，同时伴有强降雪。由于严寒地区其气候特点，生产生活文化交通等各个方面的不同，在严寒地区的绿色村镇建设要充分考虑到严寒地区特殊性，建筑防寒保温，道路防滑抗冻等各个方面都与别的地区有所不同。

2.3 严寒地区绿色村镇建设与评价的相关要求

近年来，我国政府一直对农村建设问题很关注，而且在新农村发展意见的报告中指出，要着力进行农村基础设施的建设，保证农村教育、医疗、文体娱乐等公共设施的齐全。而且提出我国新农村建设的时间表，要在 2015～2020 年期间完善全国农村的基础设施，建立产业结构合理、经济节能低碳、环境景观优美丰富、文体娱乐多姿多彩、文化意识积极向上、村容村貌整洁干净的社会主义新农村，最终实现小康的目标。

绿色村镇建设与新农村建设、小康社会是一脉相承的，因此绿色村镇建设也要按照新农村建设的发展方向走下去，但是其重点内容有所不同。绿色村镇建设重点在于其基础设施和居住环境建设周期满足"四节一环保"的特点，同时经济、政治、文化、公共管理服务等协调发展。绿色村镇是将环保、生态、可持续的理念融入村镇建设中，村镇建设、绿色理念、绿色建筑等概念的综合，对比普通村镇，它具有节能环保的优点，在政务管理与公共服务、经济产业等方面上，具有以人为本，简洁高效和可持续发展的特点。与城市基础设施建设相比，它追求在经济上更加合理、使用上简单适用、便于生产和生活，符合农村的经济条件和与其他方面的配套，不能脱离农村的实际条件。

2.3.1 满足"四节一环保"的要求

（1）节地

2010 年国土资源部的研究报告指出，我国农村宅基地接近 50% 的面积没有被利用。1996～2005 年，我国户均面积有所减少，但是减少的不多只有不到 10%。同时我国户均宅基地面积差异很大，东北地区户均面积一直在较高的水平上，达到了 $691m^2$/户，且变化不明显，特别是新疆、内蒙古、黑龙江、吉林、辽宁等省份。虽然这与风俗习惯有关，但是面积大也必然造成了土地的浪费。而张界华（2012）在农村土地利用的状况分析中指出，我国土地资源的利用不均、土地利用的分类不清晰等问题造成的农村耕地减少和浪费的情况。徐海鑫（2005）对我国农村土地利用问题进行了深入的研究和对比分析，提出我国农村住宅和基建占用耕地，许多耕地用于非农业，农田土地质量下降，农村人口外出打工致使土地荒废等问题。

从我国相关研究可知，农村土地大部分没有进行良好的规划，导致土地资源得不到充分合理的利用。通过我们对绿色村镇的分析研究可以在保持住宅原有的实用性的前提下，最大程度的将土地资源的利用率提高，从而达到节约的目的。

（2）节能

当前农村地区建筑能耗很大，约占全国建筑能耗的三分之一以上。而且村镇地区住宅能源利用效率低下是普遍存在的。特别是在北方地区，建筑是否节能影响很大。当然建筑能源消耗分为两个过程，其一是在建造过程中消耗的，其二是建筑在使用中消耗的，主要是生活耗能。因此，村镇节能应该注意以下几个方面：第一，采用先进的节能环保技术进行房屋的建造；第二，房屋要特别注重保温性能，通过增加墙体厚度、采用外保温、内保温、注意房屋朝向等方式增加房屋的保温性；第三，生活中注意能源使用效率，增加节能意识；第四，单纯节约使用是不够的，应该注重适度合理利用可再生能源，如地热能、太阳能、风能、生物能等。通过新能源的使用可以使能源更加可持续利用。因此节能不仅在于节约，更在于开发和利用上。

（3）节水

在绿色村镇的集体建设过程中要提前做好节约水资源的规划设计。首先，对于生活饮用水的开采要适度合理，不可随意开采，只要确保充足即可。其次，要对雨水、雪水加以利用，在硬化道路两旁修建水渠，冬天积雪也应堆积在水渠中，将收集的雨、水雪水引入农田中用于灌溉。最后，可将生活污水通过污水管道集中到污水处理池中加以处理，不让污水流入农田引起污染。

（4）节材

在村镇的房屋建设和基础设施建设过程中，要使用环保或可再生材料，限制使用不可再生或污染环境的材料。

（5）环境保护

村镇环境破坏主要来自于生活垃圾、污水和企业产生的各种污染物，还有由于砍伐、开垦、建设等方面导致的自然和生态环境的破坏。村镇建设中要有生活污染和生活垃圾处理设施，垃圾箱垃圾站齐全、控制企业污染的排放、注意保护自然环境、对村镇进行有效的绿化。

2.3.2　气候适宜性

北方严寒地区由于气候寒冷、冬季多雪的特点，因此村镇建设要与其他地区有所不同。如北方村镇房屋的要注意防寒保温，其墙体厚度、门窗都有要求，墙体太薄会散热快很耗能，铝合金和塑钢窗密闭性好比较保温。冬季道路积雪要及时清雪防止事故频发，路面和墙体材料都要能够防寒抗冻，以防冻裂，而且路面的材料要防滑。其他如太阳能技术，北方地区冬季日照时间短限制了其冬天的使用。再如沼气池在北方寒冷的气温下也很难使用，除非开发适宜于严寒地区的沼气应用技术才可推广使用沼气，否则，即使建设了沼气池，最终也会弃之不用。因此，在北方严寒地区进行绿色村镇建设时，要充分考虑到其严寒的特性。

2.3.3 建设的经济性

绿色村镇建设要考虑当地的实际情况来建设。实际情况包括许多的方面，如当地的经济条件，在绿色村镇建设中，村镇房屋建筑的建设不能以城市的标准来要求，城市房屋配套的地下车库，燃气管道等从村镇实际情况来看是一种浪费，而以城市绿色建筑的要求来建设村镇住宅，村镇经济负担不起。其次要考虑当地的风俗习惯。我国幅员辽阔，即使是东北三省也有很多习惯不同，村镇建设这方面不能不考虑。在实地调研中发现，有许多地区农村房屋空置率很高，村里外出打工的人很多，这样村镇里实际居住的人并不多，而村镇街道水泥硬化、绿化的很好，这样花费大量的精力和金钱建设却利用率不高。因此，绿色村镇的建设不能追求大而全，必须考虑适用，经济合理地进行建设。

2.3.4 主体功能区的限制

2010 年 12 月国务院印发了《全国主体功能区规划》的通知，其中对于主体功能区做出了界定。主体功能区所代表的是本地区的核心发展功能，是由不同地区的自身发展程度、开发强度、经济基础、资源拥有量、生态环境承载力、社会条件和未来发展潜力等综合因素决定的。国家划定主体功能区，就是要在全国范围内统筹规划土地、人口、经济等发展布局，构建良好的城乡发展模式。在主体功能的约束下，从政策入手，指引不同地区未来的发展方向和国土资源的开发强度，最终逐步达到全国各主体功能区分工明确、协调发展、相辅相成、共同富裕，形成全国空间环境、资源、经济、人口、生态和谐可持续发展的新格局。

主体功能区的划分主要是为了区域管理。根据区域管理范围内的特定地域单元划分得出的主体功能区，其核心思想是区域分工。

主体功能区的内涵可以这样理解：为实现空间开发序列的规范性，空间开发结构的合理性，区域协调发展的推进性，依据现状空间单元的开发潜力，在整体功能最大化、相互单元协调发展的原则下，按照发展定位和发展方向对国土空间进行划分，并基于此实行分类管理的区域政策的特定空间单元。

主体功能区规划具有战略性、基础性、约束性等特征，是区域规划、土地利用规划、粮食生产规划、城市规划等一系列规划所遵循的基本依据。主体功能区的划分，可以清晰地定位国土功能开发格局；优化空间结构、控制国土开发比例，限制粗放式的经济增长；使土地集约化，提高空间利用效率；缩小城乡差距、实现城市、乡镇和村庄的基础设施逐级均衡化发展；保护生态环境，提高城乡的可持续发展能力。

在我国发布的全国主体功能区规划中，划分的方式有两种，如图 2-2 所示。

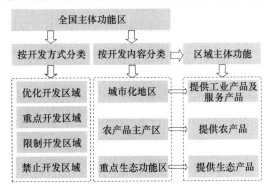

图 2-2　主体功能区划分

一种是按开发内容，分为城市化地区、农产品主产区和重点生态功能区，另一种是按照地区的开发方式，划分为优化、重点、限制和禁止四类开发区域。黑龙江、吉林、辽宁等位于严寒地区的省份也都以全国主体功能区的分类方式，根据本省的实际情况划分了省级主体功能区。

按开发方式和按开发内容的划分的主体功能区之间存在着内在联系，城市化地区包括优化开发区域和重点开发区域，这些区域要在加快城镇化建设的步伐，促进经济的建设和发展的同时注意产业的转型和对社会、环境效益的保护；农产品主产区和重点生态功能区是限制开发区域，在该区域内要进行以保障区域生态、农业功能为基础的保护性开发，其开发内容和开发强度都要受到一定的约束；在城市化地区、农产品主产区和重点生态功能区中都存在禁止开发区域，这部分区域并不是禁止所有的开发，而是要进行与相对应的主体功能保持一致的开发。

因此，绿色村镇的建设必须按照地理位置所在的不同功能区进行规划与建设。

第 3 章

绿色村镇建设现状分析

3.1 村 镇 建 设 综 述

3.1.1 国外绿色村镇建设综述

3.1.1.1 美国绿色村镇建设

美国的村镇建设起步较早,且主要以小城镇的建设为主,其规模在10万人以下的小城市(镇)占城市总数的90%以上。大量村镇的兴起,一方面避免了城市的过度拥挤带来的问题,另一方面也为产业的升级配套提供了方便,形成功能互补型的城镇体系。

美国小城镇的大量兴起,与它的社会制度不无关系,不同于我国层层控制的制度,美国的市、县、镇之间并没有隶属关系,导致了各城镇之间平等建设、平衡发展,为美国村镇的建设提供了制度保障和支持。

另外,美国的基础设施建设较为完善,为村镇的发展提供了保障。美国政府推行援建公路政策,高速公路网在美国的村镇建设和发展中起着重要作用,缩小了城乡差距。在生活设施建设方面,美国的村镇十分注重水、电、通信、宽带网络和污水处理等的建设,既满足了美国人对私人空间的追求,也为村镇居民提供了舒适、方便、快捷的生活。

3.1.1.2 法国绿色村镇建设

到20世纪90年代,法国的乡村市镇中1000人以下的市镇约占89%。法国非常重视依据各地特点因地制宜地进行村镇建设,总的来看,更多的出于资源聚集的规模效应,把村镇定位为分担大城市人口的聚居地,大力加强村镇的公共服务设施建设,使其承担了重要的社会服务功能而非经济生产功能。

在村庄供水方面,为了加快农村改水步伐,促进农村改水事业的可持续发展,1990年法国对全国水资源污染调查结果表明,在约1500万农村人口中仅有58%的人饮用净化站的水,但到目前已有99%的人都用上了安全卫生的自来水,这与近年来法国水务管理的改进是密不可分的。在法国,水厂一直是公有化,私人企业只有在各级政府特许的条件下,采取招标方式,获得投资、经营和使用权力。这样既引进了私营企业先进的商业化管理理念,又有效地保证水质,为民众提供优质服务。

在农业生产污水处理方面，法国 1990 年全国水资源污染调查结果显示，在农村有 30％的抽样结果不符合卫生标准；在受硝酸盐水源危害的人中，有 60％居住在农村。为此，1991 年法国农业部长在全国水利会议上强调，解决水源污染需要政府、公共部门、社会团体、农民以及工业等各方面共同努力才能从根本上解决。法国政府和各地区都相继成立了水资源领导办公室，专门负责有关各项政策的协调工作，还制定了一些必要的法规条例，以限制硝酸盐污染。

3.1.1.3　德国绿色村镇建设

为解决农村人口大量流入城市，避免农村人口过疏和大城市人口膨胀的问题，德国政府提出改造和建设好村镇，为农民创造良好的生产和生活条件，把农民稳定在村镇，安心发展农业的战略，并制定了相关措施。首先，以《农业法》为基础，颁布了一系列保护农业用地、保护农产品价格等法规；其次，健全管理机构、加强管理队伍的建设；第三，完善村镇建设的投资机制，加大政府的支持力度。

为改造村镇的居住环境，提高村镇居民生活的舒适度，政府十分注重基础设施、社会服务设施的建设和各种公益事业的健全完善。现在，即使是最小的村镇也都具备了大城市所具有的一切设施。几乎每个村镇都有公路相通，每家每户都有柏油路相连；供水、供电、供热等生活配套设施齐备完善。

德国村镇的另一个特点是村落建筑与自然巧妙地融合在一起，不但每个单体建筑富有个性，纯朴自然，而且整体景观也十分协调优美。德国的村镇之所以能形成一个完美的整体，这主要是靠村镇改造规划和设计的调控作用。

德国是环境保护第一大国。在村镇建设过程中，环境建设和自然生态环境的保护始终是必须优先考虑的重点，绝对不会为开发建设某个项目而破坏环境。为优先发展经济、以牺牲环境为代价的项目建设是不被允许的。

3.1.1.4　英国的绿色村镇建设

英国的村镇主要有两种形式：

（1）新城建设

1946 年，当时的劳动党政府制定"新城市法"，准备在伦敦周围建设卫星城。新城建设是在伦敦周围建设卫星城，分散市区人口和住宅建设。新城独立性较强，生活服务设施完善，配有一定的工业，居民的生活和就业基本上可就地解决。新城交通便利、设施齐全，环境优于大城市。新城建设有利于控制大城市的规模、减轻大城市的人口压力、缓解一系列的城市问题。

（2）中心村建设

为缩小城乡差距，发展乡村经济，20 世纪 50～70 年代英国政府开始实施大规模村镇"发展规划"，目的是建设中心村。加强中心村各项基础设施的建设，改善乡村整体环境，促使人口集聚，形成一定的规模效益。中心村建设对提高乡村生活的质量，改善乡村生活和就业环境起到了一定的积极作用，但也有弊端。之后，英国的乡村政策出现转变，转向"结构规划"，改变过去单一的建设中心村的做法，各地依据实际建设村镇。从此，英国的村镇建设走向多元化。

3.1.1.5 日本绿色村镇建设

二战以后，日本经济复苏，开始了村镇的建设。从最初的解决温饱问题，到解决就业、建设农村，日本的绿色村镇建设也经历了相当长的一段时间。日本村镇建设后期，为了促进村镇的可持续发展，调整农村产业结构，采用了"村镇建设示范工程"的建设方式，对当今日本的村镇建设和发展起到了十分重要的意义。村镇建设示范工程是指政府的资金、政策和技术上的支持，在宏观上为村镇的建设和发展提供方向，另一方面，居民也积极参与建设的全过程，使村镇建设充分反映民意，这一工程对日本村镇的建设、产业结构的形成以及生活环境的改善起到了积极的作用。

在建设的过程中，日本村镇根据自然环境、已有建筑等多方面的考量，本着避免资源浪费的原则，采取因地制宜的建设方针。例如，日本是一个地震较多的国家，所以村镇建设中建筑大多趋于低矮化。在规划上，日本的村镇采取了分散居住的方式。日本村镇的生活设施也十分完善，城乡差距较小。

村镇建设中，农村的环保问题是一个不容忽视的问题。日本主要通过环境友好型农业建设，从三个方面的工作来完成：一是减少化肥、减少农药的使用量，以减轻对环境的污染及食品有毒物质的含量；二是发展废弃物再生利用型农业，主要是构筑畜禽粪便的再生利用体系，通过对有机资源和废弃物的再生利用，减轻环境负荷，预防水体、土壤、空气污染，促进循环型农业发展；三是发展有机农业，完全不使用化学合成的肥料、农药等外部物质的投入，只利用植物、动物的自然规律进行农业生产，使农业和环境协调发展。为此，日本政府以农业基本法为核心制定了一系列的农业环境保护法律，并推出了相应的配套政策与措施。如农业专用资金无息贷款，对堆肥生产设施或有机农产品贮运设施的建设资金补贴和税款返还政策等。

日本政府对农村的公共基础设施建设非常重视。在日本农村地区，市政设施建设与配套是市场化的，农户只需要向市政管理部门申请配备市政设施即可实现。尤其是农村地区的公建基础设施非常完备，如日本3000多个市町村地区基本上都配备了相应的污水、固体废弃物处置设施。

日本在发展过程中，出现了农村地区大量青壮年人口流入城市，就业人口中老年人、妇女比例过大，农村人口过疏、城乡差距过大的问题。为此，日本政府采取了一系列的政策和措施来促进农村地区的可持续发展。这些措施主要包括：（1）产业：促进农业与休闲旅游业的结合，充分利用本地资源，开发特色产品，加强对研究开发型、地区资源开发型等企业的引进，以提高地区经济水平；（2）交通通信：完善地区的对外交通系统和产业园区道路设施建设，加强通信网络和信息化建设，加强和周边中心城市的联系；（3）生活环境：完善地区水道、污水处理等生活基础设施建设，加强防灾工作，改善地区的生活环境；（4）社会保障体系：加强养老敬老设施的建设，完善养老保险制度，提高老年人的自立能力；（5）社会服务体系：加强医疗设施建设，确保医疗队伍，加强教育设施和文化设施建设，振兴地区教育；（6）地区特色文化：积极开展地区民俗和传统文化的保护，挖掘地方特色文化，形成富有个性的地区社会；（7）村庄整治：实施村庄迁移和村庄合并工程，建设人居环境良好的农村居住区，积极吸引城市人口的回流，确保村庄能够得到稳定的发展。

3.1.1.6 韩国的绿色村镇建设

韩国新乡村运动始于 20 世纪 70 年代。当时的韩国在推进工业化、城市化和现代化进程中，出现了工农、城乡发展严重失调的问题，引发了诸多社会经济矛盾。面对这一问题，韩国政府于 1970 年 4 月开始发动"新乡村运动"，并设计实施了一系列的开发项目，以政府支援、农民自主和项目开发为基本动力和纽带，带动农民自发的家乡建设活动。

韩国新乡村运动现已历经 30 年时间，大体经过五个阶段：（1）基础建设阶段（1971～1973 年），这一阶段的目标是改善农民的居住条件；（2）扩散阶段（1974～1976 年），新村建设的重点从基础阶段的改善农民居住生活条件发展为居住环境和生活质量的改善和提高；（3）充实和提高阶段（1977～1980 年），推进新乡村运动的工作重点放在鼓励发展畜牧业、农产品加工业和特产农业上；（4）国民自发运动阶段（1981～1988 年），在这一阶段，政府大幅度调整了有关新乡村运动的政策与措施，建立和完善了全国性新乡村运动的民间组织；（5）自我发展阶段（1988年以后），政府倡导全体公民自觉抵制各种社会不良现象，并致力于国民伦理道德建设和民主与法制教育。

韩国新乡村运动对韩国农村发展和全国经济社会的发展来说都具有十分重要的意义。从政府导向到民众自发、自愿、主动参与的转变来看，这种村镇建设的方式符合韩国农村发展的方向，迎合了韩国民众对农村发展的追求，这对韩国农村的发展具有持久的影响。

3.1.2 国内绿色村镇建设综述

新中国成立初期，我国经济水平较为落后，农村生活水平较差。我国是人口大国、更是农业大国，"三农"问题一直是我国经济发展的一个核心内容。依据中国城乡建设统计年鉴，截至 2011 年末，我国共有建制镇 19683 个，建成区面积 338.6 万公顷；乡 13587 个，建成区面积 74.19 万公顷；自然村 266.95 万个，用地面积 1373.8 万公顷；村镇户籍总人口 9.44 亿人。

十六大报告中提出要建设小康社会，"十一五"规划中更是提出了建设社会主义新农村。1998 年 10 月 14 日，中共十五届三中全会通过的《中共中央关于农业和农村工作若干重大问题的决定》对发展小城镇作了专门论述，指出："发展小城镇，是带动农村经济和社会发展的一个大战略。"我国小城镇发展经历了一个复杂曲折的过程，大体以 1978 年为界，可分为前后两个阶段。1978 年改革开放以后，镇作为城乡之间的桥梁和纽带，逐步得以复苏，在政社分开、建立乡镇政权的过程中，恢复了一批镇的建制，建制镇进入了一个带有补偿性的发展时期。然而小城镇经过上一个数量快速增长时期后，自身发展上也存在着一些不容忽视的问题，如布局不合理、缺乏长远的科学规划等，为此，国务院下发了《关于促进小城镇健康发展的若干意见》，为小城镇健康发展指明了道路。2002 年的十六大又提出全面建设小康社会的奋斗目标，明确了"全面繁荣农村经济，加快城镇化进程"的工作任务，并指出"统筹城乡经济社会发展"，逐步提高城镇化水平，坚持大中小城市和小城镇协调发展。

由此，我国提出了建设绿色村镇的口号。绿色村镇的建设，不仅要考虑到村镇的实用性、资源节约性，也要充分考虑到村镇的可持续发展和生态环境的保护，做到技术导向性的绿色村镇建设，这种绿色包括了建筑绿色、能源利用绿色、产业结构绿色等方方面面。

在我国绿色村镇的建设中，主要分为以下几种模式：

（1）社会主义新农村建设

改革开放以来，我国开始了城镇化的进程。2002～2011 年，我国城镇化率以平均每年 1.35 个百分点的速度发展，城镇人口平均每年增长 2096 万人。2011 年，城镇人口比重达到 51.27%，比 2002 年上升了 12.18 个百分点，城镇人口为 69079 万人，比 2002 年增加了 18867 万人；乡村人口 65656 万人，减少了 12585 万人。

但是快速的城镇化也带来了很多问题，不仅导致城市的过度拥挤、城乡资源配置失衡，也给农村的发展带来了难以估量的损失。城镇化的过程中，出现了农村耕地的占用和农村劳动力的流失，阻碍了农村的发展。为此，我国提出了城乡统筹发展的政策，希望通过政府的政策引导，促进城市发展的同时，也为农村的发展提供助力，形成城乡互动发展，以实现"城""乡"发展双赢的目的。充分发挥工业对农业的支持和反哺作用、城市对农村的辐射和带动作用，建立以工促农、以城带乡的长效机制，促进城乡协调发展。城乡统筹就是要改变和摈弃过去那种重城市、轻农村，"城乡分治"的观念和做法，通过体制改革和政策调整削弱并逐步清除城乡之间的樊篱，在制定国民经济发展计划、确定国民收入分配格局、研究重大经济政策的时候，把解决好农业、农村和农民问题放在优先位置，加大对农业的支持和保护。但是，城乡统筹是一个阶段性的任务，需要政府和民众一起，逐步的实现，破除城乡二元结构，需要我们合理的规划和建设社会主义新农村，提高农村的生活水平、财富水平和基础设施完善水平，缩小城市与农村的差距，破除城乡二元结构，建设社会主义新农村。总体来说，社会主义新农村在当时的时代背景下，在小康社会目标的指引下，更注重在经济上提高农民的生活水平，缩小城乡之间的经济差距，继而缩小其他方面的差距。

在农村建设中，我国政府一直致力于稳步推进农村危房的改造，同时开展建筑节能示范工作。政府推出《农村危房改造试点建筑节能示范工作省级年度考核评价指标（试行）》，对建筑节能示范实行定量化考核，同时完善农村危房改造农房档案管理信息系统，基本实现了农户档案户户可查，永久保存。

（2）绿色低碳重点小城镇建设

"十二五"期间，为促进我国小城镇健康、协调、可持续发展，积极稳妥推进中国特色城镇化，财政部、住房城乡建设部组织开展绿色重点小城镇试点示范。2011 年 6 月 3 日，财政部、住房城乡建设部联合发布《关于绿色重点小城镇试点示范的实施意见》分别阐述了建设绿色低碳小城镇的重要意义、建设的原则和指导思想、小城镇试点工作内容和国家的政策支持等内容，开启了绿色低碳重点小城镇建设的大幕。同年 10 月，住房城乡建设部、财政部、国家发展和改革委员会印发《绿色低碳重点小城镇建设评价指标（试行）的通知》，按照绿色低碳重点小城镇建设评价指标要求，将北京市密云县古北口镇、天津市静海县大邱庄镇等 7 个镇确定为第一批试点示范工程，并均成功获得国家级"绿色低碳重点小城镇"荣誉称号。

（3）生态及可持续发展小城镇建设

随着经济的进步，工业的发展，导致环境污染、人口猛增和生态破坏等一系列问题。为此，我国提出了可持续发展战略，在可持续发展原则的指导下，当前城市的建设与发展也必将呈现出新思路，生态城市、生态小城镇就应运而生了。生态型小城镇的建设目标是生态环境与社会发展相协调，人与自然和谐共处，与传统的城镇相比，生态型城镇更追求人与自然的和谐、资源的高效持续利用和经济、社会与环境的总体利益最大化等等。随着研究和建设的不断深入，我国的生态型城镇已经取得了很多成果。

总而言之，我国的小城镇建设因借鉴了国外的经验教训，又结合自身特点，取得了不菲的成就。但是，由于技术等的限制，建设的过程中容易出现顾此失彼的现象，所以，在规划的过程中要尤其注意。此外，这几种建设的模式之间也并不互相冲突，一个符合社会经济需要的经济体可能兼备这几种甚至更多的功能。

3.1.3 国内外村镇建设评述

综上所述，不难发现，各国在村镇的建设上都经历了较长的时间，大多选择规划与自然发展相结合的方式，在尊重地区原有特色的基础上，有目的、有原则地规划，最终实现原有村镇向绿色村镇的健康发展。究其原因，主要在于农村经济相对落后、基础薄弱、产业和技术更新较慢，且农村作为城市快速发展的后备军，需要为城市的发展做出牺牲和让步。所以，村镇的建设需要更多的时间、更合理的规划。

另一方面，村镇的建设中，各国都充分尊重公众意见，注重公众参与，这样不仅有利于村镇规划中的实用性规划，也有利于提高农民的主人翁意识，调动农民的积极性，以农民自愿、村民自治为主。

最后，国外成功的村镇建设案例大多遵循因地制宜的原则，既有效利用了资源，避免了资源的浪费；也使村镇建设的过程中不会千篇一律，形式新颖，各有特色。

3.2 严寒地区绿色村镇建设现状调研方案设计

3.2.1 调研范围与对象

我国严寒地区的范围广泛，大约占国土面积的 44.6%，主要集中的高纬度和高海拔地区。本次研究的调查范围限制在东北地区的严寒地区（面积约 215.4 万 km^2，占全国严寒地区面积的 50.4%），即黑龙江省、吉林省全境以及辽宁省丹东—辽阳—朝阳一线以北地区。

村、镇是本次调研的对象，具体村、镇的选取是调研的关键问题，选取的结果直接影响课题的后续研究的准确性和适用性。

在村、镇选取中遵循以下原则：

（1）均衡性原则。选取调研村镇时，注重村镇地理的分布。选取的村镇应尽量平衡分布在严寒地区的不同省份内，有助于更加全面、详实地了解严寒地区村镇的整体情况。

（2）多样性原则。选取调研村镇时，注重村镇类型的选择。村镇有不同的特征和功能，其发展方向也有显著的不同。为了全面了解严寒地区村镇的建设情况，需要选取不同功能的村镇进行调研。

（3）可操作性原则。一方面，选取调研村镇要考虑其可达性，交通便捷，利于调研。另一方面，选取调研村镇的数量要适中，数量过多会耗费大量的人力、物力和财力，数量过少则数据收集不全面，影响调研效果和后续研究。

（4）代表性原则。选取村镇需要具有代表性，比如国家级、省级生态乡镇（生态村）、绿色村镇试点研究区域等典型村镇。有助于增强数据的参考性和价值性，对于指标体系的构建起到一定的支撑作用。

根据以上调研村镇选取的原则，结合综合考虑，我们选取黑龙江省、吉林省、辽宁省的若干村镇作为调研对象，如辽宁省的郝官屯镇，吉林省的双阳镇，黑龙江省的新安镇、帽儿山镇、达连河镇以及农垦系统的红旗农场、八五二农场等。

3.2.2 调研内容

以全面了解严寒地区村镇的建设发展情况，构建严寒地区绿色村镇指标体系为目的，课题组对以上地区的若干村镇进行了实地考察和调研。

调查的内容主要包括：被调查者的自然情况、收入来源情况；能源的节约与利用情况；水资源的节约与利用情况；垃圾处理情况；村镇建设的景观与环境；农业生产养殖情况；村镇房屋建筑情况及村镇建设实施情况等。

调研内容主要以问卷形式体现，采用主观题与客观题相结合的形式，从严寒地区绿色村镇评价指标的选择角度同各村镇的居民、管理者进行深入地了解和沟通。

3.2.3 调研方法分析

调研方法是否得当，对调研结果有很大的影响。目前常用的调研方法有以下几种。

（1）访谈法

访谈法又称询问法，指调研人员根据事先设计好的调查项目以某种方法向被访者提出问题，要求其给予回答，由此获取信息资料，据此了解市场情况和客户需求。访问法通常将所要了解的信息以问题的形式列在表中，按照表格的顺序和要求访问被调查者。根据调查者与被调查者接触方式的不同，访问法有以下几种形式：

1）小组座谈法

小组座谈法又称焦点访谈法，就是采用小型座谈会的形式，挑选一组具有代表性的消费者或客户，在主持人的组织下，就某个专题进行讨论，从而获得对有关问题的深入了解。进行焦点访谈的目的是认识和理解人们心中的想法及其产生的原因，主要通过群体互动作用保证这一目的的实现。

小组访谈法的特点是同时访问多个被调查者，它是一个主持人与多个被调查者相互影响、相互作用的过程。要想取得预期效果，不仅要求主持人做好座谈会的各种准备工作，熟练掌握主持技巧，还要有驾驭会议的能力，即要保持参与人员始终围绕确定的主题进行讨论。

2）深度访谈法

在调研中，为了全面深入地了解某个专题，同时希望通过访问、交谈的方式了解一些重要情况，这时一般的访谈是很难达到这些目的的，就需要采用深度访谈法。

深度访谈法也称为个别面谈法，是一种让调查人员与被调查者单独进行沟通、交流获得关于个人的某种态度、观念等方面信息的调查方法。在访问过程中，由掌握高级访谈技巧的调查员对被调查者进行直接的、一对一的深入访谈，用以揭示被访者对某一问题的潜在动机、态度和情感等。

3）投影技法

小组座谈法和深度访谈法都是直接法，即在调查中明显地向被调查者说明调查目的，但这些方法对有些问题却不太适合，比如那些对原因和动机的直接提问、对较为敏感问题的提问等。此时，研究者主要采取在很大程度上不依赖于研究对象自我意识和情感的新方法，其中，最有效的方法之一就是投影技法，又称为投影法。它是一种无结构的、非直接的询问方式，可以激励被访者将他们所关心话题的潜在动机、态度和情感反应出来。调查人员可以通过引导被调查者把他自己投影到第三者身上的方式，来了解被调查者的真实想法。因为有时一些深层次的真实原因，单靠信息的收集和直接的访问是不能被发现的。

这三种方法都属于定性调查研究方法，定性研究法是一种非程序化的、非常灵活的、基于问题性质的研究方法。定性调研的数据收集、分析、说明，都是通过对人们言谈举止的观察和陈述来进行的。这种方法一般选定较小的样本对象进行深度、非正规性的访谈，发掘问题的内涵，为以后的正规调查做准备。

（2）问卷调查法

问卷调查法就是通过设计好的调查表或调查问卷，要求被调查者根据填表要求填写回答，然后回收调查问卷的方法。问卷调查法又可分为入户问卷法、拦截问卷法、邮寄问卷法、留置问卷法、媒体问卷法等。

1）入户问卷法

入户问卷法就是调查者按照抽样方案的要求，到选中的被调查者家中或单位，按照事先拟定的调查问卷或提纲，对被调查者进行直接面对面的访问。

该方法的优点是能与被调查者建立信任与合作关系；能询问较为敏感的问题、

便于被调查者理解题意、有利于问卷回收等；缺点是调查费用较大、入户相对比较困难等。

2）拦截问卷法。

拦截问卷法也叫街头访问，是在事先选定的若干个地点，如交通路口、购物中心等，按照一定的程序和要求，选取访问对象进行简短的面谈调查的方法。

该方法的优点是可以避免入户困难、便于被调查者理解题意、可根据调查环境和背景判断调查结果的真实性和可靠性；其缺点是耗费的人力、财力较大、对调查人员的管理和调查质量不易控制、拒绝率较高，不适合复杂、敏感或较长问卷的调查。

3）邮寄问卷法

邮寄问卷法就是将设计好的调查问卷制成邮件，同时附回邮信封（包括回复邮资）寄给被调查者，被调查者根据调查问卷的填表要求填好后寄回给调查者的一种调查方法。这种方法目前在西方国家仍普遍采用。

该方法的优点是调查区域大、调查内容和信息大、成本较低、被调查者有充分的时间、自由度大、可避免被调查者受调查者的态度情绪影响、匿名方式可调查隐私问题等；其缺点是回收率低、信息反馈时间长、无法保证调查结果的准确性、容易误解题意等。

4）留置问卷法

留置问卷法就是将调查问卷交给被调查者或者发放到被调查者家中，由被调查者自行填写回答并按照约定日期回收的调查方法。留置问卷法介于邮寄问卷和入户调查之间。

该方法的优点是能保证问卷的有效回收、被调查者作答自由；其缺点是调查地区和范围受到限制、调查费用相对较高、问卷容易丢失、调查结果可靠性无法保证等。

5）媒体问卷法

媒体问卷法就是通过报纸、杂志、网络等媒体将调查表公布，并约定回收日期，由调查者将调查问卷填好寄回的调查方法。

该方法的优点是覆盖面广、被调查者没有心理压力、自由度大；其缺点是调查问卷的回收率低、调查结果可靠性无法保证等。

（3）观察法

观察法是指调查者不与被调查者正面接触，而是在调查场地进行实地考察，记录调查对象的行为，以获取各种原始资料，它是一种非介入式的调查方法。由于被调查者没有压力，表现得很自然，因此调查效果也较为理想。

具体说可以直接派调查人员去现场察看，通过观察被调查者的行为来收集相关信息。或是调查人员不直接观察被调查对象的行为，而是间接观察被调查对象留下的实际痕迹。

观察调查法的优点是直观可靠，被调查者表现自然，可以获得那些被调查者不愿言及和无法提供的信息，信息资料的准确率较高；缺点是调查范围较小、调查时间较长，或仅能观察一些表象，对被调查者的动机等信息了解困难。

（4）实验法

实验法是将调查对象的范围缩小到一个比较小的规模上，对之进行实验后得出一定结果，然后据此推断出样本总体可能的结果。实验包括三个基本部分，分别是：实验对象，称为"实验体"；实际中引入的变化，称为"处理"；"处理"发生在实验对象上的效果，称为"结果"。

实验法是研究因果关系的一种重要方法，在使用这种方法时应注意选择参照物，以用于与实验结果进行比较。虽然，由于市场情况受多种因素的影响，在实验期间，消费者的偏好、竞争者的策略等可能都有所改变，从而影响实验结果，但与访问法和观察法相比，通过实验法仍然能得到上述两种方法所得不到的资料，它有独特的使用价值和应用范围。

3.2.4 调研方法选择

结合本课题的具体调研目的、村镇实际情况，在调研过程中采用了多种调研方法，主要有访谈法、问卷法和观察法。通过这三种方法获得严寒地区村镇建设发展的第一手资料，同时在调研过程中，也注意查阅相关年鉴和近期总体规划，整理严寒地区村镇建设的实际情况，为后续构建严寒地区村镇评价指标体系提供参考。

（1）观察法

根据村镇的地理分布情况和类型实地走访调查 10 多个村镇，包括不同主体功能区内的村镇、国家级生态乡镇（生态村）、省级生态乡镇（生态村）、绿色村镇试点研究区域和农村改革试验区内的村镇，得出的研究结果具备较强的整体性和典型性，并对其发展状况进行归类和对比研究，提出构建指标体系的相关内容。

（2）问卷调查法

在调查中针对各类村镇居民发放问卷 631 份，回收有效问卷 587 份，有效率 93%。通过发放问卷对严寒地区村镇居民进行了调研，掌握了村镇建设发展的第一手资料。由于农村居民文化水平普遍较低，老人、妇女的比例较高，为提高调研质量，采用专人入户问卷调查的方法。见图 3-1。

（3）访谈法

对各类村镇的管理者、村镇中的居民、务工人员、旅游者进行访谈。其中小组座谈法、深度访谈法与投影技法均运用于访谈调研之中。见图 3-2。

图 3-1 入户问卷调查   图 3-2 访谈调研

3.3 严寒地区村镇调研情况总结

3.3.1 严寒地区村镇特点

严寒地区的村镇与其他地区存在着较为明显的差异，主要体现在气候条件、生活习惯、生产方式、地形地貌、经济条件、生态环境、资源类型、人文特点等方面，具体包括：

（1）气候条件特征

严寒地区的气候特点为"严寒"，平均气温低于全国其他各个地区。在严寒地区，春秋两个季节的时间相对较短，且特征不明显；夏季时间较长，温度适宜，也有极少数的高温天气，且早晚温差大；冬季时间较长，以冰雪为主题，气温较低，不适合大部分的植物生存，因此，严寒地区中大部分地区的农作物每年仅成熟一季，这与南方大部分地区的两季作物相比有较大差别。在寒冷干燥的冬季，严寒地区村镇一般运用火炕和炉子等器具，通过燃烧煤炭、木材和秸秆等产生的热量来取暖，且在严寒地区的取暖期一般从当年的 11 月开始，延续到次年的 4 月，这样大面积、长时间的采暖会对空气质量产生负面影响。

（2）生活习惯特征

不同的地区、不同的民族存在着不同的生活方式和习惯，由于严寒地区的气候条件和经济条件的影响，大部分的严寒地区村镇都采用火炕和火墙等防寒保暖的取暖方式，极具地方特色。

（3）地形地貌特征

严寒地区由于天气原因，从古至今就地广人稀。通过西部大开发等政策的实施，为严寒地区的发展注入了新的活力。相比之下，严寒地区大多以平原为主，适合种植玉米、大豆等农产品。

（4）经济条件特征

相比南方村镇发达的轻工业，严寒地区村镇的经济发展水平相对落后，经济生产结构也较为单一，主要以第一产业——农业为生活来源。但是，在村镇建设中也在逐步调整产业结构，建设第二和第三产业链条，以期早日实现村镇的城镇化。但是，由于资金有限、人员流失等原因，大部分严寒地区的村镇仍然存在经济条件落后、产业结构不合理等现象，这对村镇的进一步发展是较为严重的制约，但从全国的角度来说，东北地区是我国粮食的主要产区，以第一产业农业为主，保证全国粮食安全也是这一地区承担的重要责任。然而村镇经济条件直接关系到农民生活水平，站在改善民生的角度，我们必须加快村镇的城镇化进程，提高农村居民的生活水平。

（5）生态环境特征

严寒地区的村镇的生态环境水平较高，空气质量较好，能够保持良好的生态环境特征。究其原因，主要在于严寒地区地广人稀，村镇的开发程度较低，使得生态和环境都保持在较高的水平上。

（6）资源类型特征

严寒地区的资源较为丰富，包括矿产、煤炭、森林、大量的不可再生资源，以及很多的可再生能源，如貂皮、鹿茸、木耳、猴头、鹿鞭等。严寒地区村镇的自然资源类型比较多，数量也十分庞大。

（7）人文特征

严寒地区村镇居民性格豪爽，民风彪悍又淳朴好客，集中了汉族、满族、蒙古族、回族等很多民族，有着十分深厚的文化底蕴。但是，村民的文化程度不高，使得精神文明建设需进一步加强。同时，村民娱乐设施和娱乐种类都急需增加，丰富村民生活。

3.3.2 严寒地区村镇建设基本情况

在课题的支持下，课题组多次成立调研小组，先后奔赴吉林、辽宁、黑龙江等严寒地区村镇进行实地调研，收集大量数据，分析总结，最终掌握了严寒地区村镇建设的大致情况。结合调研的具体结果，总结调研村镇的建设情况。

3.3.2.1 建设与规划管理

朗乡镇为国家级生态乡镇，绿色村镇的建设与管理措施相对比较完善，定期检测自来水和排放污水的水质，每个下辖村都制定绿色建设实施方案，制定村规民约，践行绿色化的生活方式，将每年的建设成果与《黑龙江省生态村创建标准》中指标进行比较，明确发展方向；庆云堡镇也根据辽宁省生态村镇标准制定了村镇的生态化、绿色化发展目标。其他村镇虽然也都是经济发展状况较好的村镇，但是对于村镇发展的宣传力度还都放在经济增长、基本国策，以及村民生活的基本层面，对于绿色村镇的建设缺乏宣传和引导。

3.3.2.2 经济水平

经济水平的调研包括两部分：居民的家庭收入和村集体经济条件。

（1）家庭收入

调研中，很多被调研家庭都存在家庭成员外出打工现象。大多数村镇居民的主要收入来源有种植收入、外出务工收入和个体商务收入等。其中，种植收入是被调研家庭的最主要收入，平均来看，约占 50%～60% 左右。

在调研中我们也发现，村镇的人口正在更快速的迈入老龄化阶段，被访者平均年龄近 50 岁，20～40 岁的年轻人大多选择背井离乡去其他城市，甚至出国打工。

从调研结果看，被调研家庭的收入水平相差不大，根据统计结果，大多数的被访家庭年收入在 1 万～5 万元之间，占调研总数的 60% 以上，其中以年收入在 1 万～3 万元之间的家庭数最多，达到 43%。

（2）集体经济

在被调研村镇中，大多数被访村镇都建立了各种合作的形式，如农场、合作社和产业合作群体，一方面提高了村企业生产和经营的水平；另一方面，在市场经济中，通过合作，可以更好地发挥作用，掌握话语权，为村民谋福利。包括调研的哈尔滨红旗农场、海林市新安朝鲜族镇区内的很多被调研村都有合作社，且经济效益较好。

3.3.2.3 农业发展

（1）科技、技术替代冗余劳动力

在被调研村镇中，不论是以农业生产为主的农场，还是以务工为重要收入来源的村镇，他们的农业生产条件和水平都相对较好，这与该地区良好的经济条件是分不开的。

在调研的过程中，课题组虽然采用随机抽样的调研方法，但是被调研人群的平均年龄仍然在 40 岁以上，并且，虽然有相当一部分并不会从事农业劳动，但生活水平仍然普遍较好。通过调研，分析原因主要在于，技术的进步使得很多的农村劳动力从土地中剥离开来，从事建筑、服务等行业，既能提高收入水平，也能缓解耕地紧张的压力。因此，农业发展的特点主要在于更少的人力投入和更先进的技术设备支出。

另外，无论是农场还是普通村镇都存在着大量的劳务输出，且输出的大多是青壮年劳动力，使得村镇内的劳动力人数和水平都下降很多，在农用地面积不变的情况下，人均种植面积远大于从前。另一方面，随着科技的进步，技术、生产设备等投入到农业发展中，提高了调研地区的机械化水平，如水渠灌溉代替人工灌溉、机器收割代替人力收割，不仅弥补了该地区劳动力人口的不足，也为农业的发展进步提供了契机。见图 3-3。

（2）特色农业为地区经济更添新翼

蔬菜园区、菌类产业园、花卉水果产业园、有机水稻等各具特色的农产品基地的建设和发展，给农业发展带来新的生机。见图 3-4。在农产品生产的基础上，部分调研地区也建造了对农产品进行初步加工的副业，如新安朝鲜族镇的辣白菜厂，不仅拓宽了农产品的市场，更重要的是实现农业到工农业共同发展的跨越，给该地区的经济发展带来新的机会。

图 3-3　机械插秧　　　　　　　　　　图 3-4　有机水稻生产

（3）农业产业结构升级

在调研的过程中，我们发现农业生产也并非单一的品种和方式，而是逐渐在以地区为单位因地制宜地形成产业结构，如新安朝鲜族镇水源充足适宜生产水稻，建设稻田养蟹合作社，农业产业结构升级改造，为农业的长久发展增添动力。

3.3.2.4　节能减排

（1）节能意识薄弱，政策宣传扶持力度不足

在被调研村镇中，大部分地区的村民有一定的节能环保的意识，但对节能环保的具体内容及如何节能环保了解不足，这与政府部门的宣传方式和宣传力度不足有关。大部分村民对节能减排的了解不成体系，对相关的做法更是一知半解，导致被调研村镇的节能环保工作滞后，一方面带来资源在无形中的浪费；另一方面，也阻碍了节能减排和环保等的宣传和普及。

此外，地区经济及政策的限制也导致了节能减排意识不足。在调研中我们发现，被调研的几个村镇地区几乎都没有节能减排财政补贴及鼓励政策等，而现实生

活中，受经济等因素的限制，一些村民虽然知道要节能环保，但也不得不选择相对经济便捷的非节能环保用品。

（2）节能灯、节水龙头等的普及情况

通过对被调研村镇的调研数据整理，我们发现被调研村镇的节能灯使用情况比较乐观，使用节能灯的比例最低也有 70% 以上。正在陆续完成从白炽灯到节能灯的换代过程。相信随着节能环保宣传在居民中的更多普及，节能灯的使用不成问题。

节水龙头的使用情况远没有这么乐观，大部分村民选择原始的水龙头。极少使用节水龙头。而且对水资源的节约利用也不尽如人意。

（3）清洁能源的使用情况

清洁能源的使用情况更是令人担忧。虽然有些居民家中有不止一种清洁能源在使用，但绝大部分被调研村镇的居民鲜少选择清洁能源来进行使用。清洁能源的种类为天然气（煤气）、沼气、太阳能、地热能、风能以

图 3-5　太阳能使用

及生物质能，但已使用的清洁能源主要是天然气，但也不足被调研总数的 50%，而如太阳能、地热、沼气等清洁能源的使用者则寥寥无几。见图 3-5。

（4）炊事方式

被调研村镇居民家里采用多种炊事方式，主要有柴灶、燃气灶、电器等方式。家庭主要炊事方式是柴灶和燃气灶，约占总样本数的一半以上。沼气灶的使用基本接近于零。在被调研村镇中，鲜少有使用农副生产用能的。见图 3-6。

图 3-6　炊事灶具使用

据统计资料显示，在城市非常普及的燃气，在严寒地区村镇的普及率极低，而且远远低于全国乡镇的平均水平。2014 年建制镇和乡煤气设施水平如表 3-1 所示。

2014 年建制镇和乡燃气设施水平　　　　　　　　表 3-1

指标	辽宁		吉林		黑龙江		全国	
	建制镇	乡	建制镇	乡	建制镇	乡	建制镇	乡
燃气普及率（%）	30.68	13.54	20.82	11.11	18.59	10.00	47.77	20.32

资料来源：2015 年中国统计年鉴。

（5）冬季取暖方式

严寒地区居民的供暖方式主要是自烧取暖，集中供暖虽然也有，但仅占极少的比例。严寒地区村镇居民有多种采暖用能方式，包括烧煤、烧秸秆木材、用电、燃气等。有超过半数的居民采用的是烧煤的方式进行采暖，在有些调研地区，烧煤的比例高达 90% 以上。还有部分居民是通过烧秸秆木材来取暖。除此之外，其他供暖方式所占比例较少。大部分村民家里都有多种供暖设备，常用设备以落地炕为主，占 50% 以上，除此之外，土暖气也比较多，占 44.3%。严寒地区的供暖时间一般都在该年的 10～11 月份到来年的 4～5 月份。

3.3.2.5　水资源的利用与污水排放

被调研村镇的居民饮用水主要来源是自来水，普及率基本达到 98%，但饮用水处理情况稍差一些，没有达到与自来水的使用那么高的比例。由调查可知，被调研地区饮用水来源除自来水外，还有少部分是饮用桶装水或井水，在饮用水饮用时 50% 的人会进行预处理，常见的方法是烧开。因为是进行绿色村镇建设的实地调研，选择的村镇建设情况较好，但据统计资料显示，严寒地区村镇的供水设施水平较低，与全国村镇平均水平差距较大。2014 年建制镇和乡供水设施水平如表 3-2 所示。

2014 年建制镇和乡供水和排水设施水平　　　　　　表 3-2

指标	辽宁		吉林		黑龙江		全国	
	建制镇	乡	建制镇	乡	建制镇	乡	建制镇	乡
人均日生活用水量（L）	90.88	83.20	79.91	47.56	66.63	65.33	98.68	83.08
供水普及率（%）	72.41	47.56	73.67	49.22	83.54	76.33	82.77	69.26
排水管道暗渠密度（km/km²）	4.18	3.01	1.99	1.47	2.31	1.39	5.94	3.83

资料来源：2015 年中国统计年鉴。

在被调研居民家中无节水装置的家庭占到很大的比重。根据调研数据还发现，无节水装置的家庭比例很高。而使用节水装置的家庭中，大部分使用的是节水水龙头，使用的节水装置比较单一。

被调研村镇居民对生活污水的处理方式最主要的是倒在院子里或菜园里，普遍的情况是下水装置较少，对生活污水只能随意倾倒。而在生活污水中可再次利用的水大多会被直接倒掉，一方面与严寒地区作物存活时间短有关，另一方面也与村民节水意识薄弱有关。在水资源重复使用方面，占半数以上的家庭无重复用水的使用习惯。有重复用水习惯的家庭主要是将水收集起来清洁使用，或浇灌院子里的作物。

3.3.2.6 居住条件与垃圾处理

（1）住房

由调查可知，被访问者最主要的住宅类型是独立院落和联排院落，其中以独立院落为主。房屋结构形式大多为砖木结构、砖结构和混凝土结构等，外墙材料以红砖和混凝土为主，屋顶采用坡屋顶，房屋坐北朝南。窗户多采用双层，材料大多为塑钢和铝合金。绝大多数住房，约占 70％以上，基本没有保温措施。其余有保温措施的，其保温材料主要是使用锯末，其次是珍珠岩。

目前的调研来看，对住房的满意程度，不同地区差异很大。情况比较好的地区，如帽儿山地区，80％的被调查者表示对住房状况满意；还有个别地区，如达连河地区，约有超过一半的被调查者对住房情况不满意，希望能改善住房条件。见图 3-7。

图 3-7　村镇住房

（2）垃圾处理

由调查结果来看，部分调研地区会设置垃圾桶和集中收集垃圾，但是相当一部分的被调研地区不能及时甚至不能妥善处理成堆的垃圾，这会给村民生活带来极大的不便，也会影响到村容村貌，更会对村民健康产生不良的影响，危害较大。做得相对好些的村镇，会有一些村政府专门派人收集垃圾然后集中运到村外某一指定地点堆放或处理。而原以为便利的堆肥与沼气的垃圾处理方式却几乎没有人选择。这说明在垃圾处理方面被调研地区还是比较落后的，没有对垃圾好好利用，也没有对垃圾妥善处理。并且村镇也没有针对垃圾处理采取专门的政策，或发放相关的补助。见图 3-8。

图 3-8 垃圾收集

3.3.2.7 空气质量与声环境

在对村镇的调研中不难发现，被调查村镇居民对空气质量的评价相对较高，大多数均反映并无噪声等问题，较少的被访者认为农用车辆会产生一定的噪声。

3.3.2.8 道路与交通出行

村民出行的主要交通工具包括公交车、家用车、电瓶车或摩托车、自行车或直接步行。调研中发现村镇居民使用电瓶车和摩托车比较多，其次是步行，较少使用家用车和公交车。并且村镇居民对村镇道路表示满意的仅占被调研村镇居民的一半，这说明村镇道路还有很大的改进空间。在所实地调研的一些村庄，农村道路情况较差，有许多是土路，一到下雨天，行走很困难。如图 3-9 所示。

图 3-9 乡村道路

从统计资料的人均道路面积指标上也可以看出，村镇道路建设还有待提高。表 3-3 列出 2014 年建制镇和乡道路设施水平。

2014 年建制镇和乡道路设施水平 表 3-3

指标	辽宁		吉林		黑龙江		全国	
	建制镇	乡	建制镇	乡	建制镇	乡	建制镇	乡
人均道路面积（m²）	12.79	14.68	10.87	14.99	15.61	21.52	12.63	12.63

资料来源：2015 年中国统计年鉴。

3.3.2.9 园林绿化情况

园林绿化建设方面实地调研的村镇情况差异较大，从统计资料显示，严寒地区绿化方面的指标相对全面平均情况还是比较差的。表3-4显示出2014年的相关情况。见图3-10。

2014年建制镇和乡园林绿化设施水平   表3-4

指标	辽宁		吉林		黑龙江		全国	
	建制镇	乡	建制镇	乡	建制镇	乡	建制镇	乡
人均公园面积（m²）	1.12	0.53	0.88	0.41	1.16	0.56	2.39	1.07
绿化覆盖率（%）	13.24	12.19	5.51	5.42	5.40	5.77	15.90	12.98
绿地率（%）	3.58	2.35	2.14	2.58	2.44	2.57	8.96	5.50

资料来源：2015年中国统计年鉴。

图3-10 村镇公园

3.3.2.10 村镇建设满意度

村镇建设满意度在被调研问卷中有非常满意、一般满意、不满意、非常不满意及无所谓五个选项。其中非常满意与非常不满意所占比例都不大，只有一般满意占最大比例，约53%，说明大多数被调查居民比较认可村镇现有的建设情况，同时对现有村镇的建设情况也非常关注。村民们关注且认为需要改善的方面主要集中在住宅、道路和垃圾处理这三方面，都超过了被调研样本的半数以上。

调研中还发现，村镇居民新闻信息的来源途径主要集中在电视上。同时，除了个别村镇，多数村镇在节能环保宣传方面还需要加强，超过半数的被调查者对节能环保表示出无所谓的态度，多数村镇居民反映没有或少有节能环保方面的宣传。

根据 2015 中国统计年鉴，建制镇市政公用设施水平（2014 年）如表 3-5 所示，建制镇市政公用设施水平（2014 年）如表 3-5 所示。

2014 年建制镇市政公用设施水平 表 3-5

范围	人均日生活用水量（L）	供水普及率（%）	燃气普及率（%）	人均道路面积（m²）	排水管道暗渠密度（km/km²）	人均公园绿地面积（m²）	绿化覆盖率（%）	绿地率（%）
辽宁	90.88	72.41	30.68	12.79	4.18	1.12	13.24	3.58
吉林	79.91	73.67	20.82	10.87	1.88	0.88	5.51	2.14
黑龙江	66.63	83.54	18.59	15.61	2.31	1.16	5.40	2.44
全国	98.68	82.77	47.77	12.63	5.94	2.39	15.90	8.96

3.3.3 典型村镇调研报告一（红旗农场）

3.3.3.1 红旗农场调研情况总结

（1）红旗农村总体情况

黑龙江省红旗农场地处哈尔滨市西南郊区，所辖区域分布在哈市南岗、道里、香坊、平房四区七个乡镇，场部设在王岗镇。境内有机场路、江南中环路、哈双路、京哈高速、102 国道及哈大铁路、京哈铁路贯穿全场。农场地处东经 126°22′30″～126°33′45″，北纬 45°34′～45°41′，平均海拔 178m。气候属于寒温带大陆性季风气候，全年平均气温 3.4℃，年有效积温 2789℃，年无霜期 140 天，平均年降雨量 524mm。土地总面积 12.98km²，其中耕地面积 12675 亩（设施用地 1600 亩）、林地 3788 亩（果园 1000 亩）、场址道路 3007 亩。全场下辖两个作业区、两所学校、一所社区医院、一所幼儿园、一个北大荒养老中心及多家企业。2013 年农场辖区现有人口 5.3 万人。

近些年，农场充分发挥地处省城近郊的区位优势，依托哈尔滨，融入哈尔滨，服务哈尔滨，大力发展围城经济，农场的蔬果产品取得了"北大荒"商标使用权。如今，随着哈尔滨市西客站的落成，又为农场的发展注入了前所未有的生机和活力，农场充分发挥毗邻西客站宝贵的土地资源优势，构建了都市经济发展的全新格局。

（2）农业经济发展

1）都市农业发展。在都市农业发展领域，紧紧围绕都市休闲农业这一主线，优化结构、创新科技，强化管理，重点打造五大园区：即花卉产业园区、绿色有机蔬菜产业园区、食用菌产业园区、家庭园艺产业园区、水果产业园区。花卉产业园区，建设以盆花、草花及景观花为主的花卉种植基地 120 亩，年产各类花卉 600 万盆（株）；绿色有机蔬菜产业园区，蔬菜种植面积达到 8000 亩，产销蔬菜 5 万吨；食用菌产业园区，棚室种植面积 200 亩，年产香菇、平菇 2600t；家庭园艺产业园区，在望哈智能温室三区内拓展家庭创意园艺，将家庭阳台园艺、客厅园艺、生态厨房园艺推广到市民家庭；水果产业园区，提升千亩果园品种品质，发展棚室特色葡萄 100 亩，满足休闲观光采摘需求。

园区水电路配套，微喷滴灌、电话、宽带、有线电视网络等生产生活设施齐全，已建成集蔬菜生产、农产品采摘、旅游观光、科普教育、休闲度假等产业功能于一体现代化都市农业园区，园区目前已通过国家 AAA 级景区评定，获得全国休闲农业与乡村旅游四星级园区称号。

2）农业设施。完成望哈智能温室家庭园艺改造、32 栋温室建设、机场路 47 栋温室升级改造及农田水利、农机装备配套更新。购置更新 504 台套卷帘机、棉被 42600m^2，截至 2013 年末，农场拥有大中型拖拉机 11 台、各类农具 28 台、设施用农机具 17 台套，大大促进农场设施农业的发展。

3）农业标准化管理。加强农业技术推广服务体系建设和农产品检测体系建设，强化农产品质量安全管理，实施农业部农产品质量追溯系统建设项目。蔬菜追溯面积扩大到 2400 亩，农场有机食品认证面积达到 1500 亩，良好农业规范认证面积 300 亩。做到"四个"一样：即田间与地头一个样、生产田与示范田一个样、露地与设施一个样、区与区之间一个样。落实"五个"坚持：坚持统一供种标准化；坚持农艺措施标准化；坚持田间作业标准化；坚持职工素质标准化；坚持农业投入品使用标准化。

4）农业科技。农场积极推进全国基层农技推广项目、农业劳动力培训阳光工程，创新农业科技，全面实施了基层示范县建设和阳光培训工程，成为省级农业科技成果集成示范基地。设立 2 个科技推广示范县农业科技试验示范基地标牌，共展示设施有机蔬菜栽培、设施温湿度调控、A 级绿色蔬菜栽培、蔬菜复套种、工厂化育苗、节水灌溉等 12 项应用技术。承担国家星火计划和成果推广科技项目，完成 2 个国家星火科技项目，分别是"高寒地区特色油豆角生产关键技术集成规范"和"延后贮藏保鲜甜椒龙椒 11 号新品种示范"；完成 2011 年度国家星火科技项目"寒地现代设施蔬菜生产综合技术示范"；完成省重点科技项目"秸秆能源化利用技术及关键设备的研究与应用"。积极推广科技创新项目，由农技推广中心牵头，两个作业区农业技术人员共同组成 9 个科技项目攻关小组，以北方高端特色水果（大樱桃、蓝莓）、特色蔬菜（金香蕉西葫芦、马家沟芹菜等）进行引进栽培，励志打造红旗特色的北方高寒设施栽培新模式。

红旗农场以现代都市农业为核心，以"两上一特"（即上设施、上科技、有机特色种植）作为总体工作目标，完善万亩绿色有机蔬菜生产基地建设，构建智能化、低碳化、功能多元化的绿色农业产业体系，创建集约农业核心示范区。建立展示 A 级绿色蔬菜栽培、蔬菜复套种、节水灌溉等应用技术的 3000 亩露地蔬菜示范区；展示设施有机蔬菜栽培、设施温湿度调控、设施立体栽培、节水灌溉等应用技术的 2000 亩设施农业科技示范基地。示范区设立了栽培技术标准及宣传标牌，完成了绿化、美化景观及硬化路面。

5）健全土地承包制度。严格按照职代会通过的土地承包方案要求，完善土地承包经营制度。发展蔬菜、农机、食用菌三个专业合作社，构建新型农业经营体系。见图 3-11。

图 3-11　农业大棚

（3）工业经济发展

工业经济以工业园区为载体，以"搭平台、创环境、强服务、上项目、增效益"为宗旨，打造特色产业体系。通过整合资源，农场出台相关支持扶持政策的方式，确定了"加强一个核心、三个产业带建设"的工业总体发展战略。即以王岗红旗机械工业园区为核心，辐射拉动机场路、江南中环路、102 国道工业产业带建设。目前全场共有工业企业 30 多家。

加大工业园区招商引资，积极引进千万元以上的工业项目。引进投资 5100 万元的哈尔滨农垦方大管业有限公司兴达波纹管厂项目，年计划生产能力 8000t，目前有 8 条生产线投产，年生产销售直埋保温管系列产品 30 万 m，各种补偿器 1 万台（套），可实现产值 1 亿元，拉动周边乡镇 300 人就业。引进黑龙江省秦核商混有限责任公司，该项目投资 1500 万，已累计生产商品混凝土 22.5 万 m^3，总产值 9000 万元。新研发喷灌机项目，预计年生产能力 500 台，年产值近亿元。引进黑龙江农垦美德农业机械制造有限公司，项目总投资 5000 万元，投产后，年产割晒机 500 台，预计年销售收入可达 16000 万元，实现利润 3500 万元，同时拉动周边 180 人就业。

（4）节能减排发展低碳经济

多年来，红旗农场坚持科学发展、集约发展、绿色发展，充分利用优越的资源禀赋条件和产业优势，按照集约集聚、低碳先行的基本思路，加快转变经济发展方式，将节能减排、大力发展低碳经济的理念贯穿到区域经济发展、城乡建设和产品生产中，使资源得到最有效的利用，最大限度地减少废弃物排放，逐步使生态步入良性循环体系。特别是望哈管理区在农业生产和新农村建设上，大胆革新传统生产生活方式，走出了一条低碳经济发展之路。管理区不断创新现代化农业生产、管理和新农村建设新模式，有效地保证了区域生产生活低碳、节约、清洁、安全、可持续，逐步向规模化、产业化、节能化、生态化方向迈进，实现了生态和特色经济的跨越发展。

1）集约开发设施农业，建设节能减排社区。农业生产全面实施有机蔬菜生产技术规程，创造性的建设了宜产、宜居、宜游的"红旗模式"设施单元 200 个，每个单元占地 2.75 亩，包括一个 $80m^2$ 的看护房、一个 $128m^2$ 的育苗温室、2 个 $600m^2$ 的钢骨架大棚，温室大棚数量达到 600 栋。还建有智能化温室 $4377m^2$，全部采用有机生产模式，已通过有机食品认证和良好农业规范认证，与常规生产相比，每年的化学农药、肥料、除草剂等施入量减少了 150t，极大提高了蔬菜品质，提升了单位面积效益。推广膜下滴灌，棚室微喷、露地喷灌技术，管理区所有地块都配齐喷灌设施，水资源利用率提高 40%。

2）发展秸秆气化集中供暖供气项目，节能增效。秸秆气化集中供暖供气工程于 2007 年建设，当年投产，是省内秸秆气化节能减排低碳经济发展的典范。气化站年可消耗作物秸秆 4000t，产气量 800 万 m^3，供暖供气覆盖面积 3 万 m^3。与燃煤取暖 40 元相比，每平方米仅为 28 元，节约成本 12 元。与使用液化气相比，一家每月费用为 100 元，而使用燃气支出 42 元，支出减少 58 元。同比全年节省采暖用煤量 3000 余吨标准煤，按每吨 800 元计算，可节省费用 240 万元，还可减少二氧化碳排放量 680t、二氧化硫排放量 33t。另外，秸秆燃气产生的灰分和焦油，富含钾、硫等元素，可进一步加工生产生物有机肥和木樨液，用于生产有机蔬菜，形成秸秆利用—燃气—供暖供气—有机肥—土壤—作物的低碳循环经济模式。

3）发展水源热泵，发挥水资源效率。2010 年在园区内建设水源热泵系统，热泵功率 360kW，用于智能温室冬季生产取暖、夏季循环制冷，同时水源提取回灌与园区供水系统相通，循环利用，保持地下水动态平衡。

4）太阳能资源开发利用。区域内年日照实数达到 2900h，太阳光能十分丰富。太阳能路灯、塑料大棚、玻璃温室、智能温室、太阳能热水器等被广泛推广应用，可大幅节约燃煤、电力的消耗，节能效果俱佳，无排放污染。

（5）现代服务业快速发展，产业体系基本建立

以"特色化、效益化、品牌化"为目标，重点推进城市公共服务、幼教服务、养老服务及都市农业旅游等经营项目。

1）教育服务。红旗农场与深圳世纪星教育的合作，创新了农场学前教育新模式，红旗-世纪星经典双语幼儿园建成投用，幼儿园总建筑面积 5100m²，总投资 2100 万元。进一步加大教育投入，农垦中、小学现有在校生共计 1682 人，小学毕业生 100％升入初中，中学毕业生中考成绩优秀，100％升入上级学校。

2）北大荒养老中心。北大荒养老中心 2012 年 6 月 28 日正式开业，中心同时还开展了短期旅游度假、文化娱乐、消夏避暑等业务，已接待了各管理局、八一农垦大学等多批次老年人体验式休闲养老及会议、团体活动等。养老中心还在三亚市设立北大荒养老中心三亚分中心，创新提出了春夏住哈尔滨、秋冬住三亚的异地养老新模式。

3）打造都市农业休闲生态旅游。促进旅游景区提档升级。完成景区长廊种植 150m、安放休闲座椅 60 个、环保可移动公厕 6 座、绿化面积 8000m²、设置景区指引标识牌 30 个。成功举办了北大荒果蔬采摘节、红旗农场梨花节、北大荒版画创作基地揭牌仪式、养老中心绿色休闲之旅、群众文化艺术节等一系列活动。

红旗农场社区卫生服务站由单一的医疗服务转为以预防、保健、医疗、康复、健康教育、计划生育为指导的"六位一体"服务格局。积极推进社保业务，以让参保人满意服务为工作目标，重视加大居民、家属、学生基本医保扩保面工作。民生工程落到实处，极大地改善了红旗农场的整体面貌，职工的幸福指数大幅提升。

（6）大力发展和弘扬北大荒文化

北大荒文化是垦区的血脉，是北大荒人的精神家园。依托北大荒品牌，构建北大荒品牌体系，打造北大荒品牌文化。深入挖掘北大荒都市农业等特色文化，唱响文化品牌，打造规模化、特色化、精品化文化教育基地。

3.3.3.2 调研对象及调研过程

调研对象：红旗农场机场路作业区居民、机场路作业区各管理部门。

调研时间：2014 年 7 月 1～3 日。

调研过程：第 1 天，到达红旗农场机场路作业区，开始调研工作，两人一组，共十个调研小组，共收回 104 份问卷。

第 2 天，赴红旗农场机场路作业区调研。共十个调研小组，共回收 33 份问卷。

第 3 天，到红旗农场总部调研，主要调研形式为访谈，意在了解红旗农场总体情况。见图 3-12。

3.3.3.3 调研结果数据分析

（1）基本信息

经过汇总后家庭收入来源情况如图 3-13 所示，其中有些家庭有多种收入来源，从条形图可以看出种植是大多数家庭的主要收入来源（53.9％），外出打工也不在

图 3-12　访谈与问卷调查

少数（20.2%），以退休金为收入来源的（12.7%）占 60 岁以上老人的 69%，但是拥有除此之外收入来源的家庭较少。而在有外出打工家庭收入的被调查者中，有62% 的打工收入要占总收入的 75% 以上，大约 25% 的人打工收入在 50% 以下。

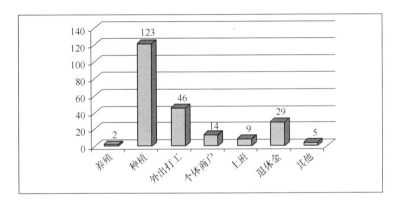

图 3-13　主要收入开源

经过汇总后，可以得到收入状况如图 3-14。可知收入为 1 万～3 万元和 3 万～5 万元的人数较多，分别为 60 和 48 人，占到调查人数的 38% 和 31%，5 万～10 万的为 13%，小于 1 万元的为 5%，大于 10 万的为 13%，贫富差距并不悬殊。在村民的口述回答中基本是收支持平。

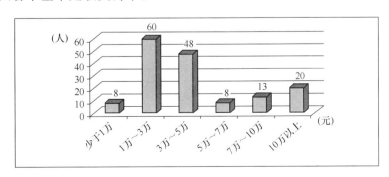

图 3-14　主要收入比例

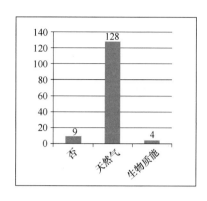

图 3-15　清洁能源利用类型

（2）能源节约与利用

被调查者中有 126 人使用了节能灯，占被调查人数的 91%，也有同时 9.48% 的被调查者使用白炽灯。

清洁能源利用类型如图 3-15 所示，其中有的被调查者家里使用不止一种能源，可知绝大部分使用的清洁能源是天然气（煤气），占到了 90.8%。冬季采暖也大多数采用烧煤的方式（78.8%），生活用煤量一般在 2t 上下（占生活用煤总数的 69.7%），具体情况如图 3-16 所示，而供暖设备以落地炕为主，住居民楼的为集中供暖方式。而供暖时间一般都在该年的 10～11 月份到来年的 4～5 月份。

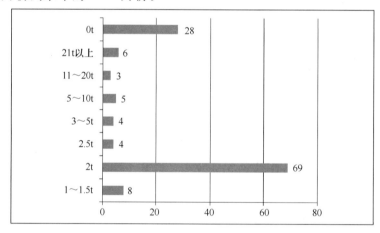

图 3-16　能源利用数量

供暖期间室内温度调查情况如图 3-17 所示，可以看出室内温度大多数还是可以达到 18℃ 以上的。

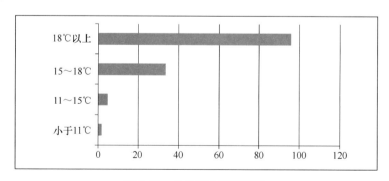

图 3-17　冬季室内温度情况

（3）水资源

由调查可知，该村饮用水来源绝大部分是自来水（接近98%），还有少部分是饮用桶装水或井水，饮水时接近70%的人会选择预处理，其中99%的人会选择烧开，会有极少部分人选择过滤。至于节水装置，81.2%调查者安装了节水装置，具体见图3-18，33%有雨水收集装置，其中有25.3%的安装了节水龙头。

对于生活污水处理，数据分布如图3-19所示。有41.4%的家庭将污水直接倒在院子里或菜园里，23.4%的家庭将污

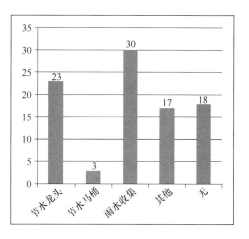

图3-18　节水情况

水直接倒在排水沟里，22.1%的家庭从家中的污水管道排倒污水，将污水直接倒入院外的家庭占12.4%。

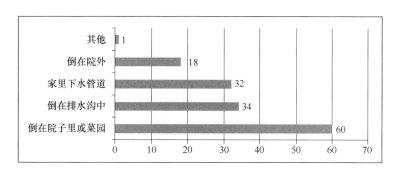

图3-19　污水处理情况

而家庭对于水的重复利用情况的调查结果显示，44%的家庭用于浇灌院子里的作物，47%的家庭未进行重复利用，9%的家庭收集用于清洁。考虑在严寒地区，没有种植作物的季节极长，可见，对于水的重复利用率是极低的。可能是因为并不是按用水量收费或政府对于这部分教育宣传不够的原因，村民对于水的重复利用并不是很重视，即使是用来浇园子，大概也是为了方便，而且受季节限制。

对于用水量，因为该村水费免费，村民也没有计量过自家水用量，所以无法得出，另外，村民表示该村政府并未实施过污水处理方面的政策，也未提供过该方面的补助。

（4）垃圾处理情况

垃圾处理情况具体数据如图3-20所示，可知绝大部分会倒入附近的垃圾堆、垃圾箱或会放在门口，村政府也会专门派人收集垃圾然后集中运到村外某一指定地点堆放。

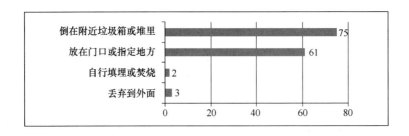

图 3-20　生活垃圾处理方式

经过访问得知被访问者家里均是旱厕，无室内冲水厕所。

图 3-21 表示村民对于农用薄膜的处理情况。可见，农业薄膜的处理情况并不乐观。

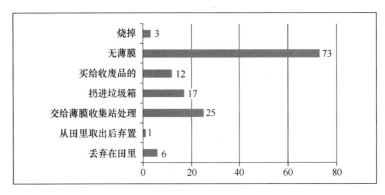

图 3-21　农用膜处理情况

对于秸秆处理。约 61％的被访问者表示不种玉米等作物，也不存在秸秆处理问题，剩下的大多用来点炉子和烧饭取暖等。

另外，通过访问得知，村里会把收集到的垃圾运到村外的某个地方堆积起来，但是并未做焚烧或其他处理。同时，该村并没有针对垃圾处理采取专门的政策，也没有相关的补助措施。

由调查情况可知，在垃圾处理方面，政府工作还是存在一定缺陷的，据村民反映虽然将垃圾放到外面，就有相关工作人员统一收集处理，但是他们仅仅把垃圾运到村外的某一指定地点，既不焚烧也不填埋，长此以往必然会存在问题。同时，因为村里较多农户种植的都是花草或蘑菇，秸秆较少，所以也不会存在秸秆收集站，而对于农用薄膜，有 43％表示无处理措施，应当对此加以重视，另外被访问者的家里均无室内卫生间，这也不利于垃圾处理工作的进行。

（5）景观与环境

对村镇绿化的满意程度如图 3-22 所示，村民对绿化环境满意度较高，达到了88％。事实上在访问过程中也发现，该村所做的绿化确实不错，而且还有供村民休闲娱乐的小广场。

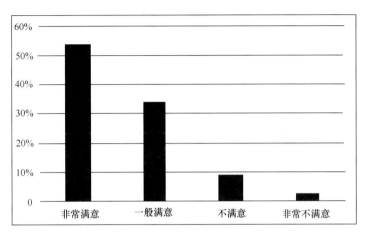

图 3-22　村镇绿化满意程度

图 3-23 代表了被调查者对空气质量和对道路（出行方式）的满意程度。56％的被调查者对空气质量表示非常满意，31％的被调查者对空气质量表示一般满意，11％被调查者对空气质量表示无所谓，也各有 1％的被调查者对空气质量表示不满意和非常不满意。对于噪声问题，71％的被调查者表示不存在噪声问题，但是也有26％表示存在车辆（特别是农用车辆）的噪声，如图 3-24。对于出行道路方面，有90％的被调查者对出行道路表示满意。如图 3-25 所示为村镇居民常用的交通工具情况，可见，出行交通工具最常用的为公交，这可能也与红旗农场所处的地理位置位于哈尔滨近郊有关，步行和家用车相继也占有了一定比例。

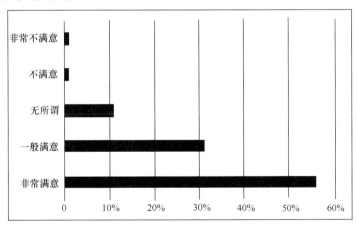

图 3-23　对空气质量满意程度

（6）农业生产养殖情况

由调研可知，被访问者自己拥有土地情况如图 3-26 所示，而有租种或租给他人以及撂荒的情况极少，农药化肥用量也较少，占不到被访问者的 6％，可能与村

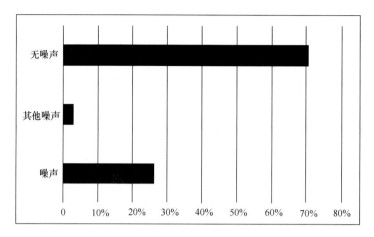

图 3-24 村镇噪声情况

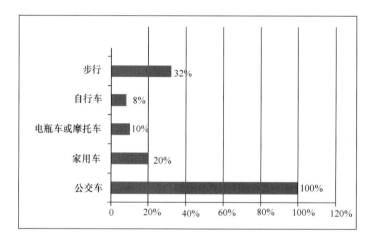

图 3-25 村镇居民常用交通工具

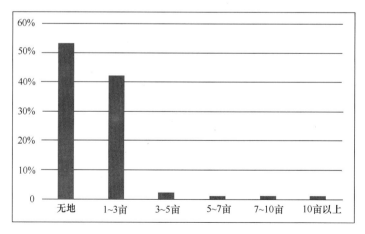

图 3-26 村镇居民的耕地拥有量

民主要栽种的是花卉和菌类有关。

种植作物种类情况如图 3-27 所示，一半以上的人不从事种植业，这其中包括老人、个体商户和外出打工者，而种植的最多的还是菌类，然后是花卉和蔬菜，最少的是粮食，粮食的种类是水稻和玉米两种。

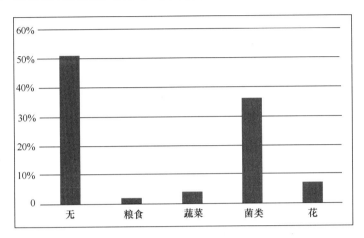

图 3-27　农业种植的主要种类

对于灌溉方式，可能由于 70 位访问者没有土地的缘故，关于灌溉方式也就为空白，其他的较多是采用其他方式（问卷结果中没有具体说明），占以农业收入为主业的 64%，剩下也有较少采用泵水浇地和喷灌方式的，但是没有发现采用滴灌方式的，也没有发现以养殖为收入来源的，而农机方面，据很多村民反映也不存在补贴。

在实际调查中发现在农业方面，该地区是以菌类和花卉为主，在这方面的节水节能措施几乎没有，不知是不是与所种植物种类有关，否则应采取喷灌或滴灌的节水措施，另外政府对于个人家庭农机使用也没有补助措施，但是农场有很多产业实际上是农场集体掌控并提供机械，然后雇佣人员工作的。

（7）房屋建筑环境方面

由图 3-28 可知，在明确回答的 146 位被访者中，房屋建筑面积在 60m² 以上的有 59 家，占 40.4%。

由调查可知，被访问者住在独立院落、联排院落和多层住宅的家数分别为 62 家、59 家和 16 家，占比分别为 45%、43% 和 12%，具体数据如图 3-29 所示。

从调查情况来看，居民的房屋按建造时间划分的比例如图 3-30 所示，20 世纪 90 年代以前建造的房屋占 64%，这个时期建造的房屋还没有考虑节能环保等要求。

屋顶结构对于独立院落和联排院落来说，从访问结果看房屋结构形式大多数是砖木结构、砖结构混凝土结构，约 79% 为坡屋顶，21% 为平屋顶，98% 为南北朝向，图 3-31 为房屋年代比例分布和外窗所用材料分布，74% 的房屋为双层窗户，

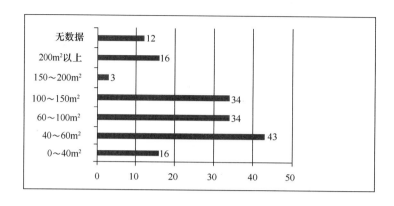

图 3-28 村镇居民的户房屋使用面积（单位：家）

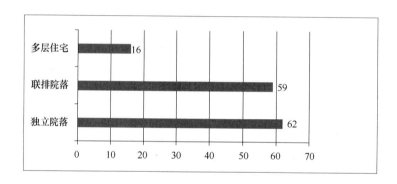

图 3-29 村镇居民房屋类型（单位：家）

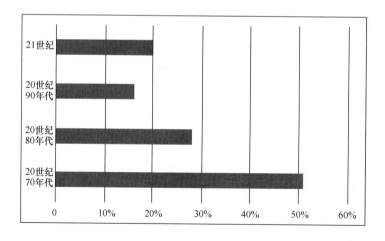

图 3-30 村镇居民房屋建造时间

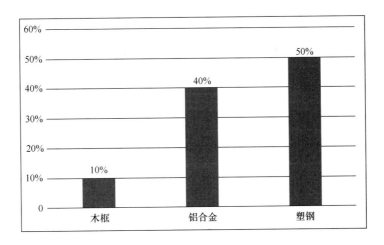

图 3-31　房屋窗的类型

另外由调查数据可知，单玻、双玻和三玻所占的比例分别为 16%、82% 和 2%。外墙材料以红砖和混凝土为主，所占比例分别为 55% 和 36%，还有少部分为混凝土砌块和工业废料生产砌块，外墙厚度有 37cm（69%）和 49cm（31%）两种，73% 的被调查者表示外墙没做保温。屋面以彩钢板（21%）和瓦屋面（71%）为主，还有少部分为混凝土带防水屋面，据村民反映，彩钢屋面因为传热快，因此一到夏天屋内便会十分闷热，此外 89% 的被访问者表示家里屋面做了保温，其中 76% 使用锯末、珍珠岩或其混合物作为保温材料。

对于多层建筑来说，大多是混凝土结构和钢筋混凝土结构，外窗材料也都是铝合金或塑钢，窗户层数单层双层大约各占半数，玻璃单玻 19%，双玻占 75%，剩下为三玻，建造材料有红砖、混凝土、混凝土空心砌块不等，其中 49 墙占比例为 62.5%，剩下的为 37 墙，做保温的占比例 75%，外墙装饰大多是涂料，屋面做保温所占的比例为 87.5%，保温材料有珍珠岩、锯末、苯板、酚醛板、泡沫玻璃保温板。

总的看来被访问者对住房满意程度达到 74%，如果集中盖楼愿意程度达到 79%。

（8）村镇建设实施情况

由访问得知，被访问者对村镇建设的满意程度如图 3-32，满意及以上比例为 80%。

希望政府改善的方面所占比例如图 3-33，可知村民最希望在住宅、水污染和道路的工作上改善。

从图 3-34 中可以看出，被访问者更希望通过文字宣传海报的形式来宣传环保知识。

图 3-35 表示了被访问者对于环保的重视程度，其中 74% 的被访问者表示对环保关注。

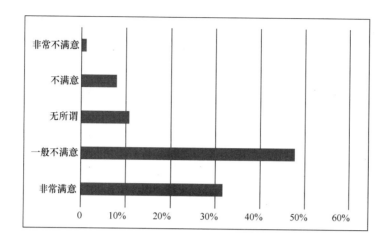

图 3-32 居民村镇建设满意度

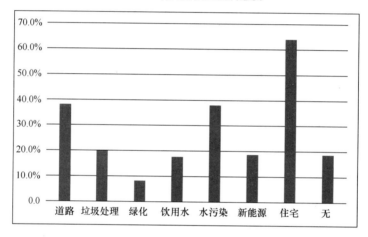

图 3-33 居民希望政府改善的方面

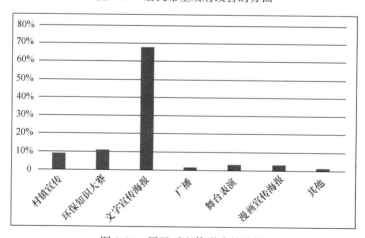

图 3-34 居民对宣传形式的选择

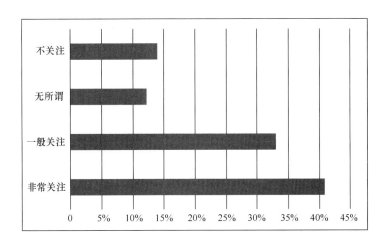

图 3-35 居民对环保的重视程度

3.3.4 典型村镇调研报告二（新安镇）

3.3.4.1 新安朝鲜族镇总体情况

新安朝鲜族镇位于黑龙江省东南部，海林市西南部，属第二、三积温带，气候温暖，土质肥沃。东与海林镇接壤，西、南邻长汀镇，北与山市镇比邻，距海林45km，距牡丹江57km。新安朝鲜族镇属丘陵漫山区，辖区总面积为131平方公里，其中耕地面积100000亩。辖区内有17个行政村、24个自然屯，全镇人口21000人。占地10hm的国家 AAA 级景区亿龙水上风情园，建有东北第一家、中国第二家、世界第七家的太空盆游乐项目，全园年可接待游客40万人以上。距镇政府4km的"山咀子晒水池"是一大型人工水库，具有防洪灌溉双重功能。新安朝鲜族镇建镇较早，属传统农业大镇，森林覆盖率85%，生态环境良好。养殖业发达，年出栏1000头绿色食品肉牛，全镇肉牛存栏6135头；生猪饲养也较发达，有年出栏1000头生猪养殖场2个。全镇可支配财政收入每年60.8万元，2013年经济总量3.2亿，人均收入1.4万元。种植业以玉米、水稻为主。农民住房砖瓦化率85%，自来水入户率100%，电话入户率90%，有线电视入户率90%。新安镇总体规划图见图3-36。

本次调研的主要范围是新安镇政府所在地、西安村和复兴村。

复兴村位于新安朝鲜族镇政府所在地，全村土地面积9928.30亩，总户数364户，总人口1539人，总劳动力828人，其中外出务工464人。全村主要以种、养殖业、劳务输出和从事二、三产业为主要产业，人均纯收入10150元，村卫生室1所。

新 安 朝 鲜 族 镇 总 体 规 划

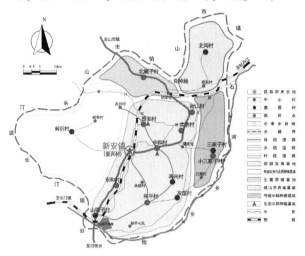

图 3-36 新安镇总体规划图

西安村位于新安朝鲜族镇北部 2km 处,由西安、自兴 2 个自然屯组成,村民以朝鲜民族为主。全村土地面积 11805 亩,总户数 495 户,总人口 1987 人,总劳动力 860 人,其中外出务工 700 人。全村主要以种植业、劳务输出和从事二、三产业为主要产业,人均纯收入 12000 元,村内有村卫生室 1 所。目前,全村住房砖瓦化率达 95％以上,自来水入户率达 100％,有线电视入户率达 100％,固定电话入户率达 95％,电脑入户率达 15％。西安村村容见图 3-37。

图 3-37 西安村的村容

近些年,新安镇及其下属村镇深挖农业、生态、民俗潜力,走项目、招商兴镇,旅游、产业富民之路,举全镇之力突出招商引资、项目建设两项重点,构筑有机农业、特色旅游两大基地,加速环境改善、民生保障、维稳创安三个提升,扩充镇域实力,加快城乡统筹,全力打造洁美新安、幸福新安、和谐新安,构建了都市经济发展的全新格局。

3.3.4.2　发展的优势条件和制约因素

（1）优势条件

地理位置较优越，对外交通便捷。对该村镇的发展，提供了十分有利的条件。

自然条件良好。地势平坦，土壤肥沃，水稻种植业发展较快。

社会经济发展较快。本村经济发展以农业为主，由于该村是朝鲜族村屯，与韩国有特殊的关系，解决了部分闲置劳动力，同时带动了全村经济的整体发展。

（2）制约因素

一是工业经济基础差、底子薄、数量少，财政收入少。

二是债务重，资金压力大，公益性建设投入不足。

三是村集体收入少，城乡环境设施有待加强，没有形成稳定持续拉动群众增收的富民产业。

四是文化、教育、卫生等社会事业发展也相对滞后，尤其是农民收入水平明显偏低，增收难度较大。

3.3.4.3　新安镇经济发展情况

（1）产业结构日趋完善

1）构筑有机农业基地

一是发展有机水稻产业。新建新安稻田养蟹合作社，进一步扩大了稻田养蟹、养鸭立体产业模式步伐，稻田养蟹面积达到 2000 亩以上，稻田养鸭面积达到 100 亩以上。在中和、永乐、小三家子 3 个村发展稻田养蟹面积 1500 亩，"一亩双收"成为现实。水稻生产见图 3-38。

二是发展食用菌产业。正在进行的海林市新安朝鲜族镇吊袋木耳园区建设项目，打造"一园一村"食用菌示范，通过几年的不断发展，全市食用菌总量不断扩大，全市食用菌总量现已突破 12 亿袋，生产技术成熟先进。

图 3-38　西安村的水稻生产

三是发展蔬菜产业。依托西安村辣白菜厂，积极发展以白菜、辣椒为主的蔬菜产业种植，以西安村为中心，以海浪河沿岸为支撑，全镇蔬菜种植面积达到 3000 亩。

四是发展香瓜产业。依托吉龙瓜类种植专业合作社，集中连片香瓜基地规模扩大到 1000 亩，推动以香瓜为主的经济作物产业快速发展。所产香瓜全部销往长春、通辽、沈阳等地。该产业正在逐步被群众认可，并成为致富增收的重要产业。

五是发展畜牧养殖产业。生猪养殖、肉牛养殖、野味养殖等畜牧业迅速发展。加大对年出栏百头以上养猪大户的扶持力度，充分发挥重点村农民养殖业优势，加速形成以生猪、肉牛、羊为重点的"过腹增值"产业基地。

六是发展设施农业。争取到项目资金 1000 万元，启动新安中型灌区、水毁工程修复建设项目。争取"测土配方"整镇推广工程，全镇水稻全程机械化面积达到 1 万亩以上。

2）构筑特色旅游基地

一是做强海浪河旅游带龙头企业。海林市亿龙水上风情园始建于 1997 年，是全省基础设施较为完善，旅游接待整体能力较强，在省内外具有一定知名度的国家 AAAA 级景区。2013 年，景区成功争创国家 AAAA 级景区。2014 年，支持亿龙继续与海力集团联姻投资 8000 万元续建亿龙风情园项目，新上四环过山车、大冲刺、回车棒等陆地娱乐项目及大型水寨和大滑板等水上娱乐设施。支持欢乐谷水上乐园与牡丹江市客商合作新增投资 3000 万元，续建激流勇进等大型水上娱乐设施和 2 处大型儿童娱乐设施。景区功能的不断完善和更新，加速了景区人气的集聚，景区已连续五年旅游人数超越牡丹江其他景区，成为牡丹江地区接待旅客最多的景区。

二是打造都市农业民俗旅游。以民族特色村寨项目为牵动，继续加大山咀子、友谊、中和、西安 4 个特色村寨建设。目前新安的旅游多以体验式活动为主，缺乏民俗的文化的旅游项目。因此需要有一个完备的旅游体系，来丰富当地的旅游资源，建设一个集群众参与性强、文化底蕴丰厚的旅游项目，开拓一个过硬的旅游品牌，充分释放新安旅游行业的发展潜力。根据对市场空间分析，计划在新安投资发展以民俗旅游为主，以现代农业为支撑的旅游项目，不断丰富新安旅游内涵。2014 年，全镇旅游接待总量力争突破 160 万人次，旅游收入突破 15000 万元。

2014 年，在支持亿龙风情园、欢乐谷水上乐园发展壮大的基础上，重点抓好 4 个与景区毗邻、配套的旅游特色村建设。山咀子村发挥区位优势，大力发展景区配套服务业，新增家庭旅馆 5 户以上；友谊村作为欢乐谷景区漂流终点站，重点发展特色餐饮接待，农家乐餐饮要做大做强；中和村在重点打造优美环境的同时，大力发展以稻田养蟹为主的特色观光农业，提升人气和影响力；西安村重点突出朝鲜族餐饮、民俗歌舞、民俗活动及李敏顺纪念馆红色旅游优势，力争把村民节做成牡丹江乃至全省范围的品牌。

（2）基础设施大为改善

经过镇党委、政府的多方努力和积极争取，2009 年海林市委调整了全市新农村建设思路，变"一区四带"为"两区四带"，将该镇列为全市重点打造的新农村建设乡镇之一。2010 年该镇作为全市唯一一个重点打造乡镇，即新农村建设城镇推进乡镇。几年来，先后争取到新农村建设示范村 2 个，奖励资金 300 万元，争取新农村建设先进村 7 个，奖励资金 210 万元，省级贫困村 1 个，争取资金 60 万元。通过几年的不懈努力，目前，已全面完成通村公路建设，村内硬质道路覆盖率达98%，累计建设硬质道路 200km 以上，通村路建设里程和工程质量均位居全市首位；镇村绿化进一步完善，先后完成镇区和西安村等 6 个整村绿化推进村，全面完成 43km 通村路绿网建设。2010 年该镇被评为全市新农村建设及生态建设先进乡镇，西安村被评为全国生态文化村，友谊村被评为全市造林绿化先进村。村级广场建设力度不断加大，档次不断提升，服务功能日臻完成，全镇已建成西安、中和、密江、山咀子、再兴、岭后、新安、和平、永乐 7 个村级广场。村级卫生厕所改造步伐加快，同时，村级硬质排水边沟、杖墙改造等工程不断加快；通过财政局农开办等部门，已争取农田水利建设资金 4631 万元，加快全镇农田水利设施改造升级。

（3）民生工作有序推进

加大对民生工程投入力度，累计投入和争取到民生建设资金 1217.2 万元，顺利办理包括建设村级浴池、购买医疗救护车、消防车、为各村配置投影仪、安装镇区健身器材、建设镇村硬质道路、新建镇区综合文化服务站、安装路灯等利民实事19 件。争取筹措资金 7160 万元，办好 10 件民生工程，目前，已基本落实七项农田水利工程。一是协调土地局争取资金 3000 万元，在三家子、中和、共济等村实施 3 万亩水稻低产田改造。二是协调水务局争取资金 500 万元完成三家子、密江村的水毁工程修复。三是协调水务局争取灌渠维修资金 1000 万元，对全镇渠道进行维修。四是协调财政局、农开办争取资金 1000 万元，用于维修中型灌渠。五是协调水务局、农开办争取北崴子村小流域治理资金 300 万元。六是协调财政局、农开办争取协调亚行项目资金 1000 万元，分 5 年对小三家子农田水利工程加以改造。七是协调财政局、农开办争取小三家子堤防维修工程资金 60 万元。

（4）社会事业蓬勃发展

几年来，民政优抚保障有力，发放各类救济金 30 万余元，全镇贫困户有房住、有饭吃、有衣穿；文化活动丰富多彩；讲文明话、办文明事、做文明人渐成风尚。今年，借市泥草房集中改造政策的契机，多方筹资 200 万元，在中和村建设新型农村社区，计划新建 2760m², 26 栋朝鲜族特色房屋。争取资金投入 180 万元，新建3 层标准化乡镇卫生院；新安中学投入 520 万元，新建 4 层现代化教学楼。克服资金、人员等不利因素基本坚持了每 2 年一届全镇体育运动大会。全镇农村合作医疗参保率达 90% 以上，电话入户率达 95% 以上，有线电视入户率 100%，农村自来水普及率 100%，入户率 90% 以上，房屋砖瓦化率达 85% 以上。社区卫生服务站由从前单一的医疗服务转为以预防、保健、医疗、康复、健康教育、计划生育为指导的"六位一体"服务格局。积极推进社保业务，以让参保人满意服务为工作目标，继续加大居民、家属、学生基本医保扩保面工作。民生工程落到实处，极大的改善了新安镇的整体面貌，居民的幸福指数大幅提升。

图 3-39　各种荣誉

在此期间，该镇先后荣获国家级民族团结先进乡镇、省级农村公路建设先进单位、省级民族团结进步先进集体、省级文明乡镇标兵、牡丹江市级平安乡镇、市级"五个好"建设先进乡镇党委、市级新农村建设先进乡镇、市级绿化工作先进乡镇等荣誉称号。见图 3-39。

（5）工业经济持续发展

加大工业园区招商引资，积极引进千万元以上的工业项目。依托市开发区、新安独特的旅游资源积极开展招商活动，加大与天津互爱泰可电子、天津龙韩精密工业、天津海东机电 3 家企业到海林开发区投资进行洽谈。引进投资 5000 万元的天津互爱泰可电子为韩资企业，计划在市开发区租赁厂房生产 LED 灯系列产品，形成以海林为中心，建设覆盖东三省及俄罗斯远东地区的产销网络。同时，积极争取天津龙韩精密工业、天津海东机电 2 户企业作为天津互爱泰可电子生产 LED 灯系列产品上下游企业一道入驻开发区，形成产业发展集群。

（6）城乡统筹稳步推进

1）加快小城镇建设

2014 年该镇计划投入 215 万元重点启动四项工程：一是投资 120 万元，完善农贸市场附属设施并配套完成休闲健身设施建设；二是投资 50 万元，进一步完善文明街绿化及沿街房屋、外墙粉刷为重点启动精品示范街建设；三是投资 30 万元，改造镇区供水设施、修复供水主干线及其他附属设施；四是投入 15 万元，在农贸市场附近择址新建公厕一座。完善镇区基础设施，强化综合管理，进一步提升服务功能。

2）加快新农村建设

加快基础设施升级，高标准规划、启动中和特色村寨建设，并重点完成山咀子、友谊、西安等重点村设施完善，助推旅游产业发展。全面提升新农村建设星级村数量和质量。合理使用"一事一议"筹资筹劳政策，引导群众，并争取上级投入不断改善农田路等农田基础设施建设，提升农业抵抗自然灾害能力。大力开展"三清三改"活动，建设 4 个村容整洁、乡风文明、生态优良的市级美丽乡村。

3）建立长效管理机制

积极建立村屯环境长效管理机制，强化村屯环境保洁。2014 年，各村在有序推进建设的同时，要强化村屯卫生保洁和环境保持，充分发挥党组织和群团组织作用，实施干部包片，党组织、群团组织包区，党员、代表等包街联户的长效管理机制，确保已建成设施长久发挥服务功能。

3.3.4.4 调研对象及过程

调研对象：政府部门（包括海林市规划局、统计局等部门，镇政府相关部门），镇区和下属农村村庄（西安村和自兴村）。

调研过程：市镇政府相关部门相关人员座谈和数据收集、村干部座谈、镇区和村庄居民入户调查、村镇实地参观。

调研时间：2014 年 4 月 20～22 日。

调研问卷：共发放调查问卷 200 份，实际获得有效问卷 181 份。

3.3.4.5 调研结果数据分析

（1）基本信息

经过汇总后家庭收入来源情况如图 3-40～图 3-42 所示，其中有些家庭有多种收入来源，从条形图可以看出，经济落后较单一，种植是绝大多数家庭的主要收入来源，个体商户和外出打工也不在少数，但镇区和不同村的情况不尽相同。

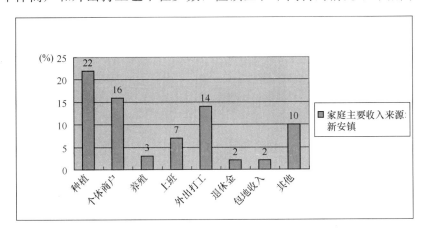

图 3-40　新安镇镇区所在地居民主要收入来源

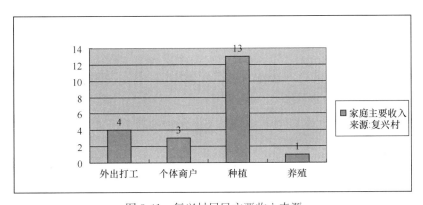

图 3-41　复兴村居民主要收入来源

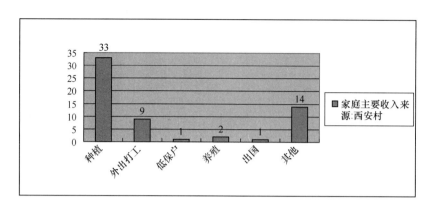

图 3-42 西安村居民主要收入来源

经过汇总后，可以得到收入状况如图 3-43~图 3-45。贫富差距并不悬殊。在村民的口述回答中基本是收支持平。但是，镇区和不同村庄的收入差距较大，反映出村镇发展的不平衡。

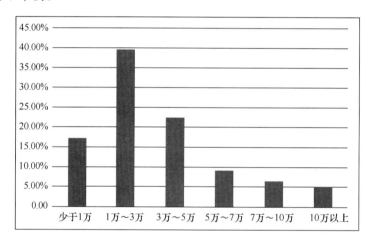

图 3-43 新安镇镇区居民年收入状况

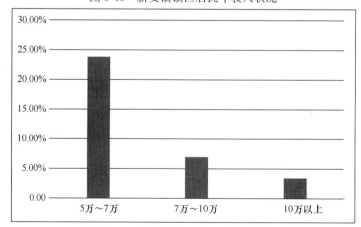

图 3-44 复兴村居民主要年收入状况

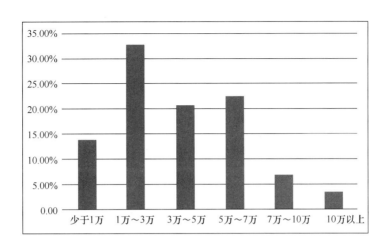

图 3-45　西安村居民主要年收入状况

整个新安镇的人口流失严重，村落中青壮年大多外出打工，留下的基本是老人，好多住户常年无人在家，这导致了极大地浪费，村镇建设十分的漂亮，却没有人来使用，另一方面，好多宅基地空着，土地利用效率低下。

（2）能源节约与利用

新安镇被调查者中有 62 人使用了节能灯，占被调查人数的 75.6%，也有同时 12.9% 的被调查者使用白炽灯，26.8% 使用白炽灯，这里是多项选择，即只要家里使用的灯具种类可以全部选上。西安村有 36 户使用节能灯，占被调查人数的 58%。复兴村有 10 户使用节能灯，占被调查人数的 47.6%。

新安镇、西安村和复兴村分别有 12.2%、4.84% 和 9.52% 的家里使用清洁能源，比如地热和太阳能。可再生能源利用方面基本没有，只有部分家庭使用太阳能热水器，使用率较低。绝大多数居民们认为有必要使用清洁能源。

能源利用方面，供暖用能多以秸秆和木柴为主，部分家庭以煤为主。见图 3-46。全部都是单独供暖方式，而供暖时间一般都在该年的 10～11 月到来年的 4～5 月。

图 3-46　农村主要燃料——煤

炊事用能以秸秆和液化气为主，部分家庭使用电磁炉，电热水壶等设备。当地秸秆利用率较低，基本以燃烧为主。

三个村对清洁能源使用的看法见图 3-47～图 3-49 所示。

从村镇居民的清洁能源使用的看法上可以看出，村镇居民有一定的环保意识，镇区居民相对于村庄的居民来说，环保意识更强。不过，清洁能源的实际使用并不

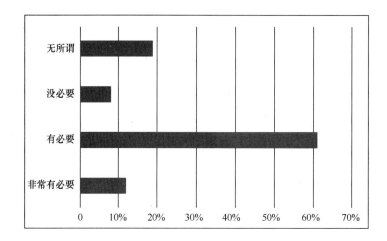

图 3-47　新安镇区居民对清洁能源使用的看法

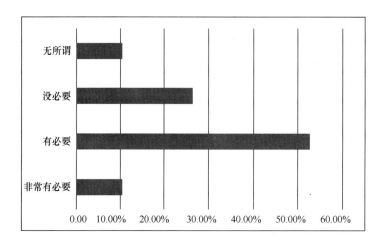

图 3-48　复兴村村民对清洁能源使用的看法

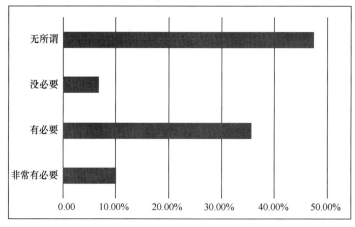

图 3-49　西安村村民对清洁能源使用的看法

多，因此，在清洁能源的使用上，还有许多可以改进的地方。例如，太阳能的使用普及率较低，沼气池的建设技术不达标，导致许多沼气池建完之后不能够投入使用，造成浪费。

（3）水资源

由调查可知，新安镇饮用水来源大部分是自来水（约占 91.5%），还有少部分是饮用桶装水或井水。复兴村和西安村饮用水来源除了各有一户来源井水，其余都是自来水。水质均较好。至于节水装置，仅有小部分调查者安装了节水装置（新安镇 2.4%，西安村 8.1%，复兴村没有居民安装）。

对于生活污水处理，数据分布如图 3-50～图 3-52 所示。镇区居民生活用水基本直接倒弃，少数家庭将生活用水用于浇菜园。农村地区生活污水基本直接倒在门前下水沟里。生活污水不仅没有二次利用，还污染了附近水源。而对于水的重复利用情况，调查者中还是有很多家庭没有对水进行重复利用，少数家庭将生活污水用于浇灌作物，即使是使用过还比较清洁的水也是大部分直接倒掉。那么在严寒地区，没有种植作物的季节，对于水的重复利用将是个问题。

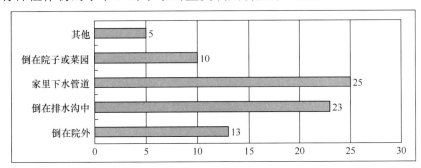

图 3-50　新安镇镇区居民污水处理情况

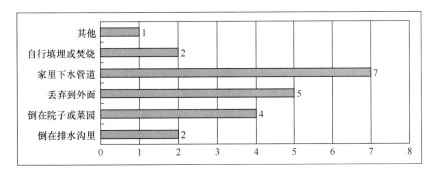

图 3-51　复兴村村民污水处理情况

新安镇镇区定期定时供水，每天早晚各一次，每人每月 10 元水费，冬季供水正常，无排水供水管道冻裂的情况。西安村自来水定期供给，一天 3 次，每次 1.5h，水费免交，由村集体交，冬天正常供水率 80%。生活污水无处理，直接排

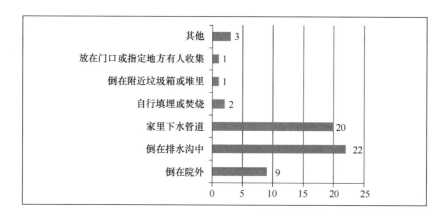

图 3-52　西安村村民污水处理情况

到渗井里，渗井 4~5 年清理一次。

另外，村民表示该村政府并未实施过污水处理方面的政策，也未提供过该方面的补助。

（4）垃圾处理情况

垃圾处理情况具体数据如图 3-53~图 3-55 所示。镇区居民主要自行填埋或焚烧，也有大部分堆放在自家门前，每天会有专人地点收集，垃圾虽得到有效收集，但收集后并没有进行分类处理，仅只是简单填埋。农村地区垃圾则基本自行填埋或焚烧，部分地区规定将垃圾统计堆放在一个地区，最后也只是焚烧处理。

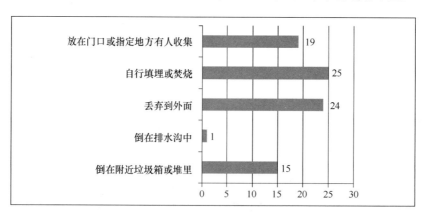

图 3-53　新安镇镇区居民垃圾处理情况

经过访问得知 96% 的被访问者家里是旱厕，无室内冲水厕所。

村民对于农用薄膜的处理情况，新安镇、西安村和复兴村家里不使用农膜的分别为 91%、76% 和 77%。地膜使用主要是香瓜种植，废弃的地膜一般是自己烧掉。

对于秸秆处理，约 60% 的被访问者表示不种玉米等作物，也不存在秸秆处理问题，剩下的大多用来烧饭，也存在小部分随意弃置和在田里焚烧。

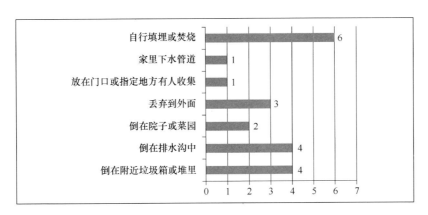

图 3-54　复兴村村民垃圾处理情况

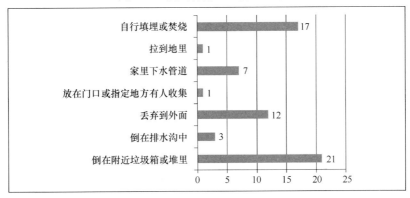

图 3-55　西安村村民垃圾处理情况

同时，又访问到该村并没有针对垃圾处理采取专门的政策，也没有相关的补助措施。

（5）景观与环境

对村镇绿化的满意程度如图 3-56～图 3-58 所示。由访问知道，新安镇和西安村的村民对绿化环境满意及满意以上都达到 80%，复兴村村民对绿化环境的满意

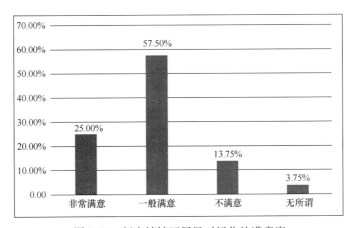

图 3-56　新安镇镇区居民对绿化的满意度

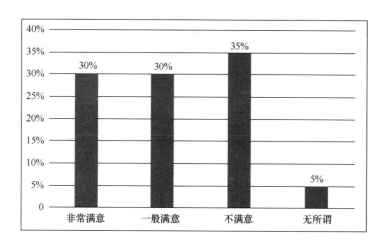

图 3-57 复兴村村民对绿化环境满意度

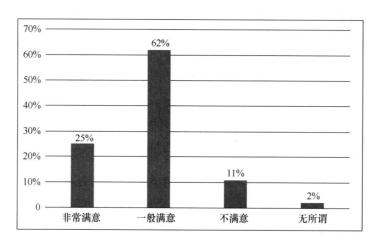

图 3-58 西安村村民对绿化环境满意度

程度也达到 60%。事实上在访问过程中也发现，复兴村所做的绿化确实不错，但公共娱乐设施较少，有广场，锻炼设施偏少，且有部分毁坏。

图 3-59～图 3-61 代表了被调查者对周围空气质量的满意程度，可知 80% 以上的被调查者对空气质量表示满意，80% 以上的村民表示不存在噪声问题。镇区因靠近铁路，外出较便捷，新安镇镇区道路硬化率较高，但无公交等公共设施，居民出行以步行或电动车为主。见图 3-62～图 3-64 所示。

（6）农业生产养殖情况

全镇有农田 11 万亩，其中 6 万亩水田种植水稻，5 万亩的旱地主要种植玉米粮食单产情况，水稻每亩 1500 斤，玉米每亩 2000 斤，大豆每亩 500 斤。大棚 100 多亩，1 亩两个棚，1 个棚 400m²，主要种植韭菜和黄瓜。种植香瓜 1000 亩，食用菌 10 万袋。有机农业，稻田养蟹 1500 多亩，收益一般，有机水稻 1 万亩，单价每斤 5 元，

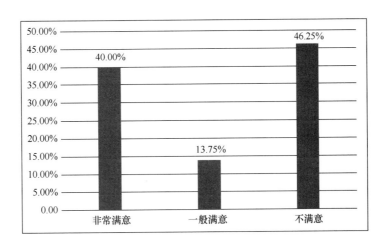

图 3-59 新安镇镇区居民对空气质量满意度

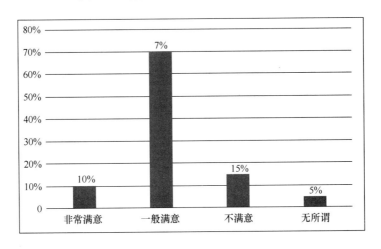

图 3-60 复兴村村民对空气质量满意度

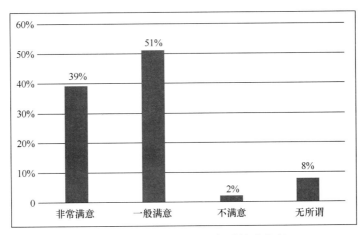

图 3-61 西安村村民对空气质量满意度

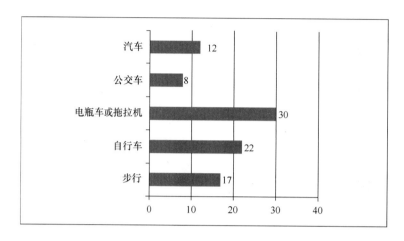

图 3-62　新安镇镇区居民常用出行方式

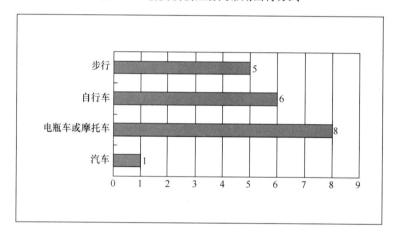

图 3-63　复兴村村民常用出行方式

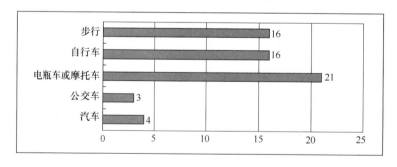

图 3-64　西安村村民常用出行方式

并拥有 4、5 个品牌。3 个村养猪比较多，1 年分 2 季，存栏量 6000～7000 头，但规模在不断缩小；全镇羊年存栏量为 3000 多只，其中北沟村年存栏量为 500～600 只；全镇肉牛年存栏量为 1000～2000 头，其中岭后村 50～60 头，全镇可繁殖母猪 1000～

2000 头，每只补助 100 元；禽类养殖很少。雪原生态有机农业合作社，现有 6000 亩认证有机土地，5000 亩待转有机土地。化肥使用量全镇 3500t。每年使用玉米种 15 万斤，水稻种 40 万斤。农田灌溉采用自然灌溉，属于新安灌区。

下属农村地区有大量农业种植业务，不过村民基本都把土地外包给当地部分农户种植，一户可承包 30 亩甚至更多（见图 3-65～图 3-67），农业机械化水平较高，作物多以水稻，玉米为主。养殖业方面，以养猪、养牛为主，部分家庭养殖鱼池。但总体数量并不多，仅几户而已。

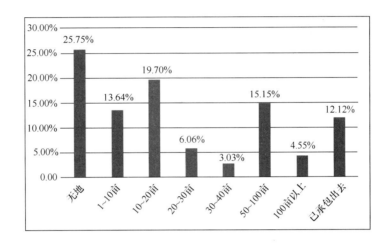

图 3-65　新安镇镇区居民土地拥有量

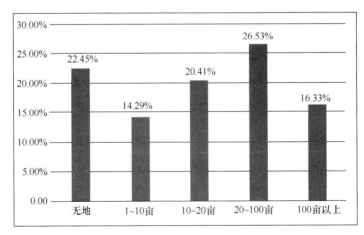

图 3-66　西安村村民土地拥有量

（7）房屋建筑环境方面

图 3-68～图 3-70 是房屋的建筑面积，可知新安镇 60％以上的被访问者房屋建筑面积在 80～120m²，复兴村和西安村有 35％左右的居民房屋建筑面积小于 80m²。

由调查可知：

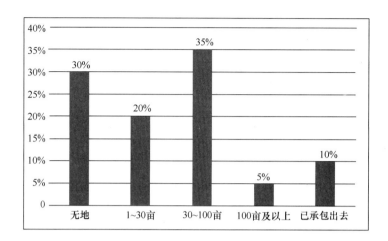

图 3-67　复兴村村民土地拥有量

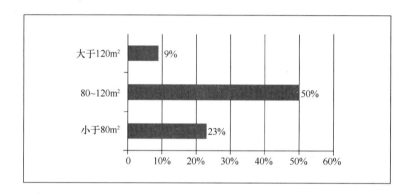

图 3-68　新安镇镇区居民房屋建筑面积比例

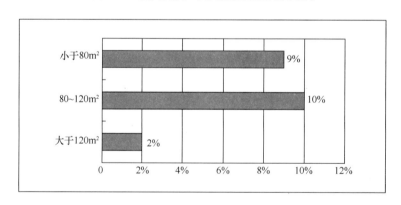

图 3-69　复兴村居民房屋建筑面积比例

1) 新安镇

98%的被访问者住在独立院落。房屋结构形式大多为砖木结构、砖结构混凝土结构，都为坡屋顶，95%为南北朝向，图 3-71 和图 3-72 为房屋年代比例分布和外

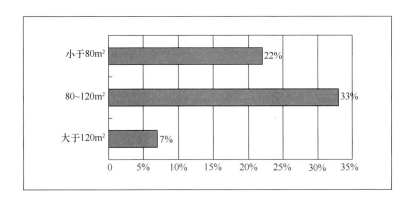

图 3-70 西安村村民房屋建筑面积比例

窗所用材料分布，63.4％的房屋为双层窗户，另外由调查数据可知，单玻和双玻所占的比例为 52％和 48％。外墙材料以红砖为主，所占比例为 95％。还有少部分为混凝土砌块。外墙厚度有 37cm（66％）、49cm（22％）、40cm（7％）、24cm（4％）和 50cm（1％）五种，仅有 10％的被调查者表示外墙做保温，保温材料主要为苯板。屋面以彩钢板（11％）和瓦屋面（66％）为主，还有少部分用铁皮做防水屋面，据村民反映，彩钢屋面因为传热快，因此一到夏天屋内便会十分闷热，此外 35％的被访问者表示家里屋面做了保温，其中 72.4％使用锯末、珍珠岩或其混合物作为保温材料。

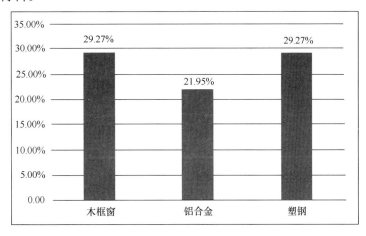

图 3-71 新安镇镇区居民房屋窗类型

2）复兴村

71％的房屋为双层窗户，另外由调查数据可知，单玻和双玻所占的比例为 43％和 57％。19％的被调查者表示外墙做保温，保温材料为苯板。屋面以瓦屋面为主（86％）。20 世纪 90 年代以前建造的房屋占 53％。见图 3-74 和图 3-75。

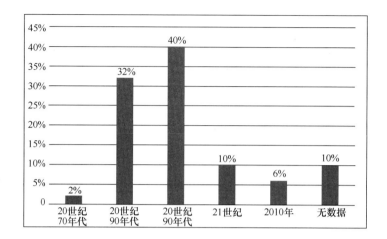

图 3-72 新安镇镇区居民房屋建造年代

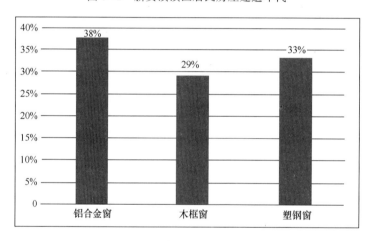

图 3-73 复兴村村民房屋窗类型

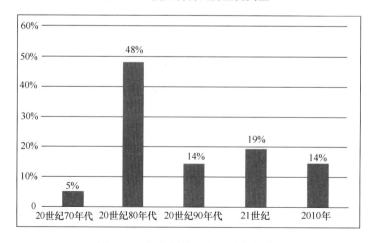

图 3-74 复兴村村民房屋建造年代

　　3）西安村

　　西安村 20 世纪 90 年代以后建的房屋占 60%，建筑外墙采用泡沫板进行保温，采暖主要用柴火和煤，房子屋顶大多是瓦屋面，木窗只占 39%，建筑节能较好。外窗材料及房屋建筑年代见图 3-75 和图 3-76。

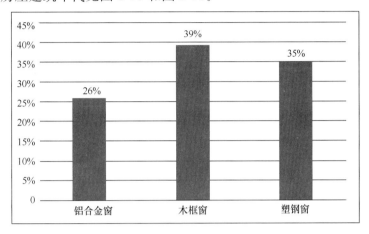

图 3-75　西安村村民房屋窗类型

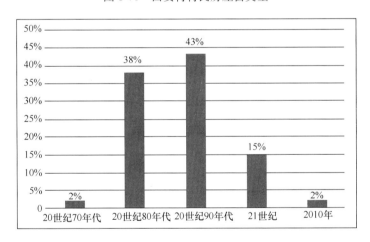

图 3-76　西安村村民房屋建造年代

　　新安镇冬季大部分家庭取暖的方式都是依靠落地炕，很少使用暖气。

　　（8）村镇建设实施情况

　　1）根据调研结果可知，在改善生活环境方面，新安镇居民主要需求是对住宅和垃圾处理方面如图 3-77。

　　新安镇居民对环保的重视程度情况，如图 3-78。可见 70% 以上的居民具有较高的环保意识。

　　2）复兴村：

　　从图 3-81 可见，复兴村村民对生活环境改善的需求，排在第一位的是住宅，

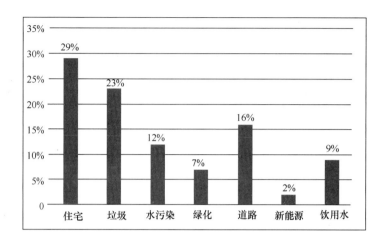

图 3-77　新安镇镇区居民对改善生活环境方面的需求

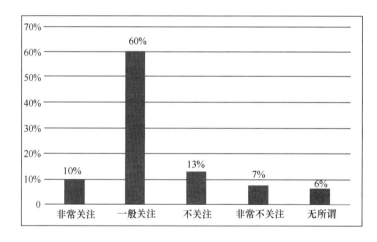

图 3-78　新安镇镇区居民对环保的重视程度

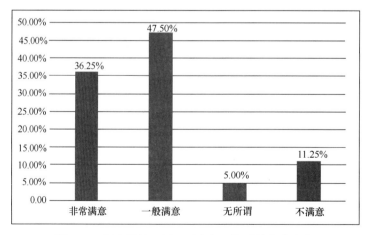

图 3-79　新安镇镇区居民对空气环境质量的满意度

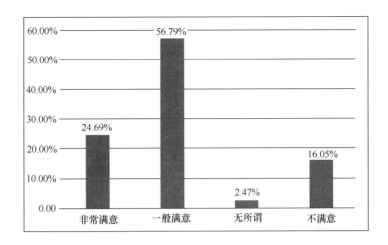

图 3-80　新安镇镇区居民对水体环境满意度

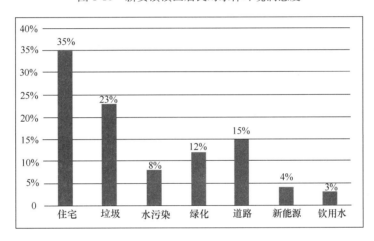

图 3-81　复兴村村民希望改善生活环境的选择

占 35％；第二位的是垃圾处理，占 23％；第三位的是道路，占 15％；第四位的是绿化占 12％。

从图 3-82 可见，参与调查的复兴村村民中 57％关注环保，说明在农村开展环保工作是有一定的群众基础的。

从图 3-83 和图 3-84 可见，70％以上接受调查的复兴村村民对村里空气和水体环境的质量达到一般满意以上的满意度。这也跟村里没有什么工业，基本上均为种植业生产有关。

从图 3-85 看出，复兴村村民对村里垃圾处理的方式大多不满意，这与该村没有垃圾集中收集和处理直接有关，说明村民对农村垃圾处理的需求是比较强烈的。

3）西安村：

从图 3-86 可见，村民对生活环境改善的需求，排在第一位的是住宅，占 45％；

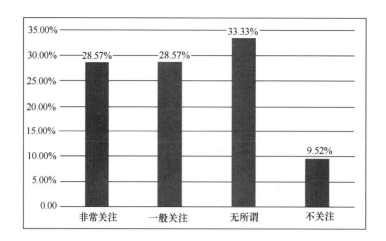

图 3-82 复兴村村民对环保的重视程度

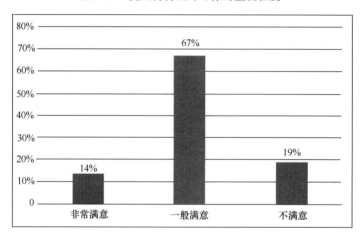

图 3-83 复兴村村民对空气环境质量的满意图

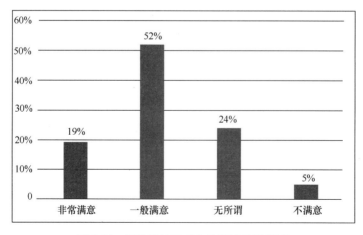

图 3-84 复兴村村民对水体环境的满意度

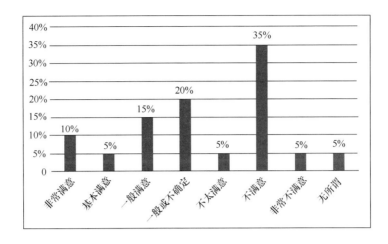

图 3-85　复兴村村民对垃圾处理方式的满意度

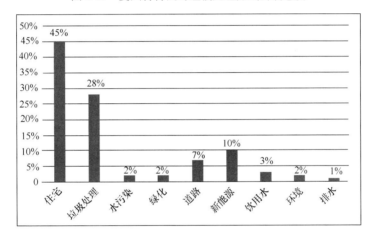

图 3-86　西安村村民对改善生活环境的需求

第二位的是垃圾处理，占 28%；第三位的是新能源，占 15%；第四位的是道路，占 7%。这与在复兴村的调查结果不太相同。该村是生态村建设典型，绿化环境非常好，村民节能意识较高，因此，对新能源的需求就排在了前面。

从图 3-87 可见，只有 33% 的村民关注环保，说明要想建设绿色村镇，还需加强对村民进行相关的宣传，提高村民的意识才行。

从图 3-88 和图 3-89 可见，村民对空气和水体环境的满意度均达到了 90% 以上，这与调研人员的感受相同。由于村内没有相应的污染源，所以空气质量和水体质量均较好。

从图 3-90 可见，村民对垃圾处理方式的满意度达到了 62%，但实际上该村的垃圾处理方式与复兴村并没有大的不同，同样没有垃圾集中收集和处理。调研人员在该村的实地调研中，发现该村非常干净，看不到生活垃圾。

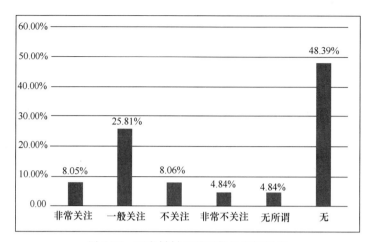

图 3-87　西安村村民对环保的重视程度

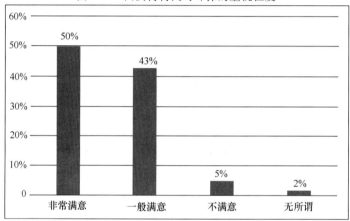

图 3-88　西安村村民对空气环境的满意度

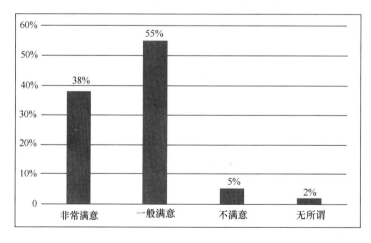

图 3-89　西安村村民对水体环境的满意度

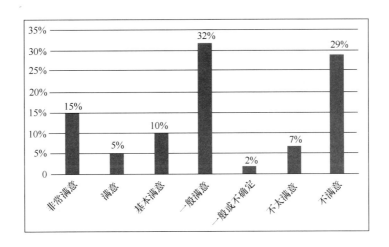

图 3-90　西安村村民对垃圾处理方式的满意度

在希望政府改善的方面，可知村民最希望在住宅和垃圾处理的工作上改善。

对于环保的重视程度，新安镇的镇民们比下属村庄更加关注环保。一部分原因是镇里的绿化和空气质量很一般，跟西安村相比较，这里道路两旁的树木很少，虽然相对于城市来说，这里的天更蓝，没有汽车尾气、工厂废气的污染，但这里有农村特有的空气污染：养殖户的牲畜粪便，因此更加引起居民们的关注。居民们获得新闻或消息的途径主要是电视。而村镇对于环保的宣传力度有待加强，只有 24% 的居民关注到村镇以广播的方式宣传过环保知识。

据调查，该村镇在清洁能源、垃圾处理、污水处理方面都没有实施任何政策。而在清洁能源和选择取暖或做饭燃料的时候，老百姓并不太乐意使用新技术，主要还是从适用经济的角度出发。

3.4　村镇居民对绿色村镇建设的需求分析

综合对黑龙江省新安镇的村镇调查结果可知，村镇居民在生活方面希望改善的主要有住宅、垃圾处理、水污染、道路、绿化、新能源等，如图 3-91 所示。有39.07% 的村镇居民希望改善住宅，27.15% 的村镇居民希望改善垃圾处理方式。

由此可见，在村镇建设中，对于村镇住宅的建设工作是村镇居民关注的重点，村镇居民对于其他的建设工作关注较为薄弱，因此，政府在进行村镇建设的除住宅之外的工作时，需要花费较多的时间和资金，改善和提高村镇居民对于垃圾处理、水污染、新能源、绿化等方面的政策与工作的认识，使得参与这些工作的积极性提高。并且应该加强对于村镇居民关于这些方面知识的宣传。

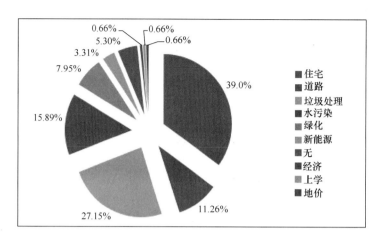

图 3-91　新安朝鲜族镇村镇居民希望改善的地方

根据调研结果，黑龙江省新安朝鲜族镇、吉林省双阳齐家镇、辽宁省郝官镇三个村镇中村镇居民希望改善生活的地方，如图 3-92 所示。可以看出，村镇居民最希望改善的方面是住宅、道路、垃圾处理、水污染、绿化这五个方面，每个地区因为其经济发展水平等的不同，各有建设发展的侧重点。

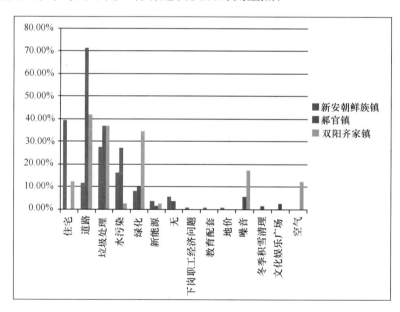

图 3-92　新安朝鲜族镇、双阳齐家镇、郝官镇村镇居民希望改善的地方

在进行选择燃料的时候，新安朝鲜族镇村镇居民中 72.72％的人考虑的是花费问题，如图 3-93 所示，有 20％的人会考虑是否熟悉和可靠，由此可以看出，在选择、研究开发和推广绿色村镇建设相关技术时，成本是首先要考虑的问题。同时，示范工程的建立对于村镇建设的推广实施具有重要的作用。

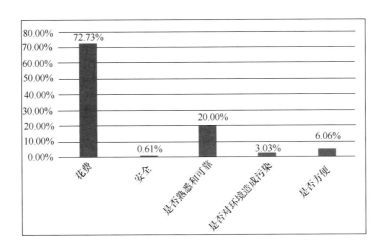

图 3-93 新安朝鲜族镇村镇居民选择燃料时考虑的因素

根据实地调研的信息，以及对于问卷调查的数据进行分析，可以总结出村镇居民的需求如下。

（1）建设之后的住房环境比现有的住房环境更加舒适

由于在村镇规划阶段，政府规划人员和设计人员，并没有及时、全面的与村镇居民进行沟通，导致在村镇建设完成之后，反而没有原来的居住环境适宜、方便。新的居住环境如果仅仅停留在"新"上面，而没有注重居民的实际居住要求，就是一个失败的举措。

（2）改善村镇企业污染

在调研的部分村镇中，村镇企业的污染较为严重，包括噪声污染、水污染、空气污染等，这些污染对于村镇居民的日常生产生活造成了一定程度的影响，但是政府部门没有采取措施进行改善，村镇居民普遍反映希望政府能够改善这些情况。

（3）生活用水情况的改善

由于严寒地区气候恶劣，不仅温度较低而且冬季持续时间较长，自来水的水管在冬季容易结冰，造成供水困难。有些地区由于土地呈现盐碱性，水质较差，生活用水不方便，村镇居民对此的反映也较为强烈。

（4）垃圾收集点和排水沟的设置

在我们调研的过程中，可以看见许多村镇的垃圾都是随地丢弃，这对村镇的绿化环境造成了很大的影响，也会引起有关美观、卫生方面的问题，有些村镇会设置一些垃圾收集点，但是由于设置的并不合理，以及村镇对于环境保护的意识并不高，导致村镇居民也没有合理使用这些垃圾收集点。排水沟的设置也出现了同样的问题。

（5）村镇基础设施和公共服务设施的建设

通过调研可以发现，村镇基础设施和公共服务设施缺乏的问题非常普遍，比较突出的是道路和医疗设施的问题，经济条件较差的村镇基本没有水泥路，有水泥路的村镇也没有进行道路维护，使得道路损坏较为严重；镇里的医疗条件基本能够满足需求，但是村里的相对缺乏。同时，村镇居民也希望能够多增加一些娱乐设施、健身设施等。

（6）在绿色村镇建设中花费最小化

在村镇居民中，尤其是农村的居民，收入一般都较低，对环境的要求很低，让他们出钱参与绿色村镇建设，不是一件很容易的事情，因此，政府在进行绿色村镇建设投资的时候，首先就要解决如何使村镇居民在绿色村镇建设中花费最小化的问题。

3.5 严寒地区绿色村镇建设的问题分析

通过对县统计年鉴、村镇规划、政府数据、村镇入户调研数据等相关原始数据的分析，以及对于严寒地区村镇建设的实地考察，可以总结出严寒地区绿色村镇建设管理存在以下问题：

（1）村镇规划不能满足绿色村镇的发展需要

我国严寒地区许多村镇并没有建设规划，而那些有建设规划的村镇，往往也问题较多，主要反映出的问题是，或者村镇建设规划简单、编制不规范，或者每个村的建设规划没有特色，千篇一律，或者是村镇建设规划大而全，而村镇人口流失严重，建设规划不按村镇实际情况编制，例如村庄学龄儿童极少，但仍规划一所小学，或者村镇规划不考虑严寒地区的特点等，这些问题往往导致村镇建设规划在实际实施中成为"一纸空文"。实际上，农村人口流失，大量的青壮年人涌入城市打工，许多村庄实际常住人口只是统计数据中常住人口的1/3甚至1/4，而且老人与妇女占的比重比较大，青少年人很少。如果村镇规划不考虑这种情况，盲目追求村村有规划的目标，只能导致村镇规划与实际需求的脱节。同时，村镇建设缺乏专业的指导，公共建筑与基础设施的建设无章可循，难以形成辐射和集聚功能，无法引导村镇企业持续稳健发展，也使得许多村镇的工业与居住混杂，村镇居民的生产生活环境受到较大污染。

（2）绿色村镇建设认识不足，管理落后

多数村镇仍然在实行粗放式的管理，绿色化的建设浮于表面。将绿色村镇建设理解为种树、修路、亮化等内容。栽植的树种不能合理的搭配，后期不注重养护而造成死苗率较高；农村的夜生活不如城市，却大搞亮化工程，实则是一种资源的浪费。一些村镇为楼堂馆所和不必要的道路广场进行过度的亮化，但夜间并没有居民享用。村镇服务系统的建设不成体系，许多村镇没有设垃圾填埋场或处理场，大多是堆放处理，这样的处理方式虽然净化了镇区环境，却对村镇外围的自然环境造成了严重的破坏。

目前，绿色村镇建设管理不规范，没有相应的部门进行协调与管理，没有绿色村镇建设的统一规划。

我国其他地区，尤其是南方地区的绿色村镇建设和发展制度的制定更值得严寒地区参考，绿色村镇的建设是让农民切实得到发展所带来的实惠，在村镇建设的过程中，要缓解农民的负担，关注农民日常生活、生产中难以解决的重点问题，才能从思想上调动起农民参与绿色村镇建设的积极性；做出5～10年的远期规划，而不只是进行短期的一年规划，这样会使得绿色村镇的建设有条不紊、逐步推进；实行具有创新性的发展机制，充分了解市场需求，把握经济动向，用科学的、法律的手段来管理经济和社会的发展，打造强大而良性循环的经济基础，为绿色村镇的建设打下坚实的基础。

（3）严寒地区村镇经济水平偏低，村镇建设资金投入不足

目前，大部分村镇的经济水平偏低，使得能够投入村镇建设的资金很少。事实上，不仅在村镇财政上难以投入村镇建设资金，而且很多村镇政府工作人员在进行筹资时发现，筹资非常困难。村镇建设资金问题得不到解决，在很大程度上制约了村镇建设的发展。同样的，村镇居民的收入水平也限制了严寒地区绿色村镇建设的发展，在调研新安镇西安村时，该村是省级示范村，村内的道路、广场以及引水渠等的修建，一部分是政府出资，一部分是社会集资，一部分是村镇居民出资，三者的有效合作，使得该村的村镇建设水平较高，村民生活满意度较高，并且积极参与村内的冬季积雪、门前垃圾处理等建设工作。但是，大部分的村镇无法做到这一点。另外，村镇建设中许多建设活动是依靠农民自己来投资建设的，如住房，包括其中的供排水设施、采暖设施、炊事设施等，村民的收入和绿色、节能环保意识和知识等，都会影响到村民的选择。严寒地区农村人均纯收入较低，直接影响到农村居民在绿色村镇建设方面的投资能力和投资热情。

（4）适宜严寒地区的绿色建设技术等相关技术缺乏合理的推广

在进行严寒地区村镇建设调研时发现，政府和建设方对于绿色建设技术的了解很少，使得村镇居民对于绿色村镇建设的选择较少，并且由于政府缺乏对相关技术的宣传，导致村镇居民对于绿色建设技术的知晓度较低，并且部分村镇在进行绿色建设技术的推广时，绿色建设技术的效果并不明显。在调研时，发现一些村镇曾经进行过沼气池的建设，但是建成后沼气池的温度达不到产生沼气的要求，不能正常使用，最终只好废弃，反而造成了较大的损失。而政府在推广沼气池建设时，配套进行了补贴，却未达到效果。这个例子反映了在推广相应技术时，对技术的选择和推广补贴方式如果没有很好地计划和实施的话，不仅达不到预期的效果，反而可能

导致政府再推行其他的技术时，村镇居民可能就会不相信或者抵制。实际上适宜严寒地区的沼气技术已经有较成熟的技术，但没有合理地推广。现在有许多适宜于严寒地区的绿色村镇建设技术被研发出来，技术的推广问题如果不能很好解决，就无法满足实现绿色村镇建设的需要。

（5）村镇居民在严寒地区绿色村镇建设管理中的参与度较低

在严寒地区，由于经济发展较慢，而且，我国城镇化的进程的加快，使得城镇就业机会和发展机遇等较多，村镇人口大量进城务工，部分村镇出国人口较多。并且，外出务工的大部分是青壮年，村镇里只剩下"老弱病残"者，使得村镇建设主力军的力量不断削弱，而且剩下的"老弱病残"者，在文化水平、认识水平上都有一定的局限性和狭隘性，参与村镇建设的积极性较低，使得村镇建设的步伐受到一定的阻碍。

在进行严寒地区绿色村镇建设现状调研时发现，有一部分村镇居民认为村镇建设与自己无关，抱着无所谓的态度，这种认识上的偏差，使得这些村镇居民没有认识到自己才是村镇建设的"主角"，只是片面地认为，村镇建设是政府的事，没有参与村镇建设的热情。

（6）缺乏指导绿色村镇建设的绿色村镇的评价指标体系和评价方法

村镇建设由于没有适合于指导绿色村镇建设的评价指标体系，导致村镇建设不能统筹规划与协调发展，资金缺乏且投入不合理，村镇建设不符合绿色村镇的需求，村镇建设的投入产出不合理。因此，为了能够达到绿色村镇要求，如何进行村镇建设才能使得村镇走上可持续发展之路，就需要建立一套绿色村镇的评价指标体系和评价方法。同时，建立与完善绿色村镇建设相关的数据采集和统计工作，保证评价指标体系和评价方法的可实施性。

第 4 章

严寒地区绿色村镇建设综合评价指标体系的建构技术

4.1 绿色村镇建设综合评价指标体系的构建原理

4.1.1 绿色村镇建设综合评价指标体系的形成过程

评价指标体系构造是一个"具体—抽象—具体"的辩证逻辑思维过程，是人们对评价对象总体特征的认识逐步深化、逐步求精、逐步完善、逐步系统化的过程。一般来说，这个过程可大致分为以下五个步骤和环节：准备阶段、形成一般指标体系、指标体系初选、指标体系测验、指标体系实际应用与确立，如图 4-1 所示。

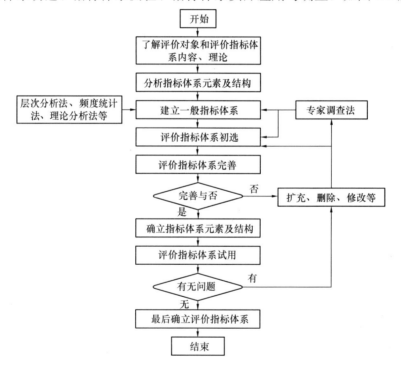

图 4-1 评价指标体系的形成过程

指标体系在形成过程中受众多因素的影响。总的来说，其形成主要受评价环境、评价对象和评价主体三个方面因素的影响。评价对象的数量、结构和相互关系对评价指标体系的形成有重大影响，一般来说，如果评价对象数量多，结构和关系复杂，那么评价对象之间存在的可抽象化的共性相对减少，可比性难度也相应加大。同时，评价主体的数量、结构和相互关系、主体知识结构、评价意识和观念、认知能力和所处立场等因素都对评价指标体系的形成有巨大的影响。此外，评价环境也是评价指标体系形成的重要影响因素，如评价政策、评价经费、技术手段、评价工具与评价方法等都是评价指标体系形成的制约因素。因此，一个完整的指标体系的形成是一系列综合因素共同作用的结果，是在特定的环境与条件下，评价主体对评价对象认识的过程、程度及结果。

严寒地区绿色村镇是一个非常宽泛的概念，所以我们不能主观的评价一个村镇是否可以被称为绿色村镇，我们需要更为理性的评价，那么就需要构建一个指标体系来评价某一村镇是否达到绿色村镇的标准，或者来评价一个建设计划是否是以建造绿色村镇为目的的。

迄今为止国内外还没有建立一套真正意义的绿色村镇的指标体系，所以，绿色村镇的指标体系的构建需参考与其相近的、相关的指标体系，在指标的选取上，是以其他指标体系为依据和基础的，并根据绿色村镇与其他村镇之间的区别、建设的目标等对指标体系进行充实和完善，对其他指标体系中的指标项进行有目的的取舍。绿色村镇指标体系的构建，主要包括村镇定性、指标选取和赋值两个层面的技术路径。

（1）村镇定性层面的技术路径

首先，根据国内外相关研究，明确绿色村镇与传统村镇的区别，提出绿色村镇的定性标准，根据定性的分析，挖掘绿色村镇的深层内容以及其特殊性，从而初步了解绿色村镇发展水平。然后，提出绿色村镇综合发展水平指标体系。绿色村镇是一个完整而复杂的系统，指标体系的选择应包含自然、社会、经济等三方面主要内容。结合实际，从经济运行情况、社会发展状况以及自然资源情况等方面构建科学、完善的绿色村镇指标体系。

（2）指标选取层面的技术路径

指标的选择可采用理论分析法、频度统计法、专家咨询法和公众参与法等多种方法综合进行。理论分析法旨在从理论上来界定绿色村镇，进而得到符合绿色村镇性能的指标，理论分析法是采用较多的指标选择方式。专家咨询法旨在利用专家的知识和经验，为指标体系的完善提供保证。不同的方法侧重点不同，得到结果的科学性、现实性、针对性也不同。绿色村镇评价指标的建立应将上述方法综合使用，得出既科学又有针对性和现实意义的指标体系。

从生态学理论出发，在构建绿色村镇评价指标体系时要考虑到生物和环境、人与环境的关系，为尽量保持生态系统的平衡、稳定、和谐，使人与自然环境和谐统一，谋求最低的能源消耗和最少的破坏自然，并体现环保、节能的思想。本研究从绿化与村容镇貌子系统和环境保护与环境卫生子系统设立一系列相应指标。绿化与村容镇貌是绿色村镇建设外观体现。良好的绿化，优美的环境可以为居民营造良好的环境氛围，提高居民生活满意度。从绿化与村容镇貌方面对绿色村镇进行评价即考核村镇整体景观效果、欣赏价值、村容镇貌整洁度、园林绿化效果、绿地覆盖率等方面状况。同时，绿色村镇的建设，与环境保护和环境卫生密切相关。良好的环境质量，足够的垃圾废水处理，是保证居民绿色生活的基本条件。因此在环境保护与环境卫生子系统中从环境质量，垃圾处理和环境卫生与废水处理等方面构建相应指标体系。

从可持续发展理论出发，要考虑到经济、生态、社会，回归自然，以人为本以及社会、经济与环境的协调发展，同时结合循环经济理论，要充分考虑资源的充分利用与循环利用，人、环境与社会的和谐统一发展。我国人均资源占有量少，由于近年来经济增长基本建立在高消耗、高污染的传统发展模式上，一些地区随着经济快速增长和人口不断增加，能源、水、土地、矿产等资源不足的矛盾越来越尖锐，资源可持续发展利用面临的压力越来越大。克服资源短缺的瓶颈，是增强可持续发展能力，实现经济社会又好又快发展的迫切需要和科学发展的根本要求。在绿色村镇建设评价中通过资源利用子系统，重点考虑"四节一环保"的具体现状，体现绿色村镇建设和运作情况。

从城市建设相关理论和绿色建筑理论出发，考虑到我国现代化进程和城市化的发展的速度，为了让农村较快发展，使城乡经济全面、协调、可持续发展，使各个部分相互促进、协调发展，使整个区域发展达到和谐最优，本研究在构建评价体系时，从绿色村镇建设能力、基础设施建设水平、房屋建筑与公共服务设施建设几个方面构建评价指标体系。

绿色村庄建设能力是建设绿色村镇的基础。这和村镇的经济能力密切相关。经济发展是科学发展的核心问题。它是社会发展、环境改善、提高资源利用率及提高人民物质、文化生活水平的基本保证。政策的支持与居民的满意从现状上体现了绿色村镇建设能力与效果。技术保障能力则是建设绿色村镇的技术基础。因此评价绿色村镇建设能力要考虑经济发展、政策宣传与居民满意、技术保障能力等方面。

基础设施建设水平直接反映了绿色村镇的建设水平。绿色村镇要求基础设施配套要齐全完善，绿色村镇建设要体现在道路建设、出行便利、供水排水清洁无污染、供电通信快捷及防灾减灾设施完善等多方面。基础设施配套水平是体现当地村镇发展水平的重要指标，是体现当地村镇居民生活质量的重要指标，必须作为考核的主要因素。因此评价基础设施建设水平，要考虑道路与交通、供水与排水、供电与通信和防灾设施等几个方面，综合衡量绿色村镇基础设施建设水平。

房屋建筑与公共服务设施建设是体现绿色村镇建设能力的重要方面。良好的房屋建筑和完善的公共服务设施是保证居民拥有良好生活文化环境的基础。能够安居，才能乐业，所以房屋建筑状况应该作为绿色村镇建设的必要考核指标。同时，公共服务水平要能满足当地村民生产生活的需要。公共设施配套上的基本要求是医疗、教育水平、村民生活需要、休闲娱乐设施配套完善。绿色村镇评价指标体系要体现房屋建筑和公共服务设施方面的状况，考查居民的居住条件，教育、医疗及文体设施满足村镇居民需求的能力。

针对初始指标选取问题，根据研究收集到的所有数据采用以下几种筛选方法：理论分析法、频度统计法、实地调研等结合其他学者的研究成果、网络数据和绿色村镇特点，建立初始指标体系。

衡量一个村或镇的绿色建设水平时，要从绿色村镇建设的核心要素出发，除了考察经济发展水平外，还要从技术水平、资源利用、基础设施建设，环境保护等方面考察村镇的绿色建设发展能力。因此，单一指标难以全面、客观反映村镇的绿色建设水平，必须全方位、多角度、科学的选取相关指标来建立一套综合评价指标体系。

根据寒地绿色村镇建设的分析，本研究采用了绿色村庄建设能力、资源利用、基础设施建设、房屋建设与公共设施建筑、环境保护与环境卫生、村镇绿化与村容镇貌及绿色产业建设七个子系统为基本框架的评价指标体系，对寒地绿色村镇建设评价指标进行了进一步研究。

4.1.2　绿色村镇建设综合评价指标体系形成的主要方法

综合评价指标体系是从多个视角和层次反映特定评价对象的规模与水平，它是一个反映被评价对象的信息系统。构造一个评价指标体系，就是要构建一个反映被评对象全貌或重要特征的信息系统。而系统的构造一般包括系统元素的配置和系统结构的安排两方面。在评价指标体系这一系统中，每个指标都是系统的元素，而各指标之间的相互关系则是系统结构。系统的一个重要特征是具有层次性，因此，在构建科学评价指标体系时，一般是使用层次分析法建立指标体系的层次结构模型，然后再对指标进行筛选并优化指标体系的结构。科学指标体系的构建是一个复杂的过程，整个过程会涉及多种方法，并且要经历一系列步骤和环节。

严寒地区绿色村镇建设综合评价体系，经过背景研究，理论分析和实地调研，经过反复研究的讨论，最后构建出综合评价指标体系层次结构目标层和准则层初始模型如图 4-2 所示。

针对每个准则层，要进一步确定详细评价指标。一般来说，科学评价指标体系形成的方法通常包括以下几个方面的内容：

（1）评价指标体系初选方法。评

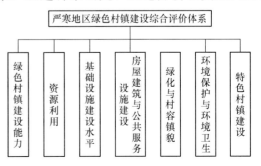

图 4-2　层次结构初始模型

价指标体系的构建主要是通过层次分析法、频度统计法、理论分析法、专家调查法（如德尔菲法）等方法初步形成指标体系，然后对指标体系进行初选。评价指标体系初选的方法有分析法、综合法、交叉法、指标属性分组法等多种方法，但最基本、最常用的方法则是分析法。通过评价指标体系初选，构建初始评价指标体系。

（2）评价指标体系完善方法。指标体系测验主要是采用各种定性和定量方法对指标体系中的单项指标和整个指标体系的完整性、系统性、准确性、可行性、可靠性、科学性、关联性、协调性、冗余度等方面进行测验，一般以专家判断等定性方法为基础，以定量测验方法为补充。通过对评价指标体系优先，形成优化的综合评价指标体系。

（3）评价指标体系结构优化方法。评价指标体系结构优化主要从层次深度、每一层次的指标个数、是否存在网状结构等方面进行优化，同样可以是定性与定量分析方法相结合。通过对评价指标体系结构进行优化，形成最终的评价指标体系。

（4）评价指标量化与处理方法。指标量化（即指标属性值的确定）分为定量指标量化和定性指标量化。定量指标量化一般由统计和调查得出。而定性指标量化根据量化时的具体对象不同可分为"直接量化法"与"间接量化法"两种。

直接量化法是对总体中各单位的某一品质标志表现，直接给出一个定量的数值（如直接打分法）；间接量化法则是先列出定性指标的所有可能取值的集合，并且将每个待评价单位在该变量上的变性取值登记下来，然后再将"定性指标取值集合"中的元素进行量化，依此将每个单位的定性取值全部转化为数量（如等级评分法、区间评分法、模糊评价法等）。评价指标量化还包括指标的无量纲化处理，即采用各种无量纲化方法将不同属性的指标值进行归一化处理，转换成可以直接比较的形式。

4.2 综合评价指标体系形成的原则

4.2.1 综合评价指标体系构建的原则

评价指标体系的形成是一个复杂的过程，因为指标体系本身就是一个复杂的系统，是由一系列相互联系的评价指标构成的有机系统。因此，设计一个完整、科学、系统的指标体系不是一个简单随意的过程，而是要经历多个相互联系环节的复杂过程，并且还要严格遵循和明确贯彻评价者的思路和原则。

评价指标体系形成的原则包括两层含义：一层是指标体系的构建原则；另一层是评价指标筛选或优化原则。从某种角度看，评价指标体系构建原则等价于指标体系定性选取原则，但二者还是有一些区别的，构架原则包括了比选取原则更加广泛的内容：前者是"从无到有"的过程，后者是"从有到优"的过程。指标体系的构建原则一般都是在对具体问题的评价指标体系构建时才被提到。绿色村镇建设评价指标体系的设计通常要体现以下基本原则：科学性与实用性、整体性与层次性、全面性与系统性、简洁性与聚合性、主成分性与独立性、定性与定量结合、目的性与政策引导性。

（1）科学性与实用性：评价指标体系是理论与实际结合的产物，它必须是对客观实际的抽象描述。如何在抽象、概括中抓住最重要、最本质、最有代表性的东西，是设计指标体系的关键和难点。对客观实际抽象描述越清楚、越简练、越符合实际，其科学性也就越强。另外，评价的内容也要有科学的规定性，各个指标的概念要科学、确切，要有精确的内涵和外延。指标设计必须符合国家各项方针、政策、法令。评价指标的计算方法要与国家和地方通用的会计、统计、业务核算准则协调一致。评价计算简单方便，计算程序化，可操作性。

（2）整体性与层次性：评价指标的设定应该是评价对象的各个方面，并且合理构造层次数量和指标数量。这样，才能科学地反映评价的对象，才能正确地表达评价的目的。如何划分层次和指标没有一个绝对的客观标准，要根据实际情况而定。选择评价指标，既要考虑正面收益，也要考虑负面风险，只有全方位的指标才能保证评价内容的完整性。建立综合评价指标体系的层次结构，可为进一步的因素分析创造条件。对于反映绿色村镇建设的多重指标应该进行分析归类，一方面将主要的、概括性强的指标作为评价的主导指标，放在评价的第一层次，形成评价的内在核心，将概括性稍差、从属性的指标放在第二层次，以此类推。这样有助于明确指标之间的内在联系，以利于简化评价过程。

（3）全面性与系统性：评价指标体系必须反映被评价问题的各个侧面，绝对不能"扬长避短"。否则，评价结论将是不公平的。绿色村镇是一个庞大的生态系统，要对其进行客观、准确的评价，必须把村镇当成是一个系统来看待，指标的选取要全面，要能反映绿色村镇各个方面的信息。

（4）简洁性与聚合性：绿色村镇建设涉及面很大，在指标的选取时要考虑许多方面。在众多指标中进行选择时，选择出的许多指标都会有相关性，造成指标冗余。为了减少工作量，在进行指标选取时要考虑到指标的简洁性问题。聚合性原则是指各指标之间的关系整体性好，指标之间相关性较小，指标修改或调整起来相对容易。

（5）主成分性与独立性：在构建指标体系时要善于抓主要矛盾，善于从纷繁复杂的指标中找出最重要的指标，这样的指标对评价结果的贡献程度比较大，而很多的指标对评价结果的影响会比较小，在构建指标时应进行指标的主成分分析。独立性原则要求指标之间相互独立，不应出现过多的信息包容、涵盖，而使指标内涵重叠。

（6）定性与定量结合：指标的选择应考虑评价对象的特点和数据采集的条件。在可能的情况下应该尽量采用全由定量指标来描述，但目前社会化的统计数据尚不完备，所以定量与定性指标的结合是科学评价指标设计的一般原则。

（7）目的性与政策引导性：整个综合评价指标体系的构成必须紧紧围绕着综合评价目的层层展开，使最后的评价结论能够反映评价的意图。指标体系的设计应考虑符合国家各项方针、政策、法令，所设计的指标应具有针对性、区域性和时代性。

4.2.2 绿色村镇建设综合评价指标体系筛选或优化原则

在评价指标体系的筛选和优化过程中，要正确处理以下关系：

（1）指标体系的系统性、覆盖范围与针对性。即评价指标的设置应围绕评价目的，客观、真实、全面地反映被评对象的属性，不能遗漏重要方面或有所偏颇；指标的设置要体现评价重点，对于一些对评价结论影响不大又难以测度的指标，可适当舍弃；指标体系应层次清晰，以便确定各指标的权重。

（2）直接指标和间接指标配合使用。从成本考虑，由于所收集数据的复杂性和适时性，所以往往不能从中直接衡量出结果，在这种情况下，使用某些间接指标可以表明项目实施的趋势。

（3）指标的互斥性与有机结合。指标体系是由一组相互间具有密切联系的个体指标所构成的，而不是多个指标的堆砌。互斥性原则要求指标之间相互独立，不应出现过多的信息包容、涵盖，而使指标内涵重叠。但使指标之间完全独立常常很难做到，在实际评价中，为加强对某方面的重点调查和评价，有时需要从不同角度设置一些指标，以便使其相互弥补和相互验证。这些指标之间的相关性可通过适当地降低每个指标的权重等方法来处理。

（4）指标体系的系统性与简洁性的矛盾。在实践中应在保证满足评价目标和评价质量的前提下，尽可能简化指标，指标体系的设计应在系统性与简洁性之间找到一个恰当的平衡点。

4.3　绿色村镇建设综合评价指标的筛选技术

4.3.1　基于频度的指标筛选方法

目前我国对绿色村镇的建设处于探索阶段，相应的评价标准和指标体系都还没有建立起来。但是在相关领域，目前已陆续出台了一系列指标体系和建设标准。本研究在对绿色村镇的指标体系进行构建时借助于理论分析、频度统计、调查问卷等方式综合确定指标体系。

常用的指标初选的方法有：文献法、理论分析法、专家打分法等。其中文献法也叫频度分析法，是将与研究内容相关的论文、期刊、国家发布的指标体系等中的指标进行统计，按照指标出现的次数进行排序，根据次数来决定指标的选取。理论分析法是根据研究内容的内涵、定义、目标来建立指标体系，常见的如和谐社会建设评价指标体系，通过分析和谐的内涵"民主、法制、和谐、公正"等方面和特点建立指标体系的。而专家打分法是把要选择的指标建立比较矩阵让专家给出每个指标的得分来评价指标的重要程度，进而初选出指标。

这三种方法各有其优劣。频度分析法是根据现有的文章相关内容按照指标出现的次数来选取指标，较为客观且指标比较全面，但是由于不同的指标体系有其特殊性，特别是针对现在没有的或鲜少有参考文献的指标体系，这个方法建立指标不能完全符合要求。理论分析法通过理论概念来进行指标分析选择比较符号指标体系选择指标的要求，但是理论分析法常常会导致指标不全面。专家打分法由于是人为的设置指标重要程度，导致建立的指标不客观，主观性较强。

因此，在具体使用时，采用频度分析与理论分析相结合的办法来初选指标，这样建立的指标不仅全面、合理，同时符合指标体系内涵。然后结合调研的情况，对建立的初选指标进行修正，这样更符合实际情况。

大体思路为：首先参考国内外相关领域研究成果，比如生态村镇评价指标体系、绿色建筑评价指标体系、美丽村庄评价指标体系、绿色低碳重点小城镇评价指标体系等。依据绿色村镇的内涵，从八个方面对村镇进行因素分解，然后尽可能多的查找出每个方面可能的候选指标，然后采用调查问卷，统计分析的方法筛选出适合绿色村镇建设特点的指标体系。

需要注意的是，在指标筛选时，由于目前我国农村地区统计工作较滞后，获得与指标相关的原始数值较困难，因此指标筛选时不宜采用主成分分析、因子分析等统计分析方法。指标的具体筛选过程如下：

（1）阅读文献

对绿化景观、清洁能源、村镇规划、村镇道路交通、绿色经济效益、水资源、绿色建筑等相关方面研究的文献进行研究和分析，了解各指标的含义及计算方法。

随着绿色生态的概念在世界广泛普及，并且伴随着世界气候的急剧变化，我国也逐渐意识到建筑对于环境产生的巨大影响。绿色建筑的概念在我国出现得比较晚，在 20 世纪 90 年代末才传入我国，同时，随着国民对于环境保护意识的逐步加强，国内学者也开始更多的关注建筑与环境之间的研究。

人们在逐步接受可持续发展思想、绿色概念的同时，也寻求着改善建筑环境性能表现的思路，这时我国出现了相应的绿色建筑评价体系和标准。目前在我国评价体系中影响力最大，应用最广泛的当属《绿色建筑评价标准》和《中国生态住宅技术评估手册》。

《绿色建筑评价标准》的制定用到了建筑的全生命周期理论，其可对很多的建筑形态进行相关的评价，如住宅、商场、写字楼等。在对建筑评价的细则方面，《绿色建筑评价标准》主要从六个大的方面对建筑进行综合的评价，简单的说即分为节材、节能、节地、节水、运营管理、室内环境。每类大的指标下面又分为很多的子分项，这些子分项又大约分为三个部分，分别为控制性指标、优先性指标、一般性指标。评价绿色建筑时，控制性指标是绿色建筑必须满足的指标，而另外两类指标作为评价绿色建筑的选择性指标。

《中国生态住宅技术评估手册》与《绿色建筑评价标准》不同的是，其主要是针对住宅进行评价，同时主要是评价住宅的生态性能。它在具体的评价住宅生态性能时，主要从五个部分进行分别的评价考量，这五个部分基本上涵盖了住宅生态性能的各个方面，分别为住区水环境、能源与环境、材料与资源、室内环境质量、环境规划设计。同时在对住宅的生态性能进行评价时，设计方面以及综合性能方面是其评价的重点。

该评估手册将评价指标主要分为四个层次，第一层即为上面提到的进行住宅生态性评估的五个大的方面，二层和三层分别是上层指标的指标细化。最后一层其实不能说成指标的细化，而是利用指标进行评价的具体实施办法。具有很强的开放性是该评估手册的一大特点，这样可以使评估手册根据实际的需要进行相关指标的修改和完善。

但是，在利用评估手册对住宅的生态性进行评价时，也会遇到相应的问题，即一些定量指标的数值较难获取，这使得在确定定量评价指标的评价标准时遇到瓶颈，所以在实际中一般采用定性、定量相结合的办法。同时评估手册的制定表明了生态住宅应该具备哪些方面的标准，对于未来生态住宅的设计起到了很好的指导作用。

在指标体系构建方面，相关领域的研究成果包括：国家环保部门颁布的小城镇建设评价中提出从经济、社会、环保、能源、规划、景观、文化等 7 个方面构建了62 个指标体系；中国美丽村庄课题组从村庄规划、健康居住、人文内涵、经济发展、品牌建设、生态环境、公共服务等 7 个方面构建了 21 个二级指标体系；国内生态村镇建设评价则从环境、经济、社会 3 个方面提出了 15 个指标体系。

（2）指标"海选"

对各指标进行"海选"就是不受条件的限制，凡是能够描述某一层次状态的所有指标尽可能全面地一一列出，这样做的目的是全方位地考虑问题，防止重要指标的遗漏。

1）村镇规划

村镇规划方面的相关指标见表 4-1。

村镇规划相关指标　　　　　　　　　表 4-1

村镇规划	相　关　指　标
村镇规划 用地方面	工矿仓储用地率，住宅用地率，公共管理与公共服务用地率，商服用地率，农业耕地用地率，公用道路用地率，牧草用地率，生产建筑用地率
村镇规划公共 设施方面指标	文化娱乐设施普及率，行政村通公路率，行政村通电话率，行政村通电视率，广播电视综合人口覆盖率，人均医疗水平，当地教育基础设施水平，医疗诊所数量和水平，寒地供暖技术先进水平，新型农村合作医疗参保率，养老保险参保率，最低生活保障率
自然景观及历史 文化保护方面	自然景观保护程度，旅游开发程度，村镇文化景观的和谐性，自然灾害，环境污染程度及其处理措施的科学性，村镇周围自然风景的审美价值，历史文化保护水平，历史古老建筑的安全性，修复成本，空间的可改造利用性
其他	村镇规模等级，村镇规划整体合理性，村民对规划整体满意率，寒地村民幸福指数，村镇冬季积雪及时清扫效率

2）绿色建筑

绿色建筑方面的相关指标见表 4-2。

绿色建筑相关指标　　　　　　　　　表 4-2

绿色建筑	相　关　指　标
节地与室外环境	土地利用，室外环境，交通设施与公共服务，场地设计与场地生态
节能与能源利用	建筑与围护结构，采暖、通风与空调，照明与电气，能量综合利用
节水与水资源利用	节水系统，节水器具与设备，非传统水源利用
节材与材料资源利用	设计优化，材料选用
室内环境质量	室内声环境，室内光环境与视野，室内热湿环境，室内空气质量
施工管理	资源节约，过程管理
运行管理	管理制度，技术管理，环境管理

3) 水资源

水资源方面的相关指标见表 4-3。

水资源相关指标 表 4-3

水资源	相 关 指 标
综合指标	万元 GDP 用水量，人均用水量，第二、第三产业万元产值用水量，计划用水实施率
用水管理	村镇水资源利用规划，流域环境政策法律建设，流域水环境管理机构建设，环境检查监督机制实施情况，水资源利用规划
水源保护	植被覆盖率，畜禽粪便处理率
工业污水	万元工业产值用水量，统计范围为市区规模以上工业企业，工业用水重复利用率，工业取水定额达到国家颁布的《取水定额》GB/T 18916 系列标准或地方标准，节水型企业（单位）覆盖率，工业废水排放达标率，工业用水复用率
农业用水保护	单位面积平均灌溉用水量，万元农业 GDP 用水量（万元农业产值递减率），灌溉水利用效率（灌溉水利用系数），农业耗水系数，节水灌溉工程面积覆盖率，节水灌溉率，措施实施面积与有效灌溉面积的比值，有益耗水比例，农药化肥施用达标率，农田水利设施建设情况（完备率、使用效率）
生活用水	节水器具普及率（使用率），生活用水重复使用率，非饮用水使用率，房屋节水设计，中水回收系统，节水意识，供水管网漏失率，居民家庭用水计量率，居民人均用水量递减率，居民人均用新水量递减率
雨利用处理	雨水收集率，雨水收集措施，建筑雨水收集措施，道路雨水渗透措施
镇区总体	非居民用水全面实行定额计划用水管理，城镇污水再生利用率，镇区污水管网覆盖率，镇区污水管网覆盖率，污水处理达标排放率，镇区污水处理费征收情况，饮用水水源地达标率，地下水质达标率，地标水质达标率，自来水有效供水率（漏失率）
防冻	供水管网防冻程度，全年有效供水天数，排水管道冬季使用效率（全年有效排水天数）
生态节水	绿化区节水设施面积覆盖率，绿化用再生水比例

4) 清洁能源

清洁能源包括生物质能、沼气、太阳能、地热、风能、天然气等，清洁能源方面的相关指标见表 4-4。

清洁能源相关指标 表 4-4

清洁能源	相 关 指 标
综合评价	是否使用清洁能源，清洁能源使用户数合计占镇区总户数的比例，全村清洁能源开发利用量达到多少吨标准煤以上
经济评价	单位 GDP 能耗；单位清洁能源成本
环境评价	单位能源排放废水量，单位能源排放 SO_2 量，单位能源排放 NO_x 量，单位能源排放 CO_2 量，单位能源排放废渣量

5）道路交通

道路交通方面的相关指标见表4-5。

道路交通相关指标 表4-5

道路交通	相 关 指 标
设施充分	公交设施供应充分，道路级配合理，停车设施供应适量
道路安全	道路及时维修，道路防滑性，道路耐久性
布局合理	交通与农村空间布局协调，公交服务覆盖面广，保护农村历史风貌和传统文化
网络通达	村内可达性高，村外可达性高
车辆环保	清洁能源车辆比例，小汽车保有量

6）绿色经济效益

绿色经济效益方面的相关指标如表4-6。

绿色经济效益相关指标 表4-6

绿色经济效益	指 标 说 明
单位GDP能耗	单位GDP能耗，又叫万元GDP能耗，每产生万元GDP所消耗掉的能源，用来反映经济结构和能源利用效率的变化
地均GDP	地均GDP是每平方公里土地创造的GDP，反映土地的使用效率，也是一个反映产值密度及经济发达水平的极好指标
绿色GDP	绿色GDP这个指标，实质上代表了国民经济增长净正效应。绿色GDP占GDP的比重越高，表明国民经济增长的正面效应越高，负面效应越低。从现行GDP中扣除环境资源成本和对环境资源的保护服务费用，其计算结果可称之为"绿色GDP"。绿色GDP＝传统GDP－自然资源耗减成本－环境质量退化成本＋资源环境的改善收入

7）绿化景观

绿化景观方面的相关指标如表4-7。

绿化景观相关指标 表4-7

绿化景观		相 关 指 标
自然、半自然景观	水体景观	洁净度、沿岸植物丰富度、与周围环境协调度、水体自然形态保持度
	自然植被与森林植被景观	种类的多样性，季相变化性，人均绿化率，人均公共绿地面积，景观的维护程度，农民对绿化景观满意度，乡土特色性
人工景观	乡村聚落景观	聚落格局的亲水性，聚落整体美观性，建筑风格统一性，指示牌、通知和标语在视域中的出现概率，文明语言的普及程度，建筑物的迷信色彩和迷信建筑的多少，社区稳定程度和友善好客程度，民间节庆年举办次数，建筑与环境协调性
	道路景观	道路的通达性，绿化景观舒适度
	农业种植景观	地域特色性（种植的植物的抗冻性），连续性
	建筑周边绿化景观	院子内部绿化景观满意度，院子周围绿化景观满意度

8）其他

其他方面的相关指标如表4-8。

其他相关指标 表4-8

其他	相 关 指 标
组织管理	管理责任落实，民主管理满意度，村务农民参与度，廉政建设指数，治安保障指数，村务治理合法指数，标准体系宣传力度的提高，标准体系监管效率的提高，组织管理效率的提高，施工管理，住宅使用管理，绿化管理，城镇管理制度建设程度
资金保障	社会经济发展水平，经济可行性指标，村镇居民经济承受力，农民年人均纯收入，社会保障覆盖率，人均一般财政收入，新农村合作医疗人均报销额，农村基本养老保险覆盖率，城镇基本医保人员占适保人员比率，人均国内生产总值，人均国民收入，经济综合效益，农村总产值增长率，可支配收入增长率，平均个人储蓄率，农民收入结构，地方财政收入，人均财政收入年增长率
政策宣传	建立绿色教育宣传机制
技术支持	农村每百万人拥有农业技术人员，公共设施采用节能技术，节水技术，技术可行性指标，新技术使用情况，舒适度、最佳设计指标、换气次数等规定性指标，技术质量，技术实用性，技术掌握的难易程度，技术的可推广性，农民科技重视程度，科技经费数量，科研人员比重，建设工程施工技术进步程度，有科技进步贡献率
建设材料利用	节材与材料资源利用，环境友好型住宅材料，地方材料开发利用，旧建筑材料再利用，材料可得性指标，建筑材料中3R材料使用，地方材料开发利用，环境友好型住宅材料，村镇建设工程节约材料率，围护结构材料节能，低能耗照明器具
建设用地集约地	建设用地集约性、户均宅基地面积、人均建设用地面积、土地利用情况及发展余地、人均耕地面积、建设用地集约性、人均居住面积
供电与通信	电话普及率，用电节约，室内日照与采光，室内照明，耐用消费品拥有量（固定电话、移动电话、电视、计算机），话机、移动电话、互联网、有线电视普及率，农户通电率
防灾设施	易旱面积比重，易洪涝面积比重，水土流失面积比重，农田水利设施旱涝能力，防洪标准，防洪堤建设比例，达标除涝设施比例，生态保护地面积比率，防灾等管理制度健全，城镇消防设施水平
特色风貌建设	文化娱乐丰富度，农民关系健康度，农民生活满意度，对周围人文环境的影响，自然生态环境完整性，民俗风情工艺保持度，城镇建设特点，农田种植田园景观特色显著
公共服务设施	标准化卫生所，农村综合文化站，乡村每千人拥有的医生和卫生人员数，中等学校学生数占人口，高中阶段毛入学率，卫生服务体系健全率，公共文体娱乐设施完善程度，医疗设施水平，教育水平，教育经费数量，专任教师比重，文化教育等支出占总支出的比例，村每千人口有医院床位数
村容村貌	市容环境卫生，村容镇貌，整体舒适，幸福指数，农村环境赞誉度，镇容秩序，居民对环境质量满意度
空气环境质量	环境监测项目达标率，二氧化硫年日平均值，二氧化碳年日平均值，环境空气质量优良率，空气质量达到及好于二级的天数，空气质量，PM2.5指数，废气治理率，二氧化碳运输排放，二氧化碳排放，环境质量指数，室内空气质量，村镇建设工程节约减排率，大气质量，镇区空气污染指数，城镇大气环境质量

其他	相 关 指 标
声环境质量	场地内环境噪声符合现行国家标准，区域环境噪声平均值，隔声，减噪，室外物理环境，噪声污染，住户间的隔声与噪声控制，镇区环境噪声平均值，小城镇噪声指数，城镇噪声环境质量
垃圾处理	镇区生活垃圾收集率，镇区生活垃圾收集无害化处理率，垃圾容器设置规范，有效控制垃圾物流，制定垃圾管理制度，垃圾站，垃圾粪便收运，垃圾转运站，垃圾填埋场，生活垃圾无害化处理率，生活垃圾收集率，固体废弃物处理，环卫投入指数，无机物处理率，城镇垃圾粪便无害化处理率
绿色产业比重	绿色产业比率，三产/旅游业占 GDP 比重，绿色 GDP 值，环保投资占 GDP 的比例，城镇环保投资占 GDP 比重
绿色措施	化学农药使用强度，绿化灌溉采用高效节水的灌溉方式，采用无公害化肥，农药等化学药品的使用，化肥施用强度，秸秆综合利用率，农药和化肥施用率，规模化畜禽养殖场污水排放达标率，秸秆综合利用率/清洁能源使用比重
历史文化保护	历史文化保护与特色建设，文物古迹保护的控制要求，社会文化及功能质量，地域历史文物景观的保护与继承，保留居民对原有地段的认知性，文物古迹保存真实性，乡土建筑保护完整性，村镇历史沧桑久远度，历史事件名人影响度，历史文化遗产保护，历史文化保护与特色建设，自然、人文景观基本保存完整，村落地域文化、乡里制度、建筑体系的历史价值挖掘

本研究在构建绿色村镇评价指标体系时参考了以上研究成果。但是绿色村镇毕竟与美丽村庄、低碳小城镇、生态村镇的内涵有区别，美丽村庄侧重于对村庄特色文化的保留和旅游资源的开发，而忽视其经济发展等其他方面。生态村镇只强调了村镇建设的生态性而忽视其他方面，内涵太狭窄。而绿色低碳小城镇评价指标体系的内涵与绿色村镇有相似之处，其指标体系有较高的参考价值，但因其评价对象为城镇而非村镇，对象不同，指标体系侧重点也不一样。

前文对绿色村镇的内涵从村镇规划、住宅、交通、能源、环境、景观、水资源、经济发展等八个方面进行阐述。在构建绿色村镇指标体系时从绿色村镇内涵的角度出发，同时参照相关领域研究成果，围绕绿色村镇建设能力、资源利用、基础设施建设水平、房屋建筑与公共服务设施建设、绿化与村容镇貌、环境保护与环境卫生、绿色产业发展、特色村镇建设等八个方面对绿色村镇进行评价，作为本书指标体系的初步来源。

（3）统计指标

根据"海选"结果，进行指标统计和总结，从中选择近年来研究者应用频度较高的指标。

从 79 篇论文中统计出相关指标出现的频率，如表 4-9。

相关指标出现的频率 表 4-9

指 标	出现次数	指 标	出现次数
规划建设	11	房屋建筑	5
组织管理	7	公共服务设施	11
资金保障	19	园林绿化	19
政策宣传	2	村容村貌	8
技术支撑	12	空气环境质量	17
水资源节约利用	10	声环境质量	7
水资源安全利用	6	地表水环境质量	3
建设材料利用	11	垃圾处理	14
能源利用	23	环境卫生	9
建设用地集约度	8	绿色产业比重	3
道路与交通	12	绿色产业开发	1
供水与排水	15	绿色措施	4
供电与通信	7	特色风貌建设	6
防灾设施	6	历史文化保护	8

基于频度筛选的具体过程见图 4-3。

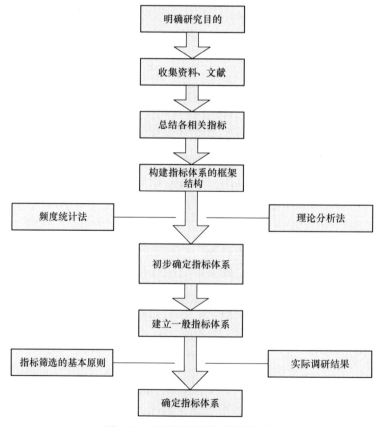

图 4-3 基于频度的指标筛选过程

4.3.2 基于粗糙集的指标筛选方法

4.3.2.1 粗糙集理论简介

1982 年，波兰学者 Pawlak 提出粗糙集理论，此后，Slowinski R. （1995） 等学者不断将其完善，将粗糙集理论应用到综合评价中。粗糙集是一种处理不完备和不确定性信息的数学方法，它不同于采用概率方法来描述数据的不完备性的传统统计方法，且不同于传统的运用模糊集合处理不确定信息的方法。

粗糙集理论方法为信息科学和认知科学的研究与拓展提供了新的方向，成为有效处理不确定信息的方法。该理论的实现是建立在分类机制的基础上的，分类的定义就是某一确定空间上的等价关系，按照该等价关系可以对特定空间进行有效划分。粗糙集理论的核心思想是把不确定的或不完备的知识用于已知的知识库中对知识进行描述和刻画。它的特点表现在：它只需要提供所求问题需要处理的数据信息，其他的信息不需提供。在不确定性问题处理方法上和应用上通常比较切合实际，因而它很受欢迎。

4.3.2.2 基于粗糙集理论的指标筛选方法的基本原理

知识约简是粗糙集理论的核心内容，在运用于指标筛选时即指标的约简。众所周知，一个知识库（指标体系）中的知识（指标）并不是同样地位的，有些还是冗余的。指标的约简就是在保持指标体系区分能力不变的前提下，删除不影响分类的指标。知识约简包括许多有关的定义，如，知识、信息系统、不可分辨关系、约简和核等。

属性重要度是粗糙集理论的又一重要内容。指标的约简是以指标是否能影响分类能力为前提的，但是影响多大不是其关心的内容，而属性重要度理论正是通过计算指标具体能够导致分类能力变化多大来体现指标是否重要、具体有多重要的。这就涉及指标所携带的信息量。

在指标筛选的过程中，既要尽可能多的选取各个方面的指标，以使所选的指标能够完整的体现评价对象的特征，容易区分出不同对象的优劣来，又要使选取的指标尽量的少，保持体系简洁。过多的指标一方面数据信息收集工作较大，另一方面计算也较麻烦，不能够简单实用，这是一个矛盾的难题，同时也是指标筛选的难点。本研究先通过频度分析、理论分析等方法并结合实地调研使初选的指标体系足够多的满足对绿色村镇的区分和评价，再采用粗糙集的属性简约进行指标的删减，这个删减是在不影响对村镇分类和评价前提下的，因此最后得到的指标体系既能满足完整性又能满足简洁性。

粗糙集进行指标筛选原理为：

（1）粗糙集法能够对信息、知识、数据进行处理，而且这些数据不用绝对精确、完整。它能够通过数据来寻求不变的且最简洁的约简，可以用来进行指标筛选。

（2）粗糙集属性约简原理是通过属性对评价对象分类来进行的，它能很快、有效的发现指标对评价对象的判别能力。在对象不变的前提下，有的指标删减会影响分类，有的指标不会影响评价结果，还有几个指标共同作用来影响评价的，粗糙集可以找出能正确的、完全的对研究对象评价的最简属性集（指标集）。

（3）一个属性去掉后评价结果出现变化，说明这个指标重要，如果去掉后评价分类变化很大，说明该指标相对更加重要，如果分类变化不大或不变化，则相对不重要，这就是属性重要度原理。

利用粗糙集原理的指标体系形成过程如图 4-4 所示。

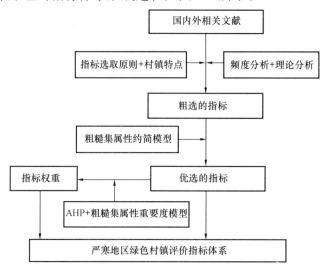

图 4-4 基于粗糙集的指标体系形成过程

4.3.2.3 基于粗糙集指标筛选模型（约简模型）

绿色村镇评价指标体系的指标筛选可以通过粗糙集属性约简中的不可分辨关系来实现，具体通过如下几个定义来构建指标的约简模型：

定义 1：粗糙集可以用 4 组有序元组表示，记为 $S = \{U, A, V, f\}$，其中 S 为某评价系统，U 为评价系统中待评价的对象集合，$U = \{U_1, U_2, \cdots, U_m\}$；$A$ 为属性的有限集，$A = C \cup D$，C 是条件属性子集，D 是决策属性子集，V：$V = U_{p \in A} V_B$，V_p 是属性 P 的域；f：$U \times A \rightarrow V$ 是总函数，使得对每个 $xi \in U$，$q \in A$，有 $f(xi, q) \in Vq$。

定义 2：在绿色村镇评价系统 S 中，令 $P \subseteq R$ 则 $\mathrm{ind}(P) \subseteq \mathrm{ind}(R)$，称 P 的不可分辨关系是 U 上的等价关系，其中 $\mathrm{ind}(P) = \{(x, y) \in (U \times U) : \forall a \in R, f(x, a)\}$，属性子集 P 将全部评价单元划分成若干等价类，用符号 $U/\mathrm{ind}(P)$ 表示，各等价类内的样本集是不可分辨的。

定义 3：$\forall P \subseteq R, C_j \in P$，如果 $\mathrm{ind}(P) = \mathrm{ind}(P - \{C_j\})$，则属性 C_j 是冗余的；否则称 C_j 为 P 中必不可少、不可删减的。若 P 中 $C_j \in P$ 都是不可删减的，那么 P 是独立的，反之 P 是冗余的。

定义 4：设指标集 $M \in P$，设 M 中的指标互不影响，且 $U/\mathrm{ind}(M) \in U/\mathrm{ind}(P)$，则称 M 为 P 的约简，记为 $\mathrm{red}(M)$。M 中在不改变对评价对象的区分关系前提下所有不可删减的指标构成的集合，称为 M 的核，记为 $\mathrm{cor}(M)$，它既是指标删减后保留的最小指标集。

根据上面的相关定义我们可以把指标删减的过程分解为以下 4 步来进行。

第一步，对指标体系 $P = \{X_i\}, (i = 1, 2, \cdots, m)$，求 $\mathrm{ind}(P)$。

第二步，对，依次求 $\mathrm{ind}(P - \{x\})$ IND $(P - \{x\})$；

第三步，如果 $\mathrm{ind}(P) = \mathrm{ind}(P - \{x_i\})$，那么 x_i 是需要删减的多余指标；

第四步，筛选后的指标体系为 $\mathrm{red}(P)$：

$$\mathrm{red}(P) = \{a_k | a_k \in P, \mathrm{ind}(P - \{a_k\})\} \neq \mathrm{ind}(P)$$
$$RED(P) = \{akak \quad P, \mathrm{IND}(P - \{ak\}) \quad \mathrm{IND}(P)\}$$

粗糙集不可分辨关系原理的指标选取方法是一种需要计算每个属性（指标）的方法，对于每个属性来说，删减该属性后的集合对评价对象的值域是否变化，从而得到约简的体系。换种说法就是，计算每个属性被删减后评价的分类是否变化，无变化就说明该属性是冗余的，可以删减。通过这个过程既能保证指标的完整性，又能删减冗余。

定义 5：设有信息系统 S，$a(x)$ 是记录 x 在属性 a 上的值，C_{ij} 表示分辨矩阵矩阵中第 i 行，第 j 列的元素，C_{ij} 被定义为：

$$C_{ij} = \begin{cases} 0 & D(x_i) = D(x_j) \\ \{a = \in A \mid a(x_i) \neq a(x_j)\} & D(x_i) = D(x_j) \end{cases}$$

定义 6：区分函数是从分辨矩阵中构造的。月间算法的方法是先求 C_{ij} 每个属性的析取，然后再求所有 C_{ij} 的合取。分辨矩阵是一个对称 $n \times n$ 矩阵。在实际运用中只列出它的上三角阵。

一个数据集的所有约简可以通过构造分辨矩阵并且化简有分辨矩阵导出的区分函数而得到，在使用吸收律化简区分函数成标准式后，所有的蕴含式包含的属性就是信息系统的所有约简集合。

由于不同地区村镇政府组织形式、特点及统计口径并不完全一致，且有些评价指标目前尚未列入统计范围，因此面向所有北方寒地绿色村镇的指标筛选问题，由于数据建设水平相对较低，目前还需等待相关数据信息的进一步完善。

为说明粗糙集对指标筛选的有效性。这里给出一个算例，根据我们在黑龙江省调研数据，随机选择了6个村，分别记为 A_1，…，A_6，并且以一级指标绿色村镇建设能力下属的14个三级指标的约简为例进行计算说明，根据县统计年鉴、村镇规划、村镇政府数据、入户调研数据，获得的指标数据值主要有：

定量指标：控制性详细规划覆盖率、人均可支配财政收入水平、人均年收入、社会保障覆盖率、人均 GDP。

定性指标：规划完备性、绿色村镇专项规划合理性、管理机构健全性、管理制度完善度、建设资金来源稳定性，上级政府支持度，绿色村镇建设政策知晓度，绿色建设技术应用，寒地建设技术应用。对于定性指标主要通过实地调研问卷打分来获取数据。

算例首先收集得到相关数据，如表4-10所示：

相 关 数 据　　　　　　表 4-10

序号	指标＼地区	西安	复兴	清泉	元宝	大房子村	一站
1	规划完备性	4	4	2	5	4	3
2	控制性详细规划覆盖率	80%	70%	50%	80%	70%	50%
3	绿色村镇专项规划合理性	4	1	1	4	3	2
4	管理机构健全性	5	3	4	5	4	4
5	管理制度完善度	4	2	2	5	4	2
6	人均可支配财政收入水平	50	40	30	60	50	70
7	人均年收入	11656	10150	3900	12440	12000	14000
8	社会保障覆盖率	90%	80%	90%	90%	90%	80%
9	建设资金来源稳定性	3	2	1	3	2	1
10	人均GDP	16100	13822	6000	17800	17420	19020
11	上级政府支持度	5	2	2	5	5	2
12	绿色村镇建设政策知晓度	4	2	2	4	2	2
13	绿色建设技术应用	4	2	4	4	2	2
14	寒地建设技术应用	4	2	4	4	2	2

首先，数据进行离散化处理，将6个村镇样板数据导入 MATLAB 平台进行分析。在样本数据中，样本数据共有6个，代表着6个村镇，属性有14个，代表着6个村镇的经济和产业情况，其中人均年收入、人均 GDP 的聚类效果如图4-5、图4-6所示。

决策系统 $S=(U、C、V)$，$U=\{1、2、3、4、5、6\}$；C 为属性集合，$V=\{1、2、3、4、5\}$；其中 a—m 分别代表表2中的14个评价指标。

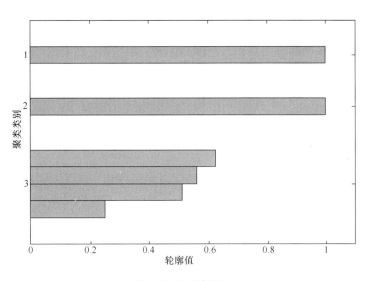

图 4-5 人均年收入

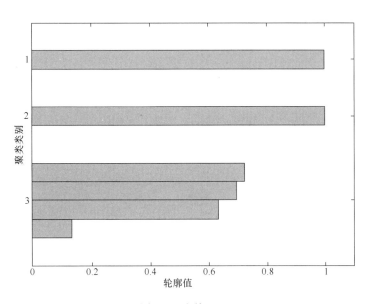

图 4-6 人均 GDP

离散化后的数据表 表 4-11

C \ Ai	a	b	c	d	e	f	g	h	i	j	k	l	m	n
1	4	4	4	5	4	3	3	4	3	3	5	4	4	4
2	4	3	1	3	2	2	3	2	2	2	2	2	2	2
3	2	1	1	4	2	1	2	4	1	1	2	2	4	4
4	5	4	4	5	5	4	3	4	3	3	5	4	4	4
5	4	3	3	4	4	3	3	4	2	3	5	2	2	2
6	3	1	2	2	2	5	1	2	1	3	2	2	1	1

得到区分矩阵如表 4-12 所示：

区 分 矩 阵 表 4-12

	1	2	3	4	5
1					
2	b,c,d,e,f,h,i,j,k,l,m,n				
3	a,b,c,d,e,f,g,i,j,k,l	a,b,d,f,g,I,j,m,n			
4	a,e,f	a,b,c,d,e,f,h,I,j,k,l,m,n	a,b,c,d,e,f,g,I,j,k,l		
5	b,c,d,i,l,m,n	c,d,e,f,h,k	a,b,c,e,f,g,I,j,k,m,n	a,b,c,d,e,f,I,l,m,n	
6	a,b,c,d,e,f,g,h,I,k,l,m,n	a,b,c,d,f,g,I,j,m,n	a,c,d,f,g,h,j,m,n	a,b,c,d,e,f,g,h,I,k,l,m,n	a,b,c,d,e,f,g,h,I,k

对应的区分矩阵函数为：对应的区分矩阵函数为：

$$\Delta = (b \vee c \vee d \vee e \vee f \vee h \vee i \vee j \vee k \vee l \vee m \vee n)(a \vee b \vee c \vee d \vee e \vee f \vee g \vee i \vee j \vee k \vee l)(a \vee e \vee f)(b \vee c \vee d \vee i \vee l \vee m \vee n)(a \vee b \vee c \vee d \vee e \vee f \vee g \vee h \vee I \vee k \vee l \vee m \vee n)(a \vee b \vee d \vee f \vee g \vee h \vee I \vee j \vee m \vee n)(a \vee b \vee c \vee d \vee e \vee f \vee h \vee I \vee j \vee k \vee l \vee m \vee n)(c \vee d \vee e \vee f \vee h \vee k)(a \vee b \vee c \vee d \vee f \vee g \vee I \vee j \vee m \vee n)(a \vee b \vee c \vee e \vee f \vee g \vee I \vee j \vee k \vee m \vee n)(a \vee c \vee d \vee f \vee g \vee h \vee j \vee m \vee n)(a \vee b \vee c \vee d \vee e \vee f \vee g \vee h \vee I \vee k \vee l \vee m \vee n)(a \vee c \vee d \vee e \vee f)(a \vee b \vee c \vee d \vee e \vee f \vee g \vee h \vee I \vee k)$$

约简后得到的约简结果为 ac $\vee$ ad $\vee$ bf $\vee$ cf $\vee$ de $\vee$ df $\vee$ em $\vee$ en $\vee$ fi $\vee$ fl $\vee$ fm $\vee$ fn

因此，约简后的指标包含（规划完备性，绿色村镇专项规划合理性）、（控制性详细规划覆盖率，人均可支配财政收入水平）、（绿色村镇专项规划合理性，人均可支配财政收入水平）、（规划完备性，管理机构健全性）、（管理机构健全性，管理制度完善度）、（管理机构健全性，人均可支配财政收入水平）、（管理制度完善度，绿色建设技术应用)、(管理制度完善度，寒地建设技术应用)、(人均可支配财政收入水平，建设资金来源稳定性)、(人均可支配财政收入水平，绿色村镇建设政策知晓度)、(人均可支配财政收入水平，绿色建设技术应用)、(人均可支配财政收入水平，寒地建设技术应用) 12 种约简方式。

经多方面综合考虑之后，选择(人均可支配财政收入水平，绿色村镇专项规划合理性)。

剩下 9 个一级指标下属的三级指标经同样方法约简后，再对所有约简后的指标进行总的约简，经过约简后筛选的三级指标为：人均可支配财政收入水平，绿色村镇专项规划合理性，节水器具普及使用比例，节能器具使用比例，房屋保温节能措施率，人均宅基地面积，村庄道路硬化率，自来水入户率，自然灾害应急系统，文体设施满足度，绿化覆盖率，村容镇貌满意度，垃圾处理体系合理，卫生厕所拥有率，有机绿色农业种植面积比例，秸秆综合利用率，及约简后的评价指标体系如表 4-13 所示。

寒地绿色村镇评价指标体系约简结果

表 4-13

序号	一级指标	三级指标
1	绿色村镇建设能力	绿色村镇专项规划合理性
		人均可支配财政收入水平
2	资源利用	节水器具普及使用比例
		单位 GDP 能耗清洁能源使用比例
		房屋保温节能措施率
3	基础设施建设水平	村庄道路硬化率
		自来水入户率
		自然灾害应急系统
4	房屋建筑与公共服务	文体设施满足度
		人均居住建筑面积
5	绿化与村容镇貌	人均公共绿地面积
		村容镇貌满意度
6	环境保护与环境卫生	垃圾无害化处理率
		卫生厕所拥有率
7	绿色产业发展	有机绿色农业种植面积比例
		农用化肥施用强度

4.3.3　基于博弈分析的指标筛选方法

4.3.3.1　绿色村镇住宅建设中应用博弈分析的指标筛选法的理论分析

伴随着我国对"三农"问题越来越重视的实际情况，绿色村镇的建设已经成为大家关注的一个焦点，也是目前研究的一个重要课题。当前我们国家正处于城镇化及工业化快速发展的历史机遇阶段，城乡的经济得到了快速稳步的发展，同时城乡的面貌也发生了翻天覆地的变化。渐渐步入小康生活的村镇居民迫切希望能提高自己的物质生活水平，优化居住品质及生活环境，使自己居住的舒适度得到进一步的提高。据官方资料统计，在未来十年间，约50亿平方米的新建村镇住宅将在我国的村镇拔地而起，这个体量大约为同期新建城市住宅的1.5倍。

特别是我国的寒冷地区，由于独特的地理位置以及气候特点，加上人们的生活习惯，各种资源消耗量相对都比其他地方更大，环境污染也更为严重，因此绿色村镇的建设显得更为急迫和重要，对严寒地区绿色村镇住宅评价指标体系进行构建研究是相当必要的。

在北方寒地绿色村镇建设中，各级管理部门往往根据现有政策导向和对未来政策的预计，决定其决策目标。由于多个管理部门利益和决策目标有时候并不完全一致，彼此的行为具有相互依存、相互影响。同时，一项具体政策还需要考虑村镇居民的行为选择，因此存在博弈行为。

基于博弈分析的指标筛选，其模型思路是根据地区战略目标情况，通过不同备选评价指标下导致的各方效用函数的变化，进而达成不同纳什均衡情况。通过比较预期战略目标和纳什均衡状况的差异，选择一个差异最小的对应评价指标。或者通俗地说，由于存在"上有政策，下有对策"效应，通过对"下有对策"的预先判定，确定满意的"政策"。结合评价指标体系，可看成上有对策的一个具体环节。

博弈论是以数学为分析工具，分析在一个具有多个决策主体（参与人），彼此具有策略交互影响的环境下，均衡结果的确定、博弈结构设计及各方行为预测的理论。构建博弈模型一般包括三部分的内容：一是参与人的确定；二是战略集合选取；第三为效用函数的构建。

参与人是指参与博弈的主体，博弈模型中一般会有很多参与人，但是有些参与人的参与性以及重要性相对于其他参与人来说很小，一般在博弈中会不加以考虑，这需要进行相关的假设与假定。

战略集是可供选择的所有战略的集合，而策略则是每个参与人可以进行选择的行动或者方案。在博弈中，不同参与人可以有不同的策略选择，所有人的战略选择集合构成了博弈模型的战略集。

效用函数是指参与人对于选择某策略来说得到的效益取值，效用函数的确定，既是构建博弈模型的重点，也是难点。不同的策略对于参与人来说会产生不同的效用函数。不同的博弈模型则会产生完全不同的效用函数。所以在构建博弈模型时，对于不同参与人的效用函数所包含的内容，应根据实际问题的需要，进行具体的研究分析。

所以，一般来说，标准博弈模型可以用三元组表示为：

$G = \{N, S_i, u_i, i\}$，其中，N 为参与人集合，S_i 为参与人 i 的策略集。

博弈均衡分析主要是指纳什均衡分析。关于纳什均衡的数学描述此处从略，简单地说，纳什均衡就是指在均衡状态下，若其他参与人坚守均衡策略，任何一个参与人都无法通过单方面改变自己的策略，使得自己的收益增大。

通过博弈分析方法确定绿色村镇建设，首先要确定博弈三要素：参与人集合，每个参与人可选的策略集合，在参与人不同策略组合下，每个参与人的支付函数（用以反应该参与人对相应策略组合结果的偏好）。

（1）参与人集合的确定。在我国严寒地区绿色村镇住宅建设评价指标构建的博弈模型中，最主要的参与人是政府、开发商和消费者，当然了还有其他一些参与人的存在，但是其他参与人的作用相对于这三个最重要的参与人而言，重要性可以相对的忽略。寒地绿色村镇评价涉及各级政府、相关企业、村镇居民等各决策主体构成了博弈的参与人集合。

政府作为国家的主体，肩负着整个社会效益最大化的责任，政府在面临相关问题进行决策选择时，往往从整个社会综合效益最大化视角出发。政府的自身利益最大化也即整个社会综合效益的最大化。因此在博弈过程中，政府会从整个社会综合效益最大化来进行考虑，需要考虑方方面面，除了考虑经济发展指标，还要综合考虑能源及资源因素，如节约资源能源方面、节约水资源、保护环境，还有考虑住宅的舒适性等。但是，对于不同级别的政府管理部门，其指标重要性还是有所差异。从国家层面来说，对能源、水资源等相关问题的重视度日益提高，对于脱离可持续发展的高污染经济发展则持基本否定态度。

村镇居民作为村镇建设的终端受益主体，更关注与自身利益有相关性的指标，如更关注自己的收入、居住条件；其次是周边环境；再次是生活配套等，因为这些都与消费者每天的生活息息相关，关注这些指标就是关注自身利益的最大化。相反，消费者对于村镇建设中的资源的消耗，环境保护等相关方面不是很重视。

各级经济主体在绿色村镇建设过程中往往充当了政府和消费者的纽带作用。根据参与人从自身利益出发的基本假设，在评价体系构建的过程中，各经济主体也会从自身的利益进行考虑，与政府和村镇居民关注的角度不同，其更关注于经济过程的相关指标。当然随着绿色意识的逐步深入，各经济主体也开始对可持续、绿色经济等开始重视。

（2）策略集

每个参与人的可选策略集合。结合北方寒地绿色村镇住宅建设问题，就是相关博弈参与人在可行策略中选择什么行动。比如村镇居民（使用者）选择购买（此处为说明问题，忽略房屋自建）何种类型住房、开发商从商业价值考虑，选择开发何种类型住宅，政府则从政绩评价角度，选择什么样子的评价指标，以及为了实现政绩目标，进行何种策略确定。

（3）支付函数

支付函数是指博弈关系中的参与人对于战略集中的某战略获得的收益或效益的表达式，此处的效用函数是指相应战略（即相应评价指标体系）对参与人的效用函数。博弈的支付函数是策略组合集合到实数集或子集的映射。参与人 i（i）的支付函数为：

$$(S_1, S_2, \cdots S_n) \rightarrow R \tag{4-1}$$

$$(s_1, s_2, \cdots s_n) \rightarrow u_i(s), \ s = (s_1, s_2, \cdots s_n) \tag{4-2}$$

评价指标体系是由一系列的评价指标所构成，每个评价指标都会对参与人产生不同的效用。单个指标对参与人产生的效用函数应该由其对参与人的效用值和权重系数来确定。如公式（4-3）所示：

$$U(x_i) = W_i u(x_i) \tag{4-3}$$

式中　W_i——指标 x_i 的权重系数；

$u(x_i)$——指标 x_i 的效用值。

某战略对参与人产生的总的效用函数就可以利用一般加权和法来计算。加权和法公式如（4-4）所示：

$$U = \sum_{i=1}^{n} U(x_i) = W_1 u(x_1) + W_2 u(x_2) + \cdots\cdots + W_n u(x_n) \tag{4-4}$$

式中　$U(x_i)$——指标 x_i 的效用函数；

W_i——指标 x_i 的权重系数；

$u(x_i)$——指标 x_i 的效用值。

不同参与人相对于不同战略的效用矩阵如表 4-14 所示：

不同参与人相对于不同战略的效用矩阵　　　　　　表 4-14

参与人	战略（评价指标体系）				
	A_1	A_2	A_3	...	A_m
N_1	U_{11}	U_{12}	U_{13}	...	U_{1m}
N_2	U_{21}	U_{22}	U_{23}	...	U_{2m}
...	...	...	...	...	...
N_n	U_{n1}	U_{n2}	U_{n3}	...	U_{nm}

确定了各参与人的支付函数，则参与人的策略选择变成了给定其他参与人策略选择情况下，参与人 i 选择其期望支付最大化的策略选择行为。博弈的均衡则为各参与人的策略组合，且在该均衡情况下，每个参与人的策略选择都是针对其他参与人均衡策略选择的最优应对（最佳反应，best reply）。

（4）博弈模型解的确定

对于上文提到的评价指标体系构建的博弈中，根据纳什定理的规定，该博弈至少有一个纳什均衡存在，把这个纳什均衡记为 $S^* = (a_{ij}^*)^n$，其中 a_{ij}^* 表示参与人 i 选择战略 β_j，但是却无法根据纳什均衡确定最优的评价指标体系。因为在纳什均衡

$S^* = (a_{ij}^*)^n$ 中，各个参与人选择的战略可能并不相同，即各个参与人可能选择的是不同的评价指标体系，但是只有各个参与人选择同一评价指标体系时，即在纳什均衡 S^* 中，只有当 $a_j^* = a_k^*$ 时，才能确定最优的评价指标体系。

在博弈中由于各参与人是按自己的支付函数来对战略进行选择的，参与人的选择相互独立，同时假设参与人都是理性的，所有的参与者可能不会同时选择相同的战略 a_j，即所有参与人可能不会选择同一个评价指标体系。

基于剔除劣战略的整体效用占优方法来进行相关分析，可以达到确定最优的评价指标体系的目的。根据该方法可以得到剔除的整体效用占优策略，以此得到所有博弈主体共同倾向的评价指标体系。

在这里需要说明的是在采用基于剔除劣战略的整体效用占优方法对劣战略进行剔除时，最后可能会出现预测不确定性的情况，因为一些纳什均衡无关的组合剩余的出现。但是在评价指标体系构建的博弈过程中，所有的参与者都是理性的，所以这种情况几乎不会发生。将重复剔除的占优均衡与纳什均衡进行比较，可以得出，在博弈过程中剔除的占优均衡一定是纳什均衡，但反过来却不成立。

在上述构建的博弈模型的求解过程中，具体采用基于剔除劣战略的整体效用占优方法如下所示：

1) 首先第一步是求出评价指标体系博弈模型 G 的纳什均衡，将该纳什均衡记为 $S^* = (a_{ij}^*)^n$。由于各个参与人的相应战略选择是相同的，所以该纳什均衡是不同的参与人选择对于自己来说效用最大的战略方案，这样得出的是参与人对自己而言最优的评价体系。

2) 检查上步得到的纳什均衡，是否存在 $a_j^* = a_k^*$，经检查，如果在纳什均衡 S^* 中，$a_j^* = a_k^*$，则表明所有参与人都共同偏好同一评价指标体系，则求得的纳什均衡 S^* 即为最优解，所有参与人的共同选择战略 q^* 为最优评价指标体系；否则转入下一步。

3) 对于第一步得到的纳什均衡 S^*，构造一个新的评价指标体系的战略集 M^*，令 $M^* = \{a_k^* \mid a_k^* = a_{ij}^* \ (a_{ij}^* \in S^*)\}$，即 M^* 是指第一步得到的纳什均衡中，参与人选择的评价体系的集合。

4) 为了对优劣战略进行筛选，确定参与人 i 的剔除相对标准值的初始值 $\beta_{i(0)}$，以及"严格劣战略"的筛选值 β_i。其中 $\beta_{i(0)}$ 由公式（4-3）求得：

$$\beta_{i(0)} = \frac{1}{2}\left[\max\{U_i(a_{k(0)}^*)\} + \min\{U_i(a_{k(0)}^*)\}\right] \tag{4-5}$$

其中 $a_{k(0)}^* \in M_{(0)}^* \in M^*$。

5) 将参与人的劣战略进行剔除，剔除的相对标准为 β_i，计算满足式（4-5）的 $a_{k(w)}$ 标准以及 $M_{(w)}$：

$$U_i(\beta_{i(w-1)}) \leqslant U_i(a_{kw})$$

$$M_w = \{a_{kw}\} \tag{4-6}$$

式子中 w 可取 1、2、…、n。

6）对上步中得到的 $M(w)$ 进行检查，检查其是否为空集，若 $M(w)$ 不为空集，则 $M(w)$ 中的评价指标体系又构成了原博弈问题的部分博弈，则重新返回第一步，否则继续下一步。

7）通过改变 β_i 的取值，以至于不将所有的评价指标体系剔除，β_i 的改变顺序如式（4-7）所示：

$$\beta_{i(0)} > \beta_{i(1)} > \beta_{i(2)} > \cdots > \beta_{i(n)}$$

$$\beta_{i(w+1)} = \frac{1}{2} \big[\beta_{i(w)} + \min\{ U_i(a_{k(w)}^*) \} \big]$$

$$a_{k(0)}^* \in M_{(0)}^* \tag{4-7}$$

8）对 β_i 的取值进行检查，如果 β_i 的取值满足 $\beta_i \leqslant \delta_i$，则停止计算，这时说明无法判断出各个评价指标体系之间的优劣，应采用其他算法进行。否则返回步骤（7），再进行循环。其中 δ_i 的具体取值如公式（4-8）所示：

$$\delta_i = \min\{ |U_i(a_{k(0)}^*) - U_i(a_{j(0)}^*)| \} \tag{4-8}$$

基于博弈论的评价指标体系，则是考虑到在不同政府评价指标的情况下，各决策主体得到了不同支付函数，因而会导致不同的纳什均衡。最优评价指标体系，一定是在该评价体系下，各方博弈的纳什均衡，是政府希望、符合绿色和可持续原则的指标体系。

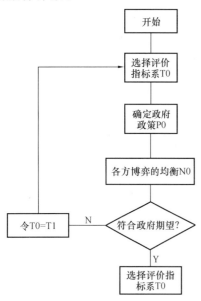

图 4-7 基于博弈分析的村镇绿色评价指标体系的筛选示意图

其博弈逻辑如图 4-7 所示。

结合实际问题，考虑到关于各方效用函数有时候较难测定的实际情况，以及并非所有参与人都是完全理性情况，可采用角色模拟（role-playing）情景分析、冲突分析方法进行分析。比如，在"绿化与村容镇貌"项中，特意选择了"森林覆盖率"和"绿化覆盖率"两项指标，其中"森林覆盖率"就是通过博弈的情景分析，确定的一个评价指标。如果仅仅是"绿化覆盖率"，则村镇政府可通过种植花草方式获得该指标的合格分数，但针对北方寒地，花草的绿化效果并不如树木。因此，增加了"森林覆盖率"指标，旨在突出村镇政府对树木种植的重视度。此外，对于一些绿色村镇建设的具体项目的评价指标体系的确定问题，博弈论结合其他相关学科共同分析，会产生更为切实可行的结果。

4.3.3.2　博弈分析的指标筛选法的应用案例分析

以我国严寒地区村镇绿色建筑或住宅评价指标体系构建为例，来说明博弈分析方法如何在指标筛选中进行应用的。为了收集所需要的原始资料，对黑龙江省海林市新安镇、辽宁省开原市庆云堡镇、吉林省长春市双阳区齐家镇、辽宁省康平县东关镇在内的村镇进行调研活动。除此之外，为了使所获得的数据更加全面，对西安省复兴村，老虎头和兴隆台村，齐家和关家村，苏家和钱家村在内的自然村庄进行了详细的实地数据收集工作。

通过多次前往示范基地实地进行调研，不仅对严寒地区绿色村镇住宅的建设情况进行了考查，同时对不同参与人对于评价指标或体系的偏好也进行了访问，至关重要的实地调研数据，为对严寒地区绿色村镇住宅评价体系博弈模型的构建奠定了坚实的数据基础。

（1）参与人及策略集的确定

以政府、村镇居民、各级经济主体为主要参与人进行博弈分析。并结合国内外相应的绿色建筑或住宅的评价指标体系，以及参考大量的文献著作，同时结合严寒地区以及村镇住宅的特点，最后再通过实地考察及征求专家学者意见的形式，构建几套合理的可供选择的评价指标体系。寒地村镇绿色建筑或住宅项目的推动过程中，政府部门在各参与人中的权重是最大的，所以构建出的这三套评价指标体系的最主要区别在于政府部门的政策侧重点，具体情况论述如下。

第一套评价指标体系 T1，其准则层分别为：能源、水资源、室外环境、室内环境、材料资源五个方面；其指标层共含有 22 个指标，分别为建筑主体节能、围护结构热工性能、门窗保温性能、低能耗照明器具、可再生能源的利用、污水处理、节水设备和器具、绿化及景观用水、雨水回收与利用、住宅选址、建筑面积、公共服务设施和交通、绿化、垃圾处理、室内空气质量、室内冷热舒适度、室内照明及采光、隔声和减噪、住宅功能分区、环境友好型住宅材料、地方材料开发利用和旧建筑材料再利用。该指标体系中，政府部门更加倾向于能源及资源因素，其指标体系图如图 4-8 所示。

第二套评价指标体系 T2，其准则层为：经济、安全舒适性、环境、耐用性、水资源五个方面；其指标层共含有 21 个指标，分别为：建造成本、新材料使用成本、住宅使用及维护成本、新能源使用成本、建筑结构安全性能、建筑结构防火性能、室内冷热舒适度，室内照明与采光、隔声和减噪、住宅功能分区、绿化、公共服务设施及交通、垃圾处理，空气质量、住宅建设质量、建筑使用年限、材料耐用性、污水处理、节水设备和器具、绿化及景观用水、雨水回收及利用。该指标体系中，政府部门更加倾向于经济效益，其指标体系图如图 4-9 所示。

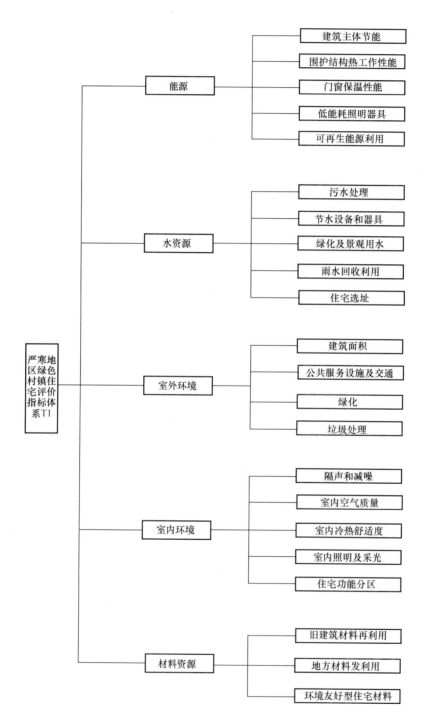

图 4-8 严寒地区绿色村镇住宅评价指标体系 T1

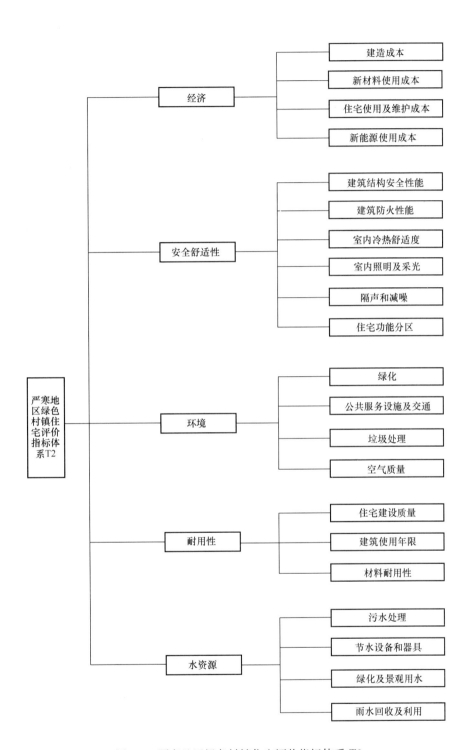

图 4-9　严寒地区绿色村镇住宅评价指标体系 T2

第三套评价指标体系 T3，其准则层为：社会、经济、环境、水资源、材料及能源五个方面；其指标层共含有 19 个指标，分别为：绿色住宅居民满意度、绿色住宅的社会效益、建设对经济的影响、新材料开发推广成本、绿色住宅建造成本、绿化、空气质量、垃圾处理、公共服务设施及交通、污水处理、节水设备及器具、绿化及景观用水、雨水回收及利用、环境友好型材料的使用、保温性材料的使用、就地取材、资源再利用、可再生能源利用。该指标体系中，政府部门更加倾向于社会效益，其指标体系图如图 4-10 所示。

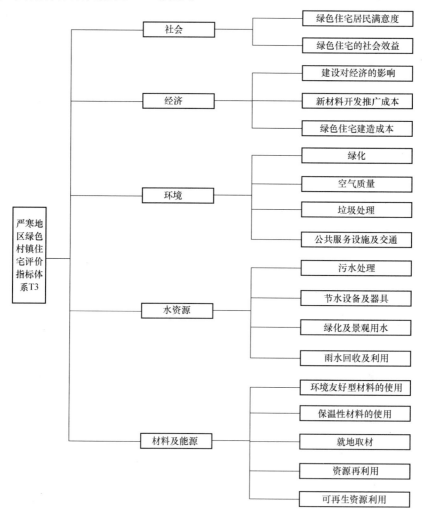

图 4-10　严寒地区绿色村镇住宅评价指标体系 T3

（2）纳什均衡的存在性

根据纳什定理，一个标准式博弈中，如果参与人的个数是有限个，同时还规定在这个博弈中，可供参与人选择的战略组合也是有限个，则至少存在一个纳什均衡。

对于严寒地区绿色村镇住宅建设评价指标体系构建过程的博弈模型中，其目的是为了得出一套对所有参与人而言总体最优的评价指标体系，而对于此博弈问题 G 的求解，则是需要先找出满足一定条件的纳什均衡。在该评价指标体系构建的博弈中，有限个参与人组成了有限的参与人集合 N，同时有限个评价指标体系构成了博弈的有限战略集合 S，根据纳什定理可以得出，在该评级指标体系构建的博弈 G 中至少存在一个纳什均衡。

（3）博弈分析的指标筛选

一套完整的评价指标体系，不仅要有科学合理的指标设置，还要有严谨的指标权重分配及确定的过程，这里采用 AHP 法对指标的权重进行分配和确定。

在博弈论中，效用值是对参与人而言的，相同的战略对于不同的参与人来说效用值往往不同。因此在确定各个指标效用值的过程中，需要对相应的参与人进行研究分析。同时，各个指标的效用值也是对于参与人而言的，即某一相同指标对于政府、开发商和消费者而言，效用值可能是不相同的，需要进行特定的区分。

在博弈过程中，假设参与人都是理性的，都是站在自己的角度进行考虑问题，如门窗保温性能这个具体的指标，如果这个指标在严寒地区绿色村镇住宅评价体系当中，其对于消费者（村镇居民）而言效用值肯定比较大，因此门窗保温性能这个指标对于消费者的效用值肯定要比政府和开发商大。如果用 5 分制来进行指标效用值的考量，即用 1~5 分来衡量指标对于参与人的效用取值，消费者对于门窗保温性能的效用值打分可能会达到 4 分或者 5 分，但是这个指标对于政府、开发商而言，显然效用值达不到 4 分，有可能效用值的得分为 2~3 分。

再如，第三套评价指标体系 T3 的经济性指标中，绿色住宅建设对经济的影响这个具体指标，消费者很显然认为这个指标在评价绿色村镇住宅中的作用没有门窗保温性能这个指标的作用大，因为从消费者的角度出发，其不会过多考虑绿色住宅对于整体经济形势的影响，但是这个指标对于政府而言，其效用值就会比较的大，因为政府更多的是从总体进行把控，政府更会关注于绿色住宅对于经济的推动，对于社会效益的增值等等，所以在效用值评分时，政府和消费者对于这个指标的效用值打分肯定是不同的。由上述分析可知，各个指标对于参与人的效用值都要站在相应参与人的角度进行考虑，而不是进行主观的评价，如果能对不同的参与人进行实地咨询和调查，这样得出的指标效用值更具权威性和说服力。

本例中的评价指标体系中的评价指标对于参与人的效用值就是通过实地调研取得的成果，针对政府、开发商和消费者等参与人，进行了大量的咨询调研，以保证数据的科学性。

在实地调研的问卷设计中，我们同样的采用 5 分制的设计原则，让不同的人员进行相应的评分。5 分制的设计原则为：具体指标对于被调查者而言效用值很大得 5 分，比较大得 4 分，一般得 3 分，比较小得 2 分，很小得 1 分。

在得出总体效用的确定需要的两个基本条件之后，我们就可求出不同的战略对于不同参与人的总体效用，加权和法公式如式（4-4）所示。

经过上述计算，得出了战略集中的所有战略即三套评价指标体系，对于不同参与人即政府、开发商和消费者的不同效用函数取值。我们通过这些效用函数取值的获得，构建出不同参与人相对于不同的战略（评价指标体系）的效用矩阵，如表 4-15 所示。

不同参与人相对于不同战略的效用矩阵 表 4-15

参与人	战略（评价指标体系）		
	T1	T2	T3
政府	3.3741	3.1563	3.6966
开发商	3.0123	3.0334	2.9500
消费者	3.2976	3.5745	2.9548

求解该博弈模型，借鉴博弈的基于剔除劣战略的整体效用占优方法，具体过程如下：

1）首先求出各方单方面的最优策略，通过表 4-11 所示的效用矩阵，可得 $S* = \{a_{13*}, a_{22*}, a_{32*}\}$，即政府选择 T3，开发商选择 T2，消费者选择 T2。

2）检查第一步得到的单方最优策略均衡 $S*$，不存在 $a_{j*} = a_{k*}$，即政府、开发商和消费者没有共同选择同一评价指标体系，转下一步。

3）构造一个新的评价指标体系的战略集 $M*$，可得 $M* = \{a_2*, a_3*\}$。

4）为了对劣战略进行筛选，确定参与人 i 的剔除相对标准值的初始值 $\beta_{i(0)}$。由公式（4-7）可求得：

$$\beta_{1(0)} = 1/2[3.6966 + 3.1563] = 3.4265$$

$$\beta_{2(0)} = 1/2[3.0334 + 2.9500] = 2.9917$$

$$\beta_{3(0)} = 1/2[3.5745 + 2.9548] = 3.2647$$

5）将参与人的劣战略进行剔除，剔除的相对标准为 $\beta_{i(0)}$，由公式（4-8）可得满足条件的 $a_k(w)$ 标准及 $M(w)$。

因为 $3.4265 < 3.6966$，$2.9917 < 3.0123$、3.0334，$3.2647 < 3.2976$、3.5745，即：

$$U_1(\beta_{1(0)}) \leqslant U_1(a_3), U_2(\beta_{2(0)}) \leqslant U_2(a_1), U_2(a_2), U_3(\beta_{3(0)}) \leqslant U_3(a_1),$$
$$U_3(a_2)。$$

可得 $M(1)$ 为空集。

6）由于 $M(1)$ 为空集。可分析得参与人 i 的剔除相对标准值的初始值 $\beta_{i(0)}$ 设置的偏大，导致将过多的体系剔除，出现 $M(1)$ 为空集的现象，应减小剔除标准。

根据剔除标准减小的公式（4-7）的要求，可得相应减小的剔除标准：

$$\beta_{1(1)} = 1/2[3.4265 + 3.1563] = 3.2914$$

$$\beta_{2(1)} = 1/2[2.9917 + 2.9500] = 2.9709$$

$$\beta_{3(1)} = 1/2[3.2647 + 2.9548] = 3.1098$$

7）对 β_i 的取值进行检查，检查其取值是否满足 $\beta_i \geqslant \delta_i$，根据公式（4-8）可求得 δ_i 的取值为：

$$\delta_1 = |\ 3.6966 - 3.1563\ | = 0.5403$$
$$\delta_2 = |\ 3.0334 - 2.9500\ | = 0.0834$$
$$\delta_3 = |\ 3.5745 - 2.9548\ | = 0.6197$$

由上步得到的 β_i 的取值，可得：$\beta_{1(1)} > \delta_1$，$\beta_{2(1)} > \delta_2$，$\beta_{3(1)} > \delta_3$，满足条件。

8）返回第 5 步，重新用新的剔除标准进行劣战略的剔除，由公式（4-8）可得满足条件的 $ak(w)$ 标准及 $M(w)$。

因为 $3.2914 < 3.3741$、3.6966，$2.9709 < 3.0123$、3.0334，$3.1098 < 3.2976$、3.5745，即：

$U_1(\beta_{1(1)}) \leqslant U_1(a_1)$、$U_1(a_3)$，$U_2(\beta_{2(0)}) \leqslant U_2(a_1)$、$U_2(a_2)$，$U_3(\beta_{3(0)}) \leqslant U_3(a_1)$、$U_3(a_2)$。

可得 $M\ (2) = \{a_1 *\}$。

9）重新返回第一步，求解新博弈的纳什均衡，因为 $M\ (2) = \{a_1 *\}$，所以大家最终共同选择这一评价指标体系。

最终经过运用基于剔除劣战略的整体效用占优的求解博弈方法，得到了对于政府、开发商和消费者总体来说最优的评价指标体系，即前面构建的严寒地区绿色村镇住宅评价指标体系 T1。

（4）结论

在所建立的模型中，政府的选择偏向于体系 T3，而开发商和消费者更倾向于体系 T2，但是综合考虑各方的利益后，T1 才是使综合利益最大化的评价指标体系。所以在研究问题以及制定相关标准时，要综合考虑各个参与方的利益，而不仅仅是站在某一方的角度来考虑问题。以总体利益最大化为出发点，充分考虑村民的偏好和意见，以博弈的思路来对严寒地区的绿色村镇住宅评价体系进行研究，所得出的评价体系相对而言也更加贴近实际。

另外，所采用的博弈分析方法为政府相关标准及政策法规的制定提供了很好的方法建议。在制定评价体系标准时，通过运用博弈的思想来解决问题，可以将广大群众的意见充分考虑在内，标准的制定不是从单一的某一主体出发，而是考虑大多数人的利益，这样制定出的标准及政策才能更适应于实际，更好地促进我国社会主义建设的和谐稳步发展。

综上可知，在提出严寒地区绿色村镇住宅建设评价指标体系后，通过系统分析严寒地区绿色村镇住宅评价指标体系的特点，构建完全信息静态博弈模型，并通过基于剔除劣战略的整体效用占优博弈方法，求解博弈模型，最终得出适合我国的严寒地区绿色村镇住宅评价体系。

最终博弈分析进行指标筛选后得出，第一套评价指标体系 T1 为满意选择。其准则层分别为：能源、水资源、室外环境、室内环境、材料资源五个方面；其指标层共含有 22 个指标，分别为建筑主体节能、围护结构热工性能、门窗保温性能、低能耗照明器具、可再生能源的利用、污水处理、节水设备和器具、绿化及景观用水、雨水回收与利用、住宅选址、建筑面积、公共服务设施和交通、绿化、垃圾处理、室内空气质量、室内冷热舒适度、室内照明及采光、隔声和减噪、住宅功能分区、环境友好型住宅材料、地方材料开发利用、旧建筑材料再利用。

4.3.4 基于相关性分析的指标筛选方法

4.3.4.1 相关性分析的思路

通过计算两个评价指标之间的相关系数，删除相关系数较大的评价指标，消除评价指标所反映的信息重复对评价结果的影响，简化指标体系。相关性分析筛选指标的好处是剔除信息重复的指标。

4.3.4.2 相关性分析的具体步骤

计算各个评价指标之间的相关系数。设：r_{ij} 为第 i 个指标和第 j 个指标的相关系数；Z_{ki} 为第 k 各评价对象第 i 个指标的值；$\overline{Z}_i$ 为第 i 个指标的平均值。根据相关系数计算公式，则 r_{ij} 为

$$r_{ij} = \frac{\sum_{k=1}^{n}(Z_{ki} - \overline{Z}_i)(Z_{kj} - \overline{Z}_j)}{\sqrt{\sum_{k=1}^{n}(Z_{ki} - \overline{Z}_i)^2(Z_{kj} - \overline{Z}_j)^2}}$$

规定一个临界值 M（$0<M<1$），如果 $r_{ij}>M$，则可以删除其中的一个评价指标；如果 $r_{ij}<M$，则同时保留两个评价指标。

通过相关性分析删除同一准则层内相关系数大的指标，保证筛选出的指标体系反映信息不重复。

4.3.5 基于关联性分析的指标筛选方法

4.3.5.1 关联性分析的思路

在评价指标体系的构建过程中需要对各初始指标进行关联性分析，以保证各评价指标之间具有较高的独立性，即完整的综合评价指标体系的构建应包括各项指标的数据采集、无量纲化和相应的信度及效度分析以及关联性分析。

通过计算两个评价指标之间的偏相关系数和变异系数,删除信息重复的指标。这既保证了筛选出的指标在同类指标中对评价结果影响最大,又避免了同一类指标的信息重复。通过变异系数分析保留分辨能力大的指标。这既浓缩了指标体系,又保留了分辨能力大的指标,确保了筛选出的指标体系既有代表性又有简洁性。

4.3.5.2 指标筛选的偏相关分析

通过偏相关分析删除信息重复的指标,其方法是:若两个指标的偏相关系数大于 90%,则说明两个指标的信息相近,只保留一个指标就能代表两个指标的信息。这既保证了指标之间的信息不重复,又提高了指标体系的简化性。

如果存在 k 个指标,那么指标 1 与指标 k 的 $k-1$ 阶偏相关系数计算公式为:

$$k_{li,l2\cdots(i-l)(i+l)\cdots k} = \frac{k_{li,l2\cdots(i-l)(i+l)\cdots k-l} - k_{lk,l2\cdots(k-l)}\, r_{ik,l2\cdots(i-l)(i+l)\cdots(k-l)}}{\sqrt{1-r_{lk,l2\cdots(k-l)}^2}\,\sqrt{1-r_{ik,l2\cdots(i-l)(i+l)\cdots(k-l)}^2}}$$

4.3.5.3 指标筛选的变异系数分析

通过变异系数分析保留分辨能力大的指标,其方法是:依据准则层内各指标变异系数的算术平均值来删除该层内小于平均值的变异系数对应指标。

这样做的好处是尽可能地简化指标体系,同时保留分辨能力大的指标,确保筛选出的指标体系既有代表性又有简洁性。

变异系数是衡量数据离散趋势的统计指标,第 j 个指标的变异系数的计算公式为:

$$v_j = \frac{s_j}{x_j} \times 100\%$$

式中,x_j 为样本均值;s_j 为样本标准差。

$$x_j = \frac{1}{n}\sum_{i=1}^{n} x_{ij}$$

$$s_j = \sqrt{\frac{1}{n-1}\sum_{i=1}^{n}(x_{ij}-x_j)^2}$$

4.4 最终构建的综合指标体系

了解研究的目的和意义、所实现的目标以及各指标的内涵,对统计而得的指标进行相应的删减和补充。同时,为使指标体系具有可操作性,还需进一步考虑区域的自然环境特点和社会经济发展状况,考虑指标数据的可得性,并征询相关专家意见,从而确立具体的指标体系,具体见表 4-16。

严寒地区绿色村镇建设综合评价指标体系 表 4-16

一级指标	二级指标	三级指标
（一）绿色村镇建设能力	1. 规划建设	（1）规划完备性 （2）控制性详细规划覆盖率 （3）绿色村镇专项规划合理性
	2. 组织管理	（4）管理机构健全性 （5）管理制度完善度
	3. 资金保障	（6）人均可支配财政收入水平 （7）人均年收入 （8）社会保障覆盖率 （9）建设资金来源稳定性 （10）人均 GDP
	4. 政策宣传	（11）上级政府支持度 （12）绿色村镇建设政策知晓度
	5. 技术应用	（13）绿色建设技术应用 （14）寒地建设技术应用
（二）资源利用	6. 水资源节约利用	（15）节水器具普及使用比例 （16）污废水再生利用率 （17）非居民用水定额计划用水管理
	7. 水资源安全利用	（18）饮用水达标率 （19）饮用水水源地水质达标率
	8. 建设材料利用	（20）地方材料利用率 （21）村镇建设工程节约材料率 （22）村镇建设 3R 材料使用
	9. 能源利用	（23）可再生能源利用度 （24）单位 GDP 能耗 （25）节能器具使用比例 （26）人均能耗 （27）清洁能源使用比重
	10. 建筑节能	（28）房屋保温节能措施率
	11. 建设用地集约度	（29）人均建设用地面积 （30）人均宅基地面积 （31）院落式行政办公区平均建筑密度 （32）人口 300 人或 50 户以下村庄比例 （33）集中居住居民人数占总居民数比例 （34）道路主干线红线宽度

续表

一级指标	二级指标	三级指标
（三）基础设施建设水平	12. 道路与交通	(35) 道路路网合理性 (36) 村庄道路硬化率 (37) 道路用地选址适宜性 (38) 道路交通设施完善度 (39) 居民出行公交设施 (40) 冬季道路人行路面防滑设施 (41) 交通安全管理
	13. 供水与排水	(42) 全年有效供水天数 (43) 自来水入户率 (44) 镇区污水管网覆盖率 (45) 生产污水达标排放率100% (46) 生活污水处理率
	14. 供电与通信	(47) 生活用电保证率 (48) 生产用电保证率 (49) 通信设施完备度
（四）房屋建筑与公共服务设施建设	15. 防灾设施	(50) 防灾设施 (51) 消防设施配置与消防组织 (52) 自然灾害应急系统 (53) 农田水利设施抗旱涝能力
	16. 房屋建筑	(54) 人均居住建筑面积 (55) 政府办公建筑人均建筑面积 (56) 村镇危房比例 (57) 房屋空置率
	17. 公共服务设施	(58) 教育设施满足度 (59) 医疗设施满足度 (60) 文体设施满足度 (61) 商贸设施满足度
（五）绿化与村容镇貌	18. 园林绿化	(62) 绿化覆盖率 (63) 人均公共绿地面积 (64) 道路绿化率 (65) 工业用地绿化率
	19. 村容镇貌	(66) 村容镇貌整洁度 (67) 村容镇貌满意度

一级指标	二级指标	三级指标
（六）环境保护与环境卫生	20. 空气环境质量	（68）年 AQI 小于或等于 100 的天数
		（69）废气治理率
	21. 声环境质量	（70）环境噪声平均值
	22. 地表水环境质量	（71）辖区水Ⅲ类及以上水体比例
	23. 垃圾处理	（72）垃圾收集率
		（73）垃圾无害化处理率
		（74）垃圾处理体系合理
		（75）垃圾容器设置
	24. 环境卫生	（76）环卫管理规范化
		（77）卫生厕所拥有率
		（78）冬季积雪清理及时性
（七）绿色产业发展	25. 绿色产业	（79）有机、绿色农业种植面积的比重
		（80）绿色低能耗产业占 GDP 比重
		（81）绿色产业规划与实施
	26. 绿色措施	（82）农用化肥施用强度
		（83）农药施工强度
		（84）农膜回收率
		（85）畜禽养殖场粪便综合利用率
		（86）秸秆综合利用率
（八）特色村镇建设	27. 特色风貌建设 28. 历史文化保护	（87）地域文化特色建设
		（88）自然环境特色建设
		（89）历史文化保护管理
		（90）历史文化名镇（村）保护

第 5 章

严寒地区绿色村镇评价指标的量化标准与方法

5.1 指标的类型分析与定量方法

5.1.1 评价指标的分类

对一个待评价对象的评价，首先要确定评价指标体系，构成评价指标体系的基本元素就是评价指标。在实际中，评价指标一般由评价指标名称和评价指标数值或指标评语两部分构成。

按照不同的角度，评价指标可进行如下分类：

(1) 按照评价目的、学科不同划分

可分为经济性指标、财务性指标、技术性指标、环境性及社会性指标等。

(2) 按照评价指标测度的属性不同划分

如果可用数值来描述评价指标，则该指标为定量化指标，如果需要用主观感受或程度形容词来描述，则该指标为定性指标。有时候某指标只能用次序描述，如在某个指标下的排序，通常也被看作是定性指标。

(3) 按照评价指标的动态性进行划分

从评价指标的动态性进行划分，评价指标可分为静态评价指标及动态评价指标。一般来说，静态指标是在某个时点得出的指标，它往往不考虑时间因素，数据获得简便，如某地区某年的人均 GDP 等；动态性指标反映某指标在时间上的时变特征，计算相对复杂，能够反应过去未来的变化，以及可能具有系统的时滞性，如财务评价的净现值（NPV）指标等。

(4) 按照评价指标的级别进行划分

通常在对某对象进行综合评价时，首先需要构建评价指标体系。按照各评价指标在评价体系所处级别不同，评价指标通常可分为一级指标、二级指标或三级指标等。

(5) 按照评价者对数值希望的角度划分

通常可分为正向指标、负向指标及适中性指标。主要针对定量化指标有些时候在一定范围，希望指标数值越大越好，这类指标被称为正向指标，如森林覆盖率、每年空气优良天数等；如希望指标数值越小越好，则这类指标被称为负向指标；对于某类指标，合理恰当是评价者最希望的，则被称之为适中性指标，如地区经济发展速度等。

5.1.2　评价指标的量化方法

对于数量化指标，可以直接结合其经济或物理意义，选择相应的数值进行描述。通常说的指标量化，往往指的是对于定性指标的量化。

对于定性指标，实际中往往用五标度的里克特（Likert）方法，即用 1～5 这五个整数进行量化。如考虑到村镇居民对村容镇貌的满意度，对于"不满意""一般""满意""很满意"及"非常满意"五个不同程度，就可以分别用 1、2、3、4、5 来表示。

对于次序指标，可以用反向函数表述。比如某考察样本集合在某项指标排序为 $\{1\sharp，2\sharp，3\sharp，4\sharp，5\sharp\}$，则可考虑用 score $= 6-k$（k 为某样本的排序号）来量化各样本在该指标下的分值。从而排序第一的获得 5 分，排序最后的获得 1 分。

对于描述相对清晰、了解充分的待评价对象，其定性化指标可以用经过权威认证或在一定范围内公认的对照表，进行量化。首先根据划分尺度，把定性指标分成若干级别，粗细标准则按照评价者把握程度进行。

如表 5-1 所示的关于政府相关决策评价的量化表。

决策建议有效性定量评价表　　　　　　表 5-1

维度	权重	D（远低于目标）			C（低于目标）			B（达到目标）			A（超过目标）		
		10分	20分	30分	40分	50分	60分	70分	80分	90分	100分	110分	120分
决策提供及时性	30%	决策提供非常不及时，没有在领导规定的时限内起到帮助作用，严重影响了领导的决策管理			决策提供时间较差，对领导的决策管理形成了一定的延误			决策提供比较及时，在领导规定的时限内进行了相关的决策支持服务			特殊情况下仍可及时提供相关决策服务		
决策提供科学性	30%	不准确，相关建议及意见对领导形成了误导			准确，大多数建议及意见可以作为下一步工作的基础			很准确，绝大多数意见及建议可以作为下一步工作的基础			非常准确，可以作为下一步工作的基础		
决策价值	40%	可用以做出经营决策的观点基本没有			可用以做出经营决策的观点数量较多			可用以做出经营决策的观点很多，能支持一些决策			可用以做出经营决策的观点很多，尤其能支持重要决策，具有极高的决策价值		

5.2 指标的标准化处理方法

多指标评价中，由于各个指标的单位不同、量纲不同、数量级不同，不便于分析，甚至会影响评价的结果。因此，为统一标准，首先要对所有评价指标进行标准化处理，以消除量纲，将其转化成无量纲、无数量级差别的标准分，然后再进行分析评价。

评价指标的标准化本质上是将不同量纲的指标或非定量化指标化为可以综合的无量纲的定量化指标。目前标准化处理的方法很多，依指标值与对指标值化为无量纲后的标准值的关系分为线性标准化和非线性标准化两种。线性标准化方法是假设指标值与标准值呈直线关系，即指标的相等变动，对应的标准值的变动也相等；非线性标准化方法是假设指标值与标准值的关系是非线性的，即指标值的变动对标准值的影响是不成比例的，指标标准化对不同属性的指标应区别对待，对于正性指标（如利润类）指标值越大应得到越大的标准值；而对于负性指标（如费用类），指标值越大对应的标准值越小。另外还有一类特殊属性的指标，我们称之为中性指标，这类指标不宜过大，也不宜过小，而是应达到适度值为最好，中性指标可以看成为正性指标和负性指标的组合，如果我们找到了适度点，则在适度点前后可分别转化为正性指标和负性指标。

拟选取某一村镇，假设确定了 22 个指标。对 22 个指标经查找分析后获得了 m 年的统计数据。则这 22 个指标，m 年的原始数据矩阵记做 R。

$$R = \begin{bmatrix} r_{11} & \cdots & r_{122} \\ \vdots & & \vdots \\ a_{m1} & & a_{m2} \end{bmatrix}$$

（1）指标的标准化处理

依据之前所述，指标量纲不同，需要进行标准化处理。在所选择的 22 指标中，负向指标包括：单位 GDP 能耗、噪声均值、农用化肥施用量、人均建设用地面积，剩下的为正向指标。两种类型指标分别采用以下方法进行无量纲化处理。

$$r_{j\min} = \min(r_{1j}, r_{2j} \cdots r_{mj})$$
$$r_{j\max} = \max(r_{1j}, r_{2j} \cdots r_{mj})$$

则正向指标的标准化方法采用下式计算：

$$S_{ij} = \frac{r_{ij} - r_{j\min}}{r_{j\max} - r_{j\min}}$$

负向指标的标准化方法采用下式计算：

$$S_{ij} = 1 - \frac{r_{ij} - r_{j\min}}{r_{j\max} - r_{j\min}}$$

通过以上方法求得标准化后的矩阵，记为

$$S = (S_{ij})m \times 22$$

（2）计算 ρ：$\rho = \dfrac{1}{m}\sum_{i=2}^{m}x'_1 \quad x'_1 = \sum_{j=1}^{15}s_{ij} \times w_j$

（3）确定理想最优向量 R_0。

记 $R_0 = (r_{01}, r_{02}, \cdots, r_{0j}, \cdots, r_{022})$。一般情况下，$r_{01}$（$j = 1, 2\cdots n$）为第 j 个指标在 m 年中的最优值，通过步骤（1）已将指标数值全部转化为正向指标，因此理想的最优向量 r_{0j} 即为指标 j 在 m 年中的最大值。本文在对绿色村镇进行评价时，指标理想值已事先确定好，如表 4-12 所示。

（4）计算关联系数矩阵。记 $s_i = (s_{j1}, s_{j2}\cdots s_{j22})$。将 $s_0 = (1, 1, \cdots, 1)$ 作为参考数列，作为新的矩阵。即：

$$s = \begin{bmatrix} 1 & 1 & \cdots & 1 \\ s_{11} & s_{12} & \cdots & s_{122} \\ \vdots & & \vdots & \\ s_{m1} & s_{m2} & \cdots & s_{m22} \end{bmatrix}$$

计算 s_j 的第 j 个指标与 s_0 的第 j 个指标的关联系数，即：

$$\beta_i(j) = \frac{\rho \min_i\min_j | s_{0i} - s_{ij} | + \rho \max_i \max_j | s_{0j} - s_{ij} |}{| s_{0j} - s_{ij} + \rho \max_i \max_j | s_{0j} - s_{ij} |}$$

通过以上计算得到关联系数 β，即：

$$\beta = \begin{bmatrix} \beta_1(1) & \beta_1(2) & \cdots & \beta_1(22) \\ \beta_2(1) & \beta_2(2) & \cdots & \beta_2(22) \\ \vdots & \vdots & & \vdots \\ \beta_m(1) & \beta_m(2) & \cdots & \beta_m(22) \end{bmatrix}$$

（5）计算综合评价结果。将确定的指标权重和计算结果加权，得到最终结果：$x = \beta * w$。式中 W 为指标权重值，$X = (x_i)_m \times 1$ 为评价对象相对于理想对象的关联度。x_i 的值越大，表明第 i 年的值越接近理想值，也即第 i 年村镇建设的效果更接近绿色村镇标准。同时对这 m 年的评价结果进行排序也可观察出村镇这 m 年来绿色村镇建设情况的动态变化。

指标标准化处理非常重要。利用不同的指标标准化方法对相同待评价对象数据进行标准化处理后到的标准化数据不同，据此计算的评价结论也不一样。因此，如果采用不恰当的指标标准化方法进行化处理，可能将得到不正确的评价结论。

5.3 综合评价指标体系各指标的确定

5.3.1 严寒地区绿色村镇建设综合评价指标

根据本书第 4 章所建立的我国严寒地区绿色村镇建设综合评价指标体系。综合评价指标应包括绿色村镇建设能力、资源利用、基础设施建设水平、房屋建筑与公共服务设施建设、绿化与村容镇貌、环境保护与环境卫生、绿色产业发展、特色村镇建设八个方面的内容。绿色村镇建设综合评价的特点决定构建的指标体系无法完全量化，故本文对无法量化的指标提出各项指标评价标准，以进一步增加专家评价的可靠性，对可量化的指标根据相应量化理论提出量化计算的方法。

5.3.1.1 绿色村镇建设能力评价指标

严寒地区绿色村镇的水平与许多因素有关，例如，是否有统一规划，规划是否合理，是否反映绿色村镇建设的要求，是否有切实的组织管理来保证，是否有足够的资金支持绿色村镇建设活动，政府工作人员与村镇居民是否有绿色环保意识，是否支持和积极参与绿色村镇的相关活动，政府是否有相关的政策、金融等相关支持，是否有适宜村镇建设的相关绿色设计、绿色施工、节能环保且低成本的技术，是否有适合严寒地区气候条件的相关技术，技术的推广情况等。因此，绿色村镇的评价首先应当对其建设能力进行评价。具体归纳起来，绿色村镇建设能力评价指标可以归纳为规划建设、组织管理、资金保障、政策宣传、技术应用等 5 个方面的指标来进行评价。

（1）规划建设

切实可行的规划与计划是达成绿色村镇目标的第一步。规划建设方面的指标具体可以分解为规划完备性、控制性详细规划覆盖率、绿色村镇建设方案合理性三个指标。

规划完备性，村镇有批准的规划，规划合理，满足严寒地区相关标准要求，且在实施有效期内，按规划实施情况好。通过查阅资料，根据村镇有批准的规划，规划合理，满足严寒地区相关标准要求，且在实施有效期内，并严格按规划实施几个方面进行评价。由于这个指标是一个定性的指标，因此，可以由专家打分的方式确定。

控制性详细规划覆盖率，指编制控制性详细规划的范围占总规划区的比例。根据查阅资料，确定指标值的方式确定。

绿色村镇建设方案合理性，指是否编制有绿色重点村镇建设整体实施方案，方案是否具有切实可行、针对性和明确的实施时间控制节点。这个指标是具体反映绿色村镇是否有计划、有步骤、有控制地进行的一个具体的指标。这个指标同样是一个定性的指标。因此，也只能通过专家打分的方式来进行。通过查阅资料，由专家对村镇编制的绿色重点村镇建设整体实施方案进行分析，要求根据方案可行性、针对性，是否有明确的实施时间控制节点和控制措施，同时结合当地政府所提供的实际落实情况综合进行评分。

（2）组织管理

组织管理是绿色村镇建设进行落实的组织保障。组织管理可以分为管理机构健全性、管理制度完善度两个指标。

管理机构健全性，指村镇需设立建设管理办公室、站（所），并配备专职村镇建设管理人员（或者在现有管理机构内设置专门负责绿色村镇建设的人员）。由于这个指标是一个定性的指标，无法用具体的人数来反映组织管理方面是否分工合理，是否专人负责，责权分配是否合理，是否满足当地绿色村镇建设的组织管理需求，因此，也只能用专家评定的方法来进行。具体可以根据镇：设专门的村镇建设管理机构，且配备专职建设管理人员；村：在现有村管理机构中设置有专门负责村镇建设的人员几个方面，由专家视情况打分。

管理制度完善度，指制订村镇建设管理办法，且村建档案、物业管理、环境卫生、绿化美化、镇容秩序、道路管理、防灾等管理制度健全。这个指标也是一个定性的指标，不仅要看有没有制度，还要看制度是否合理，因此，这个指标也应由专家通过现场查阅资料视制度健全且合理情况打分。

（3）资金保障

村镇建设活动必须依靠资金来支持，然而，绿色村镇建设是没有专项资金的。因此，资金保障的指标只能依靠相关的一些指标间接来进行反映。根据第4章的指标筛选分析，这个指标可以包括人均可支配财政收入水平、人均年收入、社会保障覆盖率、建设资金来源稳定性、人均 GDP 五个指标。

人均可支配财政收入水平，指财政收入表现为政府部门在一定时期内（一般为一个财政年度）所取得的货币收入，是衡量政府财力的重要指标。可支配财政收入是地方财政收入中提出专项支出后可以统筹安排的财力，来源有上级一般转移支付收入和地方本级的税收收入及"收支脱钩"后的罚没收入和行政事业性收入。该指标表示绿色村镇建设的经济保障能力，人均可支配财政收入越高，绿色村镇建设的经济保障能力越强。与所在省（市）人均可支配财政收入平均值比较计算得分。

人均年收入，指村镇常住居民家庭总收入中，扣除从事生产和非生产经营费用支出、缴纳税款、上交承包集体任务金额以后剩余的，可直接用于进行生产性、非生产性建设投资、生活消费和积蓄的那一部分收入。居民人均年收入＝居民家庭年纯收入÷居民家庭常住人口数。

其中，居民家庭纯收入＝家庭经营收入×0.55＋工资性收入＋财产性收入＋转移性收入。

家庭经营收入：指住户以家庭为生产经营单位进行生产筹划和管理而获得的收入。

工资性收入包括：劳务收入和其他工资性收入。

财产性收入包括：租金、土地征用补偿收入、转让承包土地经营权收入。

其他财产性收入包括：利息、股息和红利、储蓄性保险投资收入等。

转移性收入包括：救灾款、报销医疗费以及良种、生猪、农机、家电等各种补贴、领取农村低保金、灾区农户建房补贴、其他转移性收入（如养老金、亲友支付赡养费、救济金、抚恤金、退税、无偿扶贫或扶持款、保险等各种赔款、一次性工伤补贴、助学金等）。

此指标主要反映居民收入状况，数据来源于县统计部门。

社会保障覆盖率，指参加社会保障的人数占村镇的总人数的比例，按参加养老保险参保率和医疗保险参保率的平均值计算。

建设资金来源稳定性，指村镇每年都有相应的绿色村镇建设的资金投入，资金满足村镇建设的资金需求。建设资金来源包括：省市镇政府投资、社会资金投入、帮扶资金等。这个指标虽然是可以有具体的资金数据，但是从稳定性的分析上，却不能单纯看数据，还要结合建设计划等综合分析，因此也将其视为定性指标，根据前三年每年投入情况由专家打分。

人均GDP，该指标计算是以年村镇的国民生产总值除以该地区的户籍人口总数。通过与所在省（市）农村或城镇人均GDP平均值进行比较进行打分。

（4）政策与宣传

绿色村镇的建设需要政府和村镇居民具有绿色村镇的意识，同时有政府相关政策等的支持，有村镇居民的广泛参与才行，这方面的指标可以分为上级政府支持度、绿色村镇建设政策知晓度两个指标。

上级政府支持度，主要是指上级政府对绿色村镇建设在政策、资金及辅助措施、推进政策等方面的支持程度。相关政策、文件，包括税收、扶持、专项资金补贴等方面（上级政府包括：国家、省、市、县），通过查阅相关资料，由专家打分。

绿色村镇建设政策知晓度，指村镇对绿色村镇建设政策通过宣传材料、广播、培训等形式，宣传绿色村镇建设政策和相关知识，使村镇居民广泛了解绿色村镇建设的政策及相关知识，便于绿色村镇建设的开展。通过调查问卷，计算居民知晓绿色村镇建设政策的人数所占比率计算得分。

（5）技术应用

技术应用主要包括绿色建设技术应用、寒地建设技术应用两个指标。

绿色建设技术应用，指村镇对绿色建筑技术有计划地进行宣传、推广，在公共建筑和集中式的居住建筑中采取相应措施进行推广应用。该指标反映村镇对绿色建筑技术推广应用情况。通过查阅资料和实地查验，由专家视推广管理与推广效果情况进行打分。

寒地建设技术应用，指村镇对寒地建筑技术有计划地进行宣传、推广，在公共建筑和集中式的居住建筑中采取相应措施进行推广应用。该指标反映村镇对寒地建筑技术推广应用情况。通过查阅资料和实地查验，由专家视推广管理与推广效果情况进行打分。

5.3.1.2 资源利用评价指标

资源利用主要从水资源节约利用、水资源安全利用、建设材料利用、能源利用、建筑节能、建设用地集约度等6个方面进行评价。

（1）水资源节约利用

节水是绿色村镇建设的重要要求。水资源节约利用方面包括节水器具普及使用比例、污废水再生利用率、非居民用水定额计划用水管理三个指标。

节水器具普及使用比例，指节水型器具数量占全部用水器具的比例。村镇公共场所用水必须使用节水器具，村镇家庭应当使用采取节水措施的用水器具。节水器具包括厨房节水器、节水水龙头、节水淋浴器、节水阀门、节水的饮水机等或经专家认定的节水器具。该指标反映节水器具的推广使用情况，节水器具使用率越高，表示节水意识越强。根据使用节水器具的用户数占全村镇户数的比率计算。即：

节水器具普及使用比例＝使用节水器具的用户数/全村总户数×100％

污废水再生利用率，指污水、废水再生利用量与污水、废水排放总量的比率。即：

污水、废水再生利用率＝污水、废水再生利用量÷污水、废水排放总量×100％

该指标反映污水、废水再生利用效果，污水、废水再生利用率越高表示水资源节约利用效果越好。

非居民用水定额计划用水管理，指有当地主要工业行业和公共用水定额标准，非居民用水全面实行定额计划用水管理。这个指标可视为一种定性指标，具体可根据当地是否有相关的计划用水管理政策和措施，实际执行情况，由专家根据当地政府相关部门所提供的信息进行评分。

（2）水资源安全利用

水资源安全利用包括饮用水达标率、饮用水水源地水质达标率两个指标。

饮用水达标率，指村镇居民生活饮用水水质符合国家《生活饮用水卫生标准》的比率，即：

饮用水卫生达标率＝达到合格饮用水户数/村镇总户数×100%

其中村镇总户数包括外来居住或临时居住的户数。

饮用水水源地水质达标率，该指标是指村镇饮用水源达到国家、地区相关标准的比例。即：

饮用水水源水质达标率＝达到国家和地方水源水质标准的水源数量÷水源总数量×100%

（3）建设材料利用

建设材料利用是反映绿色村镇建设节材方面要求的指标。建设材料的利用包括地方材料利用、村镇建设工程节约材料率、村镇建设 3R 材料使用三个指标。

地方材料利用，指村镇建设中地方材料（主要包括由当地生产供应的砂、石、水泥等主要材料）的量占总使用量的比例，为一个估算数。由专家根据地方材料利用情况打分。

村镇建设工程节约材料率，指村镇公共建设工程中，采取各种节材措施使材料节约的比率。由专家根据建设部门提供的数据，根据节约材料数量和节约措施合理性进行打分。

村镇建设 3R 材料使用，指衡量村镇建设中使用可重复利用材料、可循环利用材料和再生材料（3R 材料）的使用情况。由专家根据有无及使用效果情况来衡量打分。

（4）能源利用

能源利用是反映绿色村镇建设节能方面要求的指标。能源利用包括可再生能源利用率、单位 GDP 能耗、节能器具使用率、人均能耗、清洁能源使用比重五个指标。

可再生能源利用率，指村镇使用太阳能、地热、风能、生物质能（包括沼气）等可再生能源的户数占村镇总户数的比例。

单位 GDP 能耗，指村镇每万元国民生产总值所消耗的能源数量，是反映村镇能源利用效率的基本指标。根据村镇单位 GDP 能耗与所在省（市）村镇平均值比较确定。

节能器具使用率，指节能器具使用户数与总户数的比率。该指标反映节能器具的推广使用情况，节能器具使用率越高，表示节能意识越强。通过与标准值比较打分确定。

人均能耗，指每人所消耗的能源数量。根据县级以上统计部门年报数据，通过村镇人均能耗与所在省市所辖村镇平均值比较确定分值。

清洁能源使用比重，指村镇居民使用清洁能源的户数在总户数中所占的比例。清洁能源指消耗后不产生或很少产生污染物的可再生能源（包括水能、太阳能、沼气等生物质能)、低污染的化石能源(如天然气),以及采用清洁能源技术处理后的化石能源(如清洁煤、清洁油)。该指标反映清洁能源的推广使用情况。根据村镇内使用清洁能源的户数占村镇总户数的比率与标准值相比进行打分。

(5)建筑节能

村镇建设中建筑耗能是能源消耗的重要方面。因此,节能必须衡量建筑节能的情况。这个指标主要通过房屋保温节能措施率这个指标来反映建筑节能情况。

房屋保温节能措施率,指村镇采用保温节能措施的房屋数量占房屋总数量的比率。采用保温节能措施是指采用了节能技术、新建建筑执行国家节能标准,既有建筑有节能改造计划并实施。根据采用保温节能措施的房屋数量占房屋总数量的比率与标准值比较确定。

(6)建设用地集约度

建设用地集约度是反映绿色村镇建设节地方面要求的指标。这个指标包括人均建设用地面积、人均宅基地面积、院落式行政办公区平均建筑密度、人口 300 人或50 户以下村庄比例、集中居住居民人数占总居民数比例、道路主干线红线宽度六个指标。

人均建设用地面积,指村镇常住人口所拥有的村镇建设用地面积。该指标过大,表示土地的浪费,过小,不能满足生产、生活需求,应控制在规划标准之内。通过与规划标准比较确定分值。

人均宅基地面积,本指标反映了农村住宅建设用地的状况。宅基地是村镇的居民用作住宅基地而占有、利用本集体所有的土地。包括建了房屋、建过房屋或者决定用于建造房屋的土地,建了房屋的土地、建过房屋但已无上盖物或不能居住的土地以及准备建房用的规划地三种类型。通过与规划标准比较确定分值。

院落式行政办公区平均建筑密度,指镇政府采用院落式行政办公区的,控制其平均建筑密度。该指标反映行政办公用地范围内的空地率和建筑密集程度。根据集中建设的围合式行政办公区用地范围内所有建筑的基底总面积(万平方米)占规划建设用地总面积的比例计算,通过与院落式行政办公区平均建筑密度规划标准值比较确定分值。

人口 300 人或 50 户以下村庄比例,指人口 300 人或 50 户以下村庄个数占村庄总数的比例。比例越低分数越高。

集中居住居民人数占总居民数比例,指村镇居住在住宅小区或集合式住宅的居民人数占村镇总人数的比例。该指标反映居住用地的集约利用程度,比例越高,表示土地集约利用度越高,土地节约效果越好。

道路主干线红线宽度,指村镇主要干道的红线宽度,包括道路绿化带。根据《关于清理和控制城市建设中脱离实际的宽马路、大广场建设的通知》(建规〔2004〕29 号):城市主要干道包括绿化带的红线宽度,小城市和镇不得超过 40m。

城镇道路交通建设应注重合理规划路网布局，加大路网密度，改善交通组织管理。通过专家现场查看，根据实际情况评判。

5.3.1.3 基础设施建设水平

基础设施建设水平主要从道路与交通、供水与排水、供电与通信、防灾设施四个方面评价。

（1）道路与交通

道路与交通方面的指标主要包括道路路网合理性、村庄道路硬化率、道路用地选址适宜性、道路交通设施完善度、居民出行公交设施、冬季道路人行路面防滑设施、交通安全管理七个指标。

道路路网合理性，镇建成区道路网密集程度通常用道路网密度来衡量，即镇建成区某一地区内平均每平方公里建设用地上拥有的道路长度。密度适宜，并且建成区主次干路间距合理。按《村庄整治技术规范》GB 50445 的要求，通村及村内路网布局合理，主次分明，传统巷道保护良好。该指标反映绿色镇的道路路网的合理性程度。这个指标为定性指标，需要由专家根据参评村镇所提供的路网资料进行评定。

村庄道路硬化率，指村庄内道路路面中已硬化面积与总面积之比。硬化路面就是在已经形成的道路路面上面覆盖硬化层，如沥青、混凝土、石板路、砂石路面等。本指标反映村庄内道路建设状况。根据住建部门认证数值计算。

道路用地选址适宜性，指道路用地选址不破坏当地文物、自然水系、湿地和其他保护区，无洪涝灾害、泥石流的威胁。根据农村公路标准，尽量避免穿越滑坡、泥石流、软土、沼泽等地质不良地段和沙漠、多年冻土等特殊地区。此指标为定性指标，需要根据村镇道路用地的实际情况由专家查阅资料与现场评判确定。

道路交通设施完善度，道路交通设施包括道路路面设施、照明设施、交通安全设施等。道路设施完善，路面及照明设施完好，雨箅、井盖等设施建设维护完好。各种交通警示、设施、标志规范，管理有序。该指标考察村镇道路交通设施完善程度，为定性指标，由专家查阅资料与现场评判确定。

居民出行公交设施，指居民出行有公共交通设施，有公交车站，站点设置合理。该指标反映居民出行的便捷程度。由专家查阅资料与现场评判确定。

冬季道路人行路面防滑设施，指严寒地区为保证冬季人们出行安全，人行路面应设置有防滑功能的地砖、步道板等。两旁人行道防滑地砖和步道板的主要街道长度占主要街道总长度的比例，此指标为估算值。由专家根据情况评分。

交通安全管理，指为保证交通安全，道路交通管理符合规范，各种交通警示、设施、标志规范，管理有序。由专家根据各种交通警示标志规范；在长下坡危险路段和支路口，加设减速设施；在学校、医院等人群集散地路段，加设警告、禁令标志以及减速设施。道路交通要道边等地安装社会治安动态视频监控系统的具体情况打分。

（2）供水与排水

供水与排水方面的指标包括全年有效供水天数、自来水入户率、镇区污水管网覆盖率、生产污水达标排放率、生活污水处理率五个指标。

全年有效供水天数，指供水充分满足预期供水量计划的程度。全年范围内，扣除因雷雨、降雪、天气温度过低及供水设备的损坏或者其他原因造成的无法正常供水的天数。供水部门是否有防冻措施，设备检修及其他保证正常有效供水的措施等。按全年有效供水天数与标准值比较打分确定。

自来水入户率，指村镇中使用自来水的户数占总户数的比例。本指标中入户自来水应满足《生活饮用水卫生标准》。反映基础设施的供应水平，影响居民的生活质量。本指标反映满足寒地村镇的供水基础设施的建设情况。根据供水部门提供的资料确定计算。

镇区污水管网覆盖率，指实际管网的纳污范围占规划的污水管网服务范围的环境保护部门的监测数据比率。规划服务范围查询污水系统专项规划，对于实际管网的纳污范围只能根据现有的管网在地图上计算纳污范围。该指标反映镇建成区污水排放情况。根据专项规划对照现状地图进行核算，与标准值比较确定。

生产污水达标排放率，指村镇内企业生产污水排放能够达到《城镇污水处理厂污染物排放标准》GB 18918 标准相应等级的污水量占总污水量的比率。该指标反映生产污水处理情况，生产污水达标排放率越高表示生产污水处理得越好，对环境污染越小，环境保护做得越好。根据环境保护部门的监测数据，现场查验后与标准值比较确定。

生活污水处理率，指村镇生活污水经过氧化塘、氧化沟、净化沼气池等处理的生活污水量占生活污水排放总量的比率。该指标反映生活污水处理情况，生活污水处理率越高表示生活污水处理得越好，对环境污染越小，环境保护做得越好。由专家通过查阅资料与现场查验确定分值。

（3）供电与通信

供电与通信方面的指标包括生活用电保证率、生产用电保证率、通信设施完备度三个指标。

生活用电保证率，指供电部门对村镇居民正常生产生活供电需求的满足程度。是否有生活限电政策。根据供电设施、限电措施、供电时间等综合评分。

生产用电保证率，供电部门对村镇生产单位正常生产、生活用电的保证水平。是否有生产限电政策。根据供电设施、限电措施、供电时间等综合评分。

通信设施完备度，指通信机房、基站、管线等通信基础设施符合国家相关标准。由专家根据村镇相关建设情况确定分值。

（4）防灾设施

防灾设施包括防洪设施、消防设施配置与消防组织、自然灾害应急系统、农田水利设施抗旱涝能力四个指标。

防洪设施，指建设的防洪工程达到相应设防标准，并能自身安全运行，保养维护状态良好。防洪设施包括防洪堤坝、小型水库和塘坝等。该指标反映防洪设施的建设和管理水平。由专家根据村镇相关建设情况确定分值。

消防设施配置与消防组织，指消防设施设置符合国家规范、标准要求，设置消防安全标志，并定期组织检验、维修，确保消防设施和器材完好、有效。该指标反映消防设施配置水平和消防组织管理水平。专家根据村镇实际情况确定分值。

自然灾害应急系统，有完善的自然灾害（包括地震、洪水、泥石流、雷击、冻害等）救助应急预案，预案响应机制健全。该指标反映自然灾害发生时的应急管理水平。由专家根据应急预案文件完成情况确定分值。

农田水利设施抗旱涝能力，指村镇区建设的各种水利设施能够满足村镇农田抗旱涝的需要。由专家根据当地农田水利设施实际建设情况确定分值。

5.3.1.4 房屋建筑与公共服务设施建设

房屋建筑与公共服务设施建设主要从房屋建筑、公共服务设施两个方面评价。

（1）房屋建筑

房屋建筑方面的指标包括人均居住建筑面积、政府办公建筑人均建筑面积、村镇危房比例、房屋闲置率四个指标。

人均居住建筑面积，指按居住人口计算的平均每人拥有的住宅建筑面积。本指标反映村镇居民生活水平和村镇居民住房情况。本指标在评价时要考虑当地村镇住房建设最低要求，同时综合考虑居民生活意愿及土地的节约利用。根据与标准值比较确定分值。

政府办公建筑人均建筑面积，指村镇集中建设的党政综合行政办公设施及其附属设施的总建筑面积与相应单位编制人员的比率。本指标主要考虑作为绿色村镇，其集中建设的党政综合行政办公设施应符合村镇规划的要求，特别要符合国家有关节约用地的相关规定；建设水平应与当地的经济发展水平相适应，做到实事求是、因地制宜、功能适用、简朴庄重，坚决避免"超标豪华办公楼"。根据国家相关规定确定分值。

村镇危房比例，指村镇中结构已严重损坏或承重构件已属危险构件，随时有倒塌可能，丧失结构稳定和承载能力，不能保证居住和使用安全的房屋的比例。本指标反映村镇贫困居民住房情况。根据当地住建部门提供数据，危房比例越低越好。

房屋闲置率，指农村村庄内近两年内无人居住的房屋占的比例。本指标通过闲置宅基地面积占村宅基地面积的比例计算。通过与标准值比较确定分值。

（2）公共服务设施

公共服务设施包括教育设施满足度、医疗设施满足度、文体设施满足度、商贸设施满足度四个指标。

教育设施满足度，指村镇适龄儿童少年能就近上学，且能得到优质教育资源。本条中建成区中小学建设规模和标准应达到《农村普通中小学校建设标准》要求，并满足当地县级人民政府制定的农村义务教育学校布局专项规划。本指标反映教育设施是否满足当地适龄儿童少年需要。根据查阅资料和现场查验，由专家根据情况打分。

医疗设施满足度，指政府举办的纳入财政预算管理的乡镇医院，其建设规模和标准达到《乡镇卫生院建设标准》（建标〔2008〕142 号）要求。乡（镇）卫生院住院床位数根据当地实际情况确定。乡（镇）卫生院服务人口，一般卫生院按本乡（镇）常住人口计算。中心卫生院除计算所在乡（镇）常住人口外，另加上级卫生主管部门划定的辐射乡（镇）的半数人口。该指标反映绿色村镇的医疗设施建设及满足要求情况。根据查阅资料和现场查验，由专家根据情况打分。

文体设施满足度，文体设施分为室内文体设施与室外文体设施，室内文体设施满足度指由村镇政府举办或者社会力量举办的，向公众开放用于开展文化体育活动的建筑物、场地和设备，开展室内文体活动。包括：文化站、图书室、室内体育活动场所、老年人活动场所、影像放映场所等。该指标反映严寒地区居民冬季室内文体活动的设施建设及满足要求情况。室外文体设施满足度指由镇政府举办或者社会力量举办的，向公众开放用于开展文化体育活动的建筑物、场地和设备，开展室外文体活动。包括：公众活动广场、室外健身器材、室外体育场（所）。该指标反映绿色村镇的室外文体设施建设及满足要求情况。根据查阅资料和现场查验，由专家根据情况打分。

商贸设施满足度，指镇建成区商店、商贸市场等满足居民生活需求的程度。该指标反映绿色村镇的商贸设施建设及满足要求情况。根据查阅资料和现场查验，由专家根据情况打分。

5.3.1.5　绿化与村容镇貌

绿化与村容镇貌从园林绿化、村容镇貌两个方面评价。

（1）园林绿化

园林绿化方面包括绿化覆盖率、人均公共绿地面积、道路绿化率、工业用地绿化率四个指标。

绿化覆盖率，指村镇绿化覆盖面积占村镇总面积的比例，绿化覆盖面积指村镇内乔木、灌木、草坪等所覆植被的垂直投影面积。包括公共绿地、居住区绿地、单位附属绿地、防护绿地、生产绿地、道路绿地、风景林地的绿化种植覆盖面积、屋顶绿化覆盖面积以及零散的覆盖面积。乔木树冠下重叠的灌木和草本植物不能重复计算。水面面积较大时，可不计算总面积。本指标反映村镇内绿化情况。根据林业部门提供数据，与标准值比较确定分值。

人均公共绿地面积，指村镇各类公共绿地的总面积与村镇常住人口的比值。公共绿地是指村镇常年对公众开放的绿化（包括园林），企事业单位内部的绿地除外。该指标反映公共绿地绿化建设水平。按村镇公共绿地面积与村镇常住人口比值计算。

道路绿化率，道路绿化是指在道路两旁及分割带内栽种树木、花草、行道树等。道路绿化率指村镇主要街道两旁栽种植物、花草、行道树的长度除以村镇主要街道道路总长度。该指标反映道路绿化建设水平。按村镇两旁栽种植物、花草、行道树的主要街道长度占道路总长度比例计算。

工业用地绿化率，指工业用地范围内绿化用地占总用地面积的比例（%）。它是反映工业用地集约程度的重要指标。按查阅资料和现场查验，与标准值比较确定分值。

（2）村容镇貌

村容镇貌情况包括村容镇貌整洁度、村容镇貌满意度两个指标。

村容镇貌整洁度，指村镇居住区域和街道无私搭乱建现象；无垃圾乱堆乱放现象，无乱泼、乱贴、乱画等行为；无直接向江河湖泊排污现象；商业店铺无违规设摊、占道经营现象；灯箱、广告、招牌、霓虹灯、门楼装潢、门面装饰等设置符合建设管理要求；建成区交通安全管理有序，车辆停靠管理规范。该指标反映村容镇貌建设和管理水平，村容镇貌整洁度越高，表示村容镇貌建设和管理的越好。由专家现场查验打分。整洁度越高评分越高。

村容镇貌满意度，指居民对村容镇貌的满意程度。通过问卷调查确定分值。

5.3.1.6 环境保护与环境卫生

环境保护与环境卫生从空气环境质量、声环境质量、地表水环境质量、垃圾处理、环境卫生五个方面评价。

（1）空气环境质量

空气环境质量包括年 API 小于或等于 100 的天数、废气处理率两个指标。

年 API 小于或等于 100 的天数，本指标反映当地空气质量。空气污染指数（Air Pollution Index，简称 API）就是将常规监测的几种空气污染物浓度简化成为单一的概念性指数值形式，并分级表征空气污染程度和空气质量状况，适合于表示村镇的短期空气质量状况和变化趋势。空气污染的污染物有：烟尘、总悬浮颗粒物、可吸入悬浮颗粒物（浮尘）、二氧化氮、二氧化硫、一氧化碳、臭氧、挥发性有机化合物等等。API100 点对应的污染物浓度为国家空气质量日均值二级标准。《环境空气质量标准》GB 3095—2012 规定村镇地区满足二级标准。根据环境保护部门提供的数据与标准值比较确定分值。

废气处理率,指有工业生产的村镇范围内的工业企业,在燃料燃烧和生产工艺过程中达到排放标准的工业烟尘、工业粉尘和工业二氧化硫排放量分别占其排放总量的百分比。无工业生产企业的村镇无此项要求。根据环境保护部门提供的标准确定分值。

(2)声环境质量

声环境质量通过环境噪声平均值这一指标评价。

村镇区域按规划的功能区要求达到相应的国家声环境质量标准。根据环境保护部门数据,应达到国家相关标准规定。

(3)地表水环境质量

地表水环境质量通过辖区水Ⅲ类及以上水体比例这一指标评价。

辖区水Ⅲ类及以上水体比例,指辖区地表水环境质量达到相应功能水体要求,全域内跨界断面出境水质达到国家Ⅲ类及以上水体比例。Ⅲ类及以上水体评价标准按《地表水环境质量标准》GB 3838—2002 要求。根据环境保护部门数据,通过与标准值比较确定。

(4)垃圾处理

垃圾处理包括垃圾收集率、垃圾无害化处理率、垃圾处理体系合理、垃圾容器设置四个指标。

垃圾收集率,指村镇垃圾收集的数量占总垃圾的比例。该指标反映垃圾收集情况,垃圾收集率越高,表示环境卫生做得越好。根据环卫部门数据,通过与标准值比较确定分值。

垃圾无害化处理率,指村镇生活垃圾无害化处理的垃圾数量占生活垃圾产生总量的百分比。无害化处理是指生活垃圾卫生填埋、垃圾无害化生物分解、垃圾堆肥等。该指标反映垃圾无害化处理情况,垃圾无害化处理率越高,表示环境卫生做得越好。通过与标准值比较确定分值。

垃圾处理体系合理,村镇生活垃圾处理体系指的是村镇对生活垃圾的投放、收集、运输、处置等的相关的管理。体系合理,有健全的运行机制,可操作性强,落实情况良好。由专家根据实际情况确定分值。

垃圾容器设置,该指标考核垃圾容器设置的数量、位置、标识等。要求数量适宜、位置合适、标识清晰。数量适宜指应根据垃圾量大小和场地面积确定适宜的数量;位置合适指应设置在垃圾产生集中和易于投放之处。标识清晰指应便于人们识别,字迹清楚,色彩鲜明。该指标反映垃圾容器设置水平。由专家根据实际情况确定分值。

（5）环境卫生

环境卫生方面的指标包括环卫管理规范化、卫生厕所普及率、冬季积雪清理及时性三个指标。

环卫管理规范化，指村镇环卫工作制定了相应的管理规范，并配置专业环卫工人。该指标反映环境卫生管理水平。该类指标反映绿色村镇的环境卫生情况。由专家根据实际情况确定分值。

卫生厕所普及率，指村镇内使用达到《农村户厕卫生标准》GB 19379—2012的"卫生厕所"的户数占总户数的比例。该指标反映卫生厕所的普及推广情况，卫生厕所普及率越高，表示环境卫生做得越好。根据使用卫生厕所的户数占村镇总户数的比例计算。通过与标准值比较确定分值。

冬季积雪清理及时性，指在严寒地区为保证冬季交通安全，对村镇的主干道路和公共场所的冰雪应用有专人负责，设有相关清理冰雪的制度并能有效实施。该指标反映严寒地区冬季道路交通安全情况。由专家视情况评定。

5.3.1.7 绿色产业发展

绿色产业发展从绿色产业、绿色生产措施两方面评价。

（1）绿色产业

绿色产业方面包括有机、绿色农业种植面积的比重；绿色低能耗产业占 GDP 比重；绿色产业规划与实施三个指标。

有机、绿色农业种植面积的比重，指按照国家相关标准，经有关部门或机构认定的无公害、有机、绿色农产品种植面积占村镇农业总面积的比例。按绿色、有机农产品种植面积占总农业用地面积的比例计算。

绿色低能耗产业占 GDP 比重，指绿色农业、绿色工业以及绿色服务业总产值占当地总 GDP 的比重。本条主要反映村镇绿色低能耗产业的发展状况，并引导村镇产业结构的调整。根据绿色农业、绿色工业及绿色服务业总产值占行政村镇GDP 比例计算。

绿色产业规划与实施，指村镇编制了绿色产业专项规划。规划具有结合本地资源特色和优势，具有市场前景，能形成特色优势产业绿色产业链并带动地方经济的绿色产业规划并具有建设可行性。发展高效生态农业，发展生态循环农业，推进农业规模化、标准化和产业化经营。防止高污染、高能耗、高排放企业向农村转移。规划合理、可行具有可操作性，规划落实情况良好。由专家视情况评定。

（2）绿色生产措施

绿色生产措施方面的指标包括农用化肥施用强度、农药施用强度、农膜回收率、畜禽养殖场粪便综合利用率、秸秆综合利用率五个指标。

农用化肥施用强度，是指年度内单位面积耕地实际用于农业生产的化肥数量。

本条中化肥施用量要求按折纯量计算。折纯量是指将氮肥、磷肥、钾肥分别按含氮、含五氧化二磷、含氧化钾的百分之百成分进行折算后的数量。本指标反映化肥对环境的污染状况。农业部门提供数据与标准值比较确定。

农药施用强度，是指年度内单位面积耕地实际用于农业生产的农药数量。本条农药使用应满足《农药管理条例实施办法》。本指标反映农药对环境的污染状况。农业部门提供数据与标准值比较确定。

农膜回收率，指村镇当年回收不可降解农膜量占全村镇使用的不可降解农膜量的百分比（农膜包括地膜和棚膜）。本指标农业生产中农膜使用回收情况，间接反映农膜对环境的污染状况。通过查阅农资使用的证明材料；现场察看农膜回收系统及其回收利用证明原件和原始记录单；抽样调查等方式获得相关数据，与标准值比较确定分值。

畜禽养殖场粪便综合利用率，指辖区内规模化畜禽养殖场综合利用的畜禽粪便量与畜禽粪便产生总量的比例。本条应满足《畜禽养殖污染防治管理办法》规定。按行政村镇综合利用量占行政村镇产生总量比例计算。

秸秆综合利用率，指村镇综合利用的农作物秸秆数量占农作物秸秆产生总量的百分比。秸秆综合利用主要包括粉碎还田、过腹还田、用作燃料、秸秆气化、建材加工、食用菌生产、编织等。按农作物秸秆综合利用量占秸秆产生总量的比例计算。

5.3.1.8 特色村镇建设

特色村镇建设从特色风貌建设、历史文化保护两方面评价。

（1）特色风貌建设

特色风貌建设包括地域文化特色建设、自然环境特色建设两个指标。

地域文化特色建设，指村镇建设能体现当地独特的自然条件、传统、人文特色、历史背景。特色地域文化是在过去漫长的岁月中形成的一个地方的专属文化，独特的文化一旦形成，就渗透到社会生活的方方面面，自然也就会渗透到建筑文化中。保留村镇中的建筑风格、宅院的形式以及古树、古牌坊、古井、古桥等。该指标反映绿色村镇建设与地域文化特色的融合。由专家视情况确定分值。

自然环境特色建设，指村镇建设与当地的山、川、河等地理条件或气候条件等方面的特点相协调。自然环境特色包括地形、水体、植物、动物及其他有特征的地貌和自然景观。该指标反映绿色村镇建设与当地自然环境特色的融合。由专家视情况确定分值。

（2）历史文化保护

历史文化保护方面的指标包括历史文化保护管理、历史文化名镇（村）保护两个指标。

历史文化保护管理，指村镇历史文化资源，依据相关法律法规得到妥善保护与管理；已评定为"历史文化名镇（村）"的，要编制历史文化名镇（村）保护规划，实施效果好。该指标反映绿色村镇建设中历史文化保护管理情况。由专家视情况确定分值。

历史文化名镇（村）保护，指对于已经评定为国家级或省级历史文化名镇（村），应制定保护规划，实施效果好。由专家视情况确定分值。

5.3.2 综合评价指标体系各指标的评价标准

综合评价指标打分应根据指标的性质，按下面各指标的打分的公式进行计算打分。

（1）正向指标打分

正向指标数值越大，表明对应一级指标状况越好。设 x_{ij} 为第 i 个评价地区第 j 个指标的隶属度，v_{ij} 为第 i 个评价地区第 j 个指标；m 为被评价地区的个数，根据正向指标的标准化公式，则：

$$x_{ij} = \frac{v_{ij} - \min_{1 \leqslant i \leqslant m}(v_{ij})}{\max_{1 \leqslant i \leqslant m}(v_{ij}) - \min_{1 \leqslant i \leqslant m}(v_{ij})}$$

（2）负向指标打分

负向指标数值越小，表明对应一级指标状况越好。负向指标的标准化公式为：

$$x_{ij} = \frac{\max_{1 \leqslant i \leqslant m}(v_{ij}) - v_{ij}}{\max_{1 \leqslant i \leqslant m}(v_{ij}) - \min_{1 \leqslant i \leqslant m}(v_{ij})}$$

（3）适中指标打分

适中指标指越接近某一规定的值越好的指标。适中指标的标准化公式为：

$$x_{ij} = \begin{cases} 1 - \dfrac{v_{i0} - v_{ij}}{\max(v_{i0} - v_{\min}, v_{\max} - v_{i0})}, & v_{\min} < v_{ij} < v_{j0} \\ 1 - \dfrac{v_{ij} - v_{j0}}{\max(v_{i0} - v_{\min}, v_{\max} - v_{i0})}, & v_{i0} < v_{ij} < v_{\max} \\ 1, & v_{ij} = v_{j0} \end{cases}$$

式中，v_{i0} 为第 j 个指标理想值。

（4）最佳区间指标打分

最佳区间指标指在某一特定区间内都是合理的指标，最佳区间指标的标准化公式为：

$$x_{ij} = \begin{cases} 1 - \dfrac{q_1 - v_{ij}}{\max\left(q_1 - \min\limits_{1 \leqslant i \leqslant m}(v_{ij}), \max\limits_{1 \leqslant i \leqslant m}(v_{ij}) - q_2\right)}, v_{ij} < q_2 \\ 1 - \dfrac{v_{ij} - q_2}{\max\left(q_1 - \min\limits_{1 \leqslant i \leqslant m}(v_{ij}), \max\limits_{1 \leqslant i \leqslant m}(v_{ij}) - q_2\right)}, v_{ij} < q_2 \\ \qquad 1, \qquad\qquad q_2 \leqslant v_{ij} \leqslant q_2 \end{cases}$$

式中，q_1 为指标最佳区间左边界；q_2 为指标最佳区间右边界。

5.3.3　绿色村镇建设综合评价各指标评价标准

绿色村镇建设综合评价指标共计 90 个，其中无法完全量化的指标共计 32 个，可量化指标 58 个，具体如表 5-2 所示。其中，对于评价体系中无法量化指标主要根据相关评价内容由专家根据提供的资料及现场考察的方式打分。量化指标的确定主要是根据国家有关标准，行业标准，地方有关标准等规定的计算方法进行计算。

绿色村镇建设综合评价指标体系各指标性质　　　　表 5-2

一级指标	二级指标	三级指标	单位	指标性质
绿色村镇建设能力	规划建设	规划完备性	分	正指标
		控制性详细规划覆盖率	%	正指标
		绿色村镇专项规划合理性	分	正指标
	组织管理	管理机构健全性	分	正指标
		管理制度完善度	分	正指标
	资金保障	人均可支配财政收入水平	元	正指标
		人均年收入	元	正指标
		社会保障覆盖率	%	正指标
		建设资金来源稳定性	元	区间指标
		人均 GDP	元	正指标
	政策宣传	上级政府支持度	分	正指标
		绿色村镇建设政策知晓度	%	正指标
	技术应用	绿色建设技术应用	分	正指标
		寒地建设技术应用	分	正指标

续表

一级指标	二级指标	三级指标	单位	指标性质
资源利用	水资源节约利用	节水器具普及使用比例	%	正指标
		污废水再生利用率	%	正指标
		非居民用水定额计划用水管理	分	正指标
	水资源安全利用	饮用水达标率	%	正指标
		饮用水水源地水质达标率	%	适中指标
	建设材料利用	地方材料利用率	%	正指标
		村镇建设工程节约材料率	%	正指标
		村镇建设3R材料使用	%	正指标
	能源利用	可再生能源利用度	%	正指标
		单位GDP能耗	万吨标煤/万元	负指标
		节能器具使用比例	%	正指标
		人均能耗	万吨标煤/万元	负指标
		清洁能源使用比重	%	正指标
	建筑节能	房屋保温节能措施率	%	正指标
	建设用地集约度	人均建设用地面积	m²/人	区间指标
		人均宅基地面积	m²/人	区间指标
		院落式行政办公区平均建筑密度	%	区间指标
		人口300人或50户以下村庄比例	%	负指标
		集中居住居民人数占总居民数比例	%	正指标
		道路主干线红线宽度	m	适中指标
基础设施建设水平	道路与交通	道路路网合理性	分	正指标
		村庄道路硬化率	%	正指标
		道路用地选址适宜性	分	正指标
		道路交通设施完善度	分	正指标
		居民出行公交设施	分	正指标
		冬季道路人行路面防滑设施	%	正指标
		交通安全管理	分	正指标
	供水与排水	全年有效供水天数	天	正指标
		自来水入户率	%	正指标
		镇区污水管网覆盖率	%	正指标
		生产污水达标排放率	%	适中指标
		生活污水处理率	%	正指标
	供电与通信	生活用电保证率	%	正指标
		生产用电保证率	%	正指标
		通信设施完备度	分	正指标
	防灾设施	防灾设施	分	正指标
		消防设施配置与消防组织	分	正指标
		自然灾害应急系统	分	正指标
		农田水利设施抗旱涝能力	分	正指标

续表

一级指标	二级指标	三级指标	单位	指标性质
房屋建筑与公共服务设施建设	房屋建筑	人均居住建筑面积	m²/人	区间指标
		政府办公建筑人均建筑面积	m²/人	区间指标
		村镇危房比例	%	负指标
		房屋空置率	%	负指标
	公共服务设施	教育设施满足度	分	正指标
		医疗设施满足度	分	正指标
		文体设施满足度	分	正指标
		商贸设施满足度	分	正指标
绿化与村容镇貌	园林绿化	绿化覆盖率	%	正指标
		人均公共绿地面积	m²/人	正指标
		道路绿化率	%	正指标
		工业用地绿化率	%	正指标
	村容镇貌	村容镇貌整洁度	分	正指标
		村容镇貌满意度	分	正指标
环境保护与环境卫生	空气环境质量	年 AQI 小于或等于 100 的天数	天	正指标
		废气治理率	%	适中指标
	声环境质量	环境噪声平均值	dB	适中指标
	地表水环境质量	辖区水Ⅲ类及以上水体比例	%	正指标
	垃圾处理	垃圾收集率	%	正指标
		垃圾无害化处理率	%	正指标
		垃圾处理体系合理	分	正指标
		垃圾容器设置	分	正指标
	环境卫生	环卫管理规范化	分	正指标
		卫生厕所拥有率	%	正指标
		冬季积雪清理及时性	分	正指标
绿色产业发展	绿色产业	有机、绿色农业种植面积的比重	%	正指标
		绿色低能耗产业占 GDP 比重	%	正指标
		绿色产业规划与实施	分	正指标
	绿色措施	农用化肥施用强度	kg/m²	负指标
		农药施工强度	kg/m²	负指标
		农膜回收率	%	负指标
		畜禽养殖场粪便综合利用率	%	正指标
		秸秆综合利用率	%	正指标
特色村镇建设	特色风貌建设	地域文化特色建设	分	正指标
		自然环境特色建设	分	正指标
	历史文化保护	历史文化保护管理	分	正指标
		历史文化名镇（村）保护	分	正指标

第 6 章

严寒地区绿色村镇综合评价模型

6.1　概　　述

6.1.1　综合评价的概念

在现代经济与社会决策分析、方案选择及系统评价中，数量化分析方法已经成为主流方法。它强调的是在一定理论指导下，遵照数学和统计学的有关原理，通过处理有关数据，建立数量模型，通过相关模型分析，为科学研究和管理实践等提供决策依据的系列方法总称。

从管理学科原理思路，一般分为提出问题、分析问题和解决问题。首先需要对问题进行整体描述，因此需要系统工程方法和预测方法；对问题的分析，需要确定最优解和满意解，那么需要决策论、博弈论、运筹学方法；最后解决问题的效果好坏，要进行评价，这就涉及综合评价方法。

由此可见，综合评价既是管理数量化方法的一个重要组成部分，同时，也是管理数量方法中相对具体和深入分析基础上的产物。目前各种评价方法已经不下百余种，本章只介绍常用的综合评价方法。系统综合评价是系统分析中复杂而又重要的一个工作环节，它是利用价值概念评定一个系统，或者评定不同系统之间的优劣。价值是一个综合的概念，一般可以理解为"有用性"、"重要性"或"可接受性"。

作为一个综合概念，价值本身包含着可分性，即系统价值可分成很多相互联系着的因素，称为价值因素，它们共同决定着系统总的价值。这种可分性要求我们在评价系统的价值时，必须借助于一套能够反映系统价值特征的指标体系进行。

系统总是在一定环境条件下存在的，因此所使用的价值都是相对价值，亦即在特定的技术、信息环境、需求环境、社会环境、自然环境等作用下的价值。根据这一概念，必须要根据系统所处的实际环境来评定各个价值因素的量值。

对于一个复杂的系统，由于系统的复杂性和多目标性，很难找到统一一致的评价指标对系统进行评价，而且，对于不同评价人员的价值观念各不相同，即使对于同一个指标，不同评价者也会得出相异的评价结果。此外，评价指标和评价标准也会随着时间变化而发展。例如，对于建筑工程的评价，原来可能要从工期、成本、进度、建筑功能等角度，评价方案的优劣，但进入 21 世纪后，除了上述评价外，还需要从节能环保、建筑智能化、可持续发展等角度进行评价。由此可见系统评价的重要性和难度。

严寒地区村镇绿色建设综合评价问题涉及环境、经济和社会等子系统。从相关方角度，涉及各级政府、村镇居民、投资方等；从涉及的建设内容看，涉及法律、法规政策制定、基础设施建设、绿色建筑建设及相关产业建设；从涉及学科看，涉及建筑学、城市规划、土木工程、环境工程、经济管理及环境工程等。绿色村镇评价并不仅仅是单纯的评价问题，同时也是通过评价促进严寒地区绿色村镇建设。

6.1.1.1 系统综合评价的原则

为了搞好系统综合评价，有些基本原则是必须遵守的。这些原则是：

（1）客观性

系统综合评价的目的是为了决策，因此，评价的好坏直接影响着决策的正确与否。所以必须保证系统综合评价的客观性。为此需要注意：①评价资料的全面性和可靠性；②防止评价人员的倾向性；③评价人员的组成要有代表性，不能只邀请单方面人员参加，而且要保证评价人员有自由表态的可能，他们的行动不受任何压力；④要保证专家人数的比例。

（2）可比性

系统替代方案在保证实现系统的基本功能上要有可比性和一致性。不能强调"一俊遮百丑"，个别功能的突出或方案的新内容多，只能说明其相关方面，不能代替其他方面的得分；更不能搞"陪衬"方案，从而失去评价的真意。

（3）系统性

评价指标要成系统，要包括系统所涉及的一切方面。而且对定性问题也要有恰当的评价指标，以保证评价不出现片面性。

（4）政策性

系统评价指标必须与国家的方针、政策、法令的要求相一致，不允许有相背和疏漏之处。

6.1.1.2 综合评价指标体系的制订

综合评价指标体系是由若干个单项评价指标组成的整体，它应反映出所要解决问题的各项目标要求。指标体系要全面、合理、科学，基本上能为有关人员和部门所接受。

评价指标体系通常要考虑以下几个方面：

（1）政策性指标

这类指标用以描述政府的方针、政策、法令，以及法律约束和发展规划等方面的要求。它对国防或国计民生方面的重大项目或大型系统尤为重要。

171

（2）技术性指标

包括产品的性能、寿命、可靠性、安全性、结构、工艺，工程项目的地质条件、设施、设备、建筑物、运输等技术方面的要求。

（3）经济性指标

包括方案成本、利润和税金、投资额、流动资金占用率、投资回收期、固定资产利用率、经济潜力以及地方性的间接收益方面的要求。

（4）社会性指标

主要指社会福利、社会节约、综合发展、劳动保护、污染、生态环境、减少公害、就业机会等方面的要求。

（5）资源性指标

用以描述系统工程项目中所涉及的物资、人力、能源、水源、土地等方面的限制条件。

（6）时间性指标

主要针对工程进度、时间节约、项目周期等方面的要求。

（7）其他

指不包括在上述指标范畴中的具体项目所特有的某些指标。

基于上述分析，严寒地区绿色村镇建设评价指标体系由三个级别的评价指标构成。其中第一级指标由"绿色村镇建设能力"、"资源利用"、"基础设施建设水平"、"房屋建筑与公共服务设施建设"、"绿化与村容镇貌"、"环境保护与环境卫生"、"绿色产业发展"及"特色村镇建设"等八个评价指标构成，涉及规划、环保、行政管理、科技、政策制定及经济发展等方面。这些评价指标从我国北方寒地村镇实际出发，从绿色村镇建设引导角度，同时基于现状分析及未来发展需求，并结合评价分析指标的可测性和代表性等评价准则进行确定，其中三级指标共90个，包括必选指标和可选指标。

6.1.2 综合评价方法种类综述

6.1.2.1 常用的综合评价方法分析

综合评价是指对多属性体系结构描述的对象系统做出全局性、整体性的评价。评价是决策的基础。评价是根据确定的目的，来测定对象系统的属性，并将这种属性变为客观定量的值或者主观效用的行为。评价问题的研究大致可以分为两类：一类是对评价指标体系的研究；一类是对综合评价方法的研究。评价方法是评价的核心问题。

管理学中常用的数量化方法，是随着统计学、经济学、系统工程、控制论、信息论、运筹学、智能算法、决策理论、博弈论和模糊数学等学科的产生和发展而形

成的产物。计算机和网络技术的出现，不仅使这些方法的实现成为可能，同时也在
数据来源、分析方法和策略、分析模型等方面，也源源不断地提供了新的研究
模式。

利用专业软件对综合评价相关关键词出现频率进行分析，常见评价方法相关情
况如表 6-1 所示。

常用的评价方法

表 6-1

常用评价方法名称	方法拓展与改进研究（篇）	单一方法应用研究（篇）	本方法和其他方法结合应用研究（篇）	总计（篇）
层次分析法	76	5082	9196	14211
聚类分析法	197	5712	3754	9663
主成分评价方法	71	3062	2830	5963
因子分析法	183	2134	2648	4965
神经网络方法	72	2193	2316	4581
模糊综合评价方法	17	997	2123	3137
数据包络分析法	83	1446	537	2066
平衡计分卡法	11	1348	430	1789
灰色关联度法	16	810	783	1609
判别分析法	32	713	526	1271
全要素生产率及其测度方法	3	329	517	849
区间数评价法	198	119	344	661
熵值法	4	162	309	475
综合指数法	2	102	128	232
功效系数法	5	80	69	154
距离综合评价方法	2	37	119	158
多维标度法	1	31	20	52
李克特量表	1	6	12	5

依据各评价方法的特点，图 6-1 表述了常用综合评价方法适用情况的选择。

6.1.3 综合评价的计算方法

6.1.3.1 优缺点列举法

这种方法是根据评价项目，详细列举各方案的优缺点，分析能否克服其缺点。
再根据各方案优缺点的对比，选择最优方案。

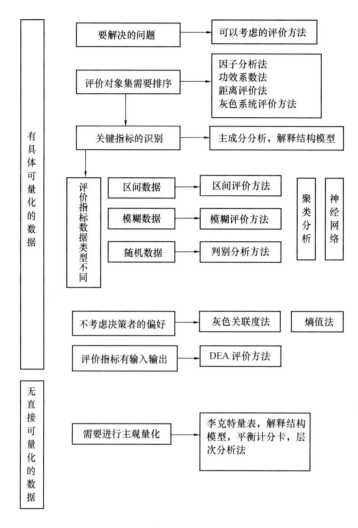

图 6-1 常用评价方法的选择

该法灵活简便，可全面考虑问题，但评价比较粗糙，缺乏定量依据。

6.1.3.2 功效系数法

设系统有 n 个评价指标，每一个指标都有一定的"功效系数"，第 i 个评价指标的功效系数记为 $d_i(0 \leqslant d_i \leqslant 1, i = 1,2,\cdots,n)$，则该方案总的功效系数由下式确定：

$$d = \sqrt[n]{d_1 d_2 \cdots d_n}$$

对比各方案的总功效系数，最大者为最优方案。

关于 d_i 的取值，有如下约定：$d_i = 1$ 表明指标效果最好，$d_i = 0$ 则表征效果最差。可用线性插值方法，确定介于最好、最差效果中间状态的功效系数。通常，d_i

≤ 0.3 表示不可接受；0.3$<d_i$≤0.4 为边缘状态；0.4$<d_i$≤0.7 为可接受但效果稍差状态；0.7$<d_i$≤1 为可接受而又效果好的状态。

6.1.3.3　加法评分法和连乘评分法

这两种方法首先都是将评价指标按照达到的程度分成若干等级，分别确定各等级的评分标准，然后对各方案按各评价指标评定等级，再将其得分相加（相乘），比较和（积）的大小，并按该值由大到小的顺序排列方案的优劣。

例如，某村镇基础设施建设施工中有 A、B、C 三种施工方案可选择。为评价方案的优劣，提出了工期、成本、质量、施工难易程度四个评价指标。试用加法评分法或连乘评分法来评价各方案。

评价计算过程列于表 6-2。

加法评分法和连乘评分法算例　　　　　　　　　　表 6-2

评价指标			评价方案		
内容	评价等级	评分标准	A 方案	B 方案	C 方案
工期	提前	2		2	
	合同工期	1	1		1
成本	低	3			3
	中	2			
	高	1	1	1	
工程质量	好	3			3
	一般	2		2	
	差	1	1		
施工难易程度	简单	3			3
	一般	2		2	
	复杂	1	1		
加法评分总分			4	7	10
连乘评分总分			1	8	27

根据表 6-2 的计算结果，可以决定方案的优劣顺序为：C 方案最好，B 方案次之，A 方案较差。

6.1.3.4　成本效益分析评价法

一个方案的评价项目虽然很多，但往往可以归纳为两类：一类是花费类，如投资、材料、人力等，称为成本目标；另一类是效益类，如产量、利润等称为效益目标。前者希望越小越好，后者希望越大越好。用这两个目标来评价方案，即为成本效益分析评价法，它是企业系统中经常运用的一种方法。

成本—效益的评价有三种准则：

（1）最有效准则

这一准则要求在一定成本目标下，使效益目标达到最优值。例如，在表 6-2 中，当成本取 2 时，因 A＞B，故而方案 1 为优。

（2）最经济准则

这一准则要求在一定的效益目标下，使成本目标达到最小值。例如，在表 6-2 中，当效益取 7 时，因 C＜D，故方案 2 为最优。

（3）效本比准则

这一准则以效益对成本之比最大者为最优方案。例如以表 6-2 中，如果要求成本不超过 2，方案 1 效本比 4/2＝2，方案 2 效本比 0.2/2＝0.1，故方案 1 最优。

6.1.3.5 技术经济价值评价法

这种方法是以技术价值和经济价值两个方面的最优结合为目标，来评价系统方案的优劣。其具体做法为：

（1）确定方案的技术价值

为确定方案的技术价值，需先设想一个理想方案，并按方案达到理想的程度给出分值，再以此为基准，对各方案的技术要求确定分值，则技术价值可由下式求出：

$$X = \frac{\sum P}{\sum P_{\max}}$$

式中　X——技术价值；

　　$\sum P$——方案各评价项目分值之和；

　$\sum P_{\max}$——理想状态的分值之和。

（2）确定方案的经济价值

经济价值主要考虑费用，其公式为：

$$Y = \frac{H_0 - H}{H_0}$$

式中　Y——经济价值；

　　H_0——原成本；

　　H——新方案预计成本。

（3）技术经济价值计算

技术经济价值是技术价值与经济价值的综合，其公式为：

$$K = \sqrt{XY}$$

式中　K——技术经济价值，其余符号同上。

例如，对某绿色村镇建设项目的三种拟推广技术的方案用技术经济评价法进行评价。

首先给出方案达到理想的不同程度的得分，如表 6-3 所列。然后对各方案的技术要求确定分值，并计算技术价值，如表 6-4 所列。

方案达到理想的程度划分 表 6-3

序号	方案达到理想的程度	给分值	序号	方案达到理想的程度	给分值
1	很好	4	4	勉强过得去	1
2	好	3	5	不能满足要求	0
3	过得去	2			

技术价值计算表 表 6-4

技术评价项目	理想方案	A 方案	B 方案	C 方案
工程质量	4	3	2	1
施工难易程度	4	1	3	2
工期	4	2	3	1
施工均衡度	4	4	1	3
总分$\sum P$	16	10	9	7
技术价值	1.00	0.625	0.5625	0.4375

假定该项目工程的预算成本为 230 万元，A、B、C 三个方案分别可降低成本 2%、2.5%、3%，则其经济价值分别为：$Y_A=0.02$，$Y_B=0.025$，$Y_C=0.03$。

由此可计算各方案的技术经济价值为：

$$K_A=\sqrt{0.625\times0.02}=0.112$$

$$K_B=\sqrt{0.5625\times0.025}=0.119$$

$$K_C=\sqrt{0.4375\times0.03}=0.115$$

显然，方案 B 的技术经济价值最高，为最佳方案。

6.1.3.6 加权评分法

当存在多个评价因素，而各因素在系统中所起的作用又不等同时，可采用加权评分法。

这种方法首先是根据评价项目的不同重要度，给之以不同的权数，然后确定各方案对不同评价因素的分值，最后再求出综合评价值。

设有 n 个评价因素 $(a_1,a_2,\cdots,a_n)$，其相应的权数为 $(W_1,W_2,\cdots,W_n)$，并有 m 个评价对象 $(A_1,A_2,\cdots,A_m)$，评价对象 A_i 相应于评价因素 a_j 的分值 S_{ij}，则 A 的综合价值 S_i 可用下式计算：

$$S_i = \sum_{j=1}^{n} W_j S_{ij} \quad (i = 1, 2, \cdots, m)$$

下面仍用前述的绿色村镇建设项目技术方案选择为例，来确定各方案的优劣。

首先确定各评价因素的权重，一般可采用两两对比的方法，如表 6-5 所示。

两两对比确定权重　　　　　　　　　　　　　　表 6-5

评价因素	暂定重要性系数	修正重要性系数	权数（上列/6.66）
工期	7/4	2.33	0.35
成本	2/3	1.33	0.20
工程质量	2/1	2.00	0.30
施工难易程度	—	1.00	0.15
合计	—	6.66	1.00

表 6-5 中，暂定重要性系数是根据相邻两个因素的重要性对比来确定的。修正重要性系数是以最后一个评价因素的价值基数（一般可取为 1）逐项递推，由某一评价因素的暂定重要性系数与比较项的修正重要性系数的乘积来决定。权数则由修正重要性系数归一化后得到。权数给定后，还需给各方案评定分数，并进行综合评价计算，参见表 6-6。

综合评价计算　　　　　　　　　　　　　　表 6-6

方案	评　价　因　素				综合评价值
	工期	成本	工程质量	施工难易程度	
	0.35	0.20	0.30	0.15	
	权　重				
A	90(31.5)	10(2)	50(15)	50(7.5)	31.5+2+15+7.5=56
B	100(35)	50(10)	60(18)	70(10.5)	35+10+18+10.5=73.5
C	80(28)	100(20)	90(27)	90(13.5)	28+20+27+13.5=88.5

表 6-6 中，括号内的数字表示权重与相应分值的乘积。根据该表的计算，最优方案仍为方案 C。

6.1.3.7　相关数法

相关数法是评价目的树中各水平目的重要性的一种方法，也是评价下层各目的在整体系统中所处地位的定量方法。

设目的树第 i 水平层共有 n 个项目（$I_1, I_2, \cdots, I_n$），评价这些项目的基准有 m 个（$a_1, a_2, \cdots, a_m$），k 基准的评价系数为 $q_k (k = 1, 2, \cdots, m)$。则相关数法的矩阵表格如表 6-7 所列。

相关数法的矩阵表格　表 6-7

评价基准	评价系数	目的树水平层次项目（i）				
		I_1	I_2	I_3	$\cdots$	I_n
					$\cdots$	
a_1	q_1	S_1^1	S_2^1	S_3^1	$\cdots$	S_n^1
a_2	q_2	S_1^2	S_2^2	S_3^2		S_n^1
$\cdots$	$\cdots$	$\cdots$	$\cdots$	$\cdots$	$\cdots$	$\cdots$
		S_1^m	S_2^m	S_3^m	$\cdots$	S_1^m
a_m	q_m	r_i^1	r_i^2	r_i^3	$\cdots$	r_i^n
					$\cdots$	

表 6-7 中，各评价基准的评价系数应满足：

矩阵中的各要素 S_j^k，表示对评价基准 k 在评价项目 j 栏所给的评分数值，应使：

$$\sum_{j=1}^{n} S_j^k = 1$$

r_i^j 为第 i 水平层中评价项目第 j 栏的评价，称为相关数。它通过下式求出：

$$r_i^j = \sum_{k=1}^{m} q_k S_j^k \text{ 而且} \sum_{j=1}^{n} r_i^j = 1$$

根据此相关数，可评价某一水平层次中某一目的在整体中所处的地位。例如，某目的树有四层结构，如图 6-2 所示。设总目的综合评价值为 1，则最低水平层 C_2 的综合评价值 $R(C_2)$ 可通过如下计算确定：

总目的综合评价值＝1

A 水平层中 A_2 的综合评价值：

$$R(A_2) = r(A_2)$$

B 水平层中 B_i 的综合评价值：

$$R(B_1) = R(A_2)r(B_1) = r(A_2)r(B_1)$$

所以，

$$R(C_2) = R(B_1)r(C_2) = r(A_2)r(B_1)r(C_2)$$

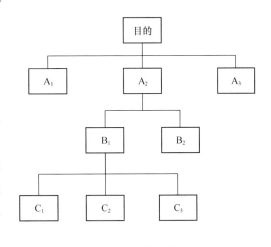
图 6-2　相关树图

6.1.3.8　模糊综合评判法

这是运用模糊集合理论对模糊系统进行评价的一种方法。在现实世界中，大量的现象是难以用精确的数字来描述的，而是具有某些不分明性。如产品质量的好、较好、一般、较差和差等，就没有严格的数量界限，对于这类具有不分明性的系统的评价，模糊综合评判法是一种常用而有效的方法。

下面举例说明综合评判法的应用。

某村镇绿色规划有两种规划方案，欲应用综合评判法，对此两方案进行评价。

首先要确定评判等级，考虑按满意、比较满意、不太满意、不满意四个等级来衡量。因而可有如下评判集：
$$E = \{满意, 比较满意, 不太满意, 不满意\}$$

然后设出评判因素，本例考虑从造价高低、功能好坏、造型优劣、环境协调等四个方面来评定。故因素集为：
$$F = \{造价, 功能, 造型, 环境\}$$

接着要确定权数分配。对于多因素判断对象，我们对诸因素的考虑并不是等同的，即不同因素要有不同的权数。

确定权数分配，除采用前述两两对比的方法外，还可采用专家评分法。这种方法首先是约请一些精通业务、经验丰富、有远见卓识的专家，请他们根据自己的见解，给出各因素重要性的百分数，然后对专家意见进行归纳、分析，便可确定各因素的权重。对本例涉及的四项指标，约请十位专家进行评分的结果列于表6-8。

专家评分确定权重 表6-8

评判因素	造价	功能	造型	环境	合计
得分权重	300 0.3	400 0.4	200 0.2	100 0.1	1000 1.0

由此可确定权数分配集 $\widetilde{W} = \{0.3, 0.4, 0.2, 0.1\}$，它是因素集 F 上的一个模糊子集。

确定权数分配后，要进行单因素评判，该评判结果是评判集 E 上的一个模糊子集。

对方案一的单因素评判结果如下：

造价 $\widetilde{R}_1 = (0.6 \quad 0.3 \quad 0.1 \quad 0)$

功能 $\widetilde{R}_2 = (0.5 \quad 0.3 \quad 0.1 \quad 0.1)$

造型 $\widetilde{R}_3 = (0.2 \quad 0.3 \quad 0.4 \quad 0.1)$

环境 $\widetilde{R}_4 = (0.2 \quad 0.3 \quad 0.2 \quad 0.3)$

则其单因素评价矩阵为：
$$\widetilde{R}_1 = \begin{bmatrix} 0.6 & 0.3 & 0.1 & 0 \\ 0.5 & 0.3 & 0.1 & 0.1 \\ 0.2 & 0.3 & 0.4 & 0.1 \\ 0.2 & 0.3 & 0.2 & 0.3 \end{bmatrix}$$

同理，方案二的单因素评价矩阵为：

$$\widetilde{R}_2 = \begin{bmatrix} 0.5 & 0.3 & 0.2 & 0 \\ 0.3 & 0.4 & 0.2 & 0.1 \\ 0.2 & 0.3 & 0.3 & 0.2 \\ 0.4 & 0.1 & 0.3 & 0.2 \end{bmatrix}$$

在单因素评判的基础上，还需进行多因素综合评判，可采用下式计算：

$$S = W \cdot R$$

这是一种模糊矩阵运算，其运算规则为：

$$S_j = \max_j(\min_i[w_i, r_{ij}])$$

将有关数据代入，得到如下式子

方案一：

$$S_1 = W \cdot R_1 = (0.4 \quad 0.3 \quad 0.2 \quad 0.1)$$

对方案二：

$$S_2 = W \cdot R_2 = (0.3 \quad 0.4 \quad 0.2 \quad 0.2)$$

归一化处理后，$S_2 = (0.272 \quad 0.364 \quad 0.182 \quad 0.182)$

将 S_1 与 S_2 比较，可看出方案一优于方案二。

6.2　层 次 分 析 法

6.2.1　AHP 产生背景和应用情况

在进行社会、经济以及经营管理等方面的系统分析时，常常面临的是一个由相互关联、相互制约的众多因素构成的复杂系统，这给系统分析带来了不少麻烦和困难。借助层次分析法，不仅可以简化系统分析和计算，把一些定性因素加以量化，使人们的思维过程数学化，而且还能帮助决策者保持思维过程的一致性。AHP 决策方法是匹茨堡大学教授、美国运筹学家 A. L. Saaty 在对美国国防部进行相关课题研究时，于 20 世纪 70 年代初期提出的一种决策分析方法。该决策方法于 20 世纪 80 年代初期引入我国，并得到了初步应用。

层次分析法（Analytic Hierarchy Process，简称 AHP）通过将复杂决策问题分解为若干层次和若干因素，并依据一定判断方法对各因素进行两两比较，确定每一层次各元素的相对重要性，最后依据所建立的判断矩阵进行相关运算后，即可获得各候选方案的权重，已达到确定最优方案的目的，是一种定性分析与定量分析相结合的综合评价方法。

我国社会主义新农村建设进程的不断推进，绿色村镇逐渐成为研究热点，作为一种经典的综合评价方法，层次分析法在村镇绿色建筑、农村清洁能源、村镇建设节能节水等方面也具有非常广泛的应用。AHP 评价方法在风险评价等领域同样得到了很好的应用，体现出 AHP 方法独特的优越性。近年来随着我国经济的迅猛发展，政府相关部门开始将关注的重点转移到环境污染和公共安全问题上，而环境和安全风险评价问题恰恰是解决该问题的关键，并且 AHP 综合评价方法的应用较其他决策方法更具有适用性。与此同时，AHP 综合评价方法在我国的能源行业得到了不错的应用。如在综合水价确定重点应用，又如电力系统中的火电厂选址问题、负荷预测、城市电网规划等方面的应用。此外，AHP 在联网安全风险评估、自然灾害风险识别、风险投资决策、水质评价、土地利用适宜性评价、城市化评价、产业竞争力评价、城市竞争力评价、国家关系等方面有着重要的应用价值。

6.2.2 基本模型

6.2.2.1 层次分析法的基本步骤

运用层次分析法进行系统分析时，首先要把系统层次化。根据系统的性质和总目标，把系统分解成不同的组成因素。并按照各因素之间的相互关联，以及隶属关系划分成不同层次的组合，构成一个多层次的系统分析结构模型，最终计算出最低层的诸因素相对于最高层（系统总目标）相对重要性权值，从而可以确定诸方案的优劣排序。层次分析法大体可分为五个步骤：

（1）建立层次结构模型

在充分了解所要分析的系统后，把系统中的各因素划分成不同层次，再用层次框图描述层次的递阶结构以及因素的从属关系。对于决策问题，通常可以分为下面几类层次：

1）最高层：表示解决问题的目的，即 AHP 所要达到的目标；

2）中间层：表示采用某种措施或政策来实现目标所涉及的中间环节，一般又可分为策略层、准则层等；

3）最低层：表示解决问题的措施或政策。

上述各层次之间也可以建立子层次，子层次从属于主层次中的某个因素，又与下一层次因素有联系。

上一层次的单元可以与下一层次的所有单元都有联系，也可以只与其中的部分单元有联系。前者称为完全的层次关系，后者称为不完全的层次关系。

图 6-3 给出了一个参与绿色村镇建设的建筑企业选择村镇建设投标项目决策的

层次结构模型。

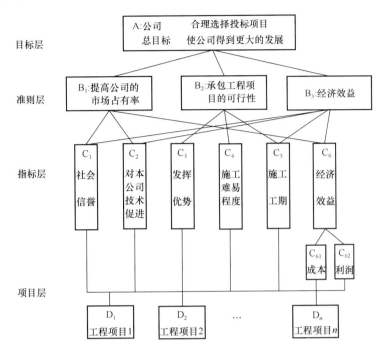

图 6-3 层次结构模型

A 层是最高层，其下设有包含三项准则的准则层，A 与 B 构成了完全层次关系。

$B_i(i=1,2,3)$ 与 C 之间均为不完全层次关系。

C 层的元素 C_6 也存在一子层，包括 C_{61} 和 C_{62} 两个因素。

指标层 C 与项目层 D 之间为完全的层次关系。

（2）构造判断矩阵

AHP 要求决策者对每一层次各元素的相对重要性给出判断，这些判断用数值表示出来，就是判断矩阵。构造判断矩阵是 AHP 关键的一步。

判断矩阵的形式如表 6-9 所示。

判　断　矩　阵　　　　　　　　　　　　　　　表 6-9

a_k	B_1	B_2	…	B_n
B_1	b_{11}	b_{12}	…	b_{1n}
B_2	b_{21}	b_{22}	…	b_{2n}
…	…	…	…	…
B_n	b_{n1}	b_{n2}	…	b_{nn}

式中，b_{ij} 表示对于 a_k 而言 B_i 对 B_j 的相对重要性。这些重要性用数值来表示，

其含义为：

1——B_i 与 B_j 具有相同的重要性；

3——B_i 比 B_j 称微重要；

5——B_i 比 B_j 明显重要；

7——B_i 比 B_j 强烈重要；

9——B_i 比 B_j 极端重要。

它们之间的数 2、4、6、8 表示上述两相邻判断的中值。例数则是两对比项颠倒的结果。

显然，对于判断矩阵有 $b_{ii}=1$，$b_{ij}=1/b_{ji}(i,j=1,2,\cdots,n)$。这样，对于 n 阶判断矩阵，仅需对 $n(n-1)/2$ 个元素给出数值，便可将全部矩阵填满。

判断矩阵中的数值是根据数据资料、专家意见和决策者的认识加以综合平衡后得出的，衡量判断矩阵适当与否的标准是矩阵中的判断是否具有一致性。一般如果判断矩阵有：

$b_{ij}=b_{ik}/b_{ik}(i,j,k=1,2,\cdots,n)$，则称判断矩阵具有完全的一致性。但由于客观事物的复杂性和人们认识上的多样性，有产生片面性的可能，因而要求每个判断矩阵都具有完全的一致性是不现实的，特别是对于因素多、规模大的问题更是如此。为检查 AHP 得的结果是否基本合理，需要判断矩阵进行一致性的检验，这种检验通常是结合排序步骤进行的。

（3）层次单排序

层次单排序是指：根据判断矩阵计算针对上一层某单元而言，本层次与之有联系的各单元之间重要性次序的权值。它是对层次中所有单元针对上一层次而言的重要性进行排序的基础。

层次单排序可以归结为计算判断矩阵的特征根和特征向量的问题。即对于判断矩阵 B，计算满足 $BW=\lambda_{\max}W$ 为 B 的最大特征根，W 为对应于 $\lambda_{\max}$ 的规范化特征向量。W 的分量 W_i 即是对应于单元单排序的权值。

可以证明，对于 n 阶判断矩阵，其最大特征根为单根，且 $\lambda_{\max}\geqslant n$，$\lambda_{\max}$ 所对应的特征向量均由非负数组成。特别是当判断矩阵具有完全一性时，$\lambda_{\max}=n$，除 $\lambda_{\max}$ 外，其余特征根均为 0。因此，可用 $\lambda_{\max}-n$ 作为度量偏离一致性的指标。

定义一致性指标 CI 为

$$CI=\frac{\lambda_{\max}-n}{n-1}$$

一般情况下，若 $CI\leqslant 0.1$，就认为判断矩阵具有一致性。

为检验判断矩阵的一致性，需要计算它的一致性指标 CI。显然，当判断矩阵具有完全一致性时，$CI=0$。

此外，还需确定判断矩阵的平均随机一致性指标 RI。对于 1~9 阶矩阵，RI

的取值如表 6-10 所示。

不同阶数 *RI* 的取值　　　　　　　　　　　　表 6-10

阶数 n	1	2	3	4	5	6	7	8	9
RI	0.00	0.00	0.58	0.90	1.12	1.24	1.32	1.4.1	1.45

对于 1、2 阶判断矩阵，RI 只是形式上的，因为根据判断矩阵的定义，1、2 阶判断矩阵是完全一致的。当阶数大于 2 时，判断矩阵的一致性指标 CI 与同阶的平均随机一致性指标 RI 的比称为判断矩阵的随机一致性比例，记为 CR。当 $CR = CI/RI < 0.10$ 时，认为判断矩阵有满意的一致性，否则需调整判断矩阵，再行分析。

（4）层次总排序

利用同一层次中所有层次单排序的结果，就可以计算针对上一层次而言，本层次所有单元重要性的权值，这就是层次总排序。层次总排序需要从上到下，逐层顺序进行。对于最高层，其层次单排序即为总排序。假定上一层所有单元 $A_1, A_2, \cdots, A_m$ 的层次总排序已完成，得到的权值分别为 $a_1, a_2, \cdots, a_m$，与 a_i 对应的本层次单元 $B_1, B_2, \cdots, B_n$ 单排序的结果为：$(b_1^i, b_2^i, \cdots, b_n^i)^T$。这里，若 B_j 与 A_i 无联系，因而 $b_j^i = 0$，则有层次总顺序表如表 6-11 所示。显然：$\sum_{j=1}^{n} \sum_{i=1}^{m} a_i b_j^i = 1$。

层次总排序表　　　　　　　　　　　　表 6-11

层次 B	层次 A				B 层次总排序
	A_1	A_2	$\cdots$	A_m	
	a_1	a_2	$\cdots$	a_m	
B_1	b_1	b_1^2	$\cdots$	b_1^m	$\sum_{j=1}^{m} a_i b_1^j$
B_2	b_2	b_2^2	$\cdots$	b_2^m	$\sum_{j=1}^{m} a_i b_2^j$
$\vdots$	$\vdots$	$\vdots$	$\vdots$	$\vdots$	$\vdots$
B_n	b_n^1	b_n^2	$\cdots$	b_n^m	$\sum_{j=1}^{m} a_i b_n^j$

（5）一致性检验

为评价层次总排序计算结果一致性，需要计算与层次单排序类似的检验量，即 CI（层次总排序的一致性指标）、RI（层次总排序的随机一致性指标）和 CR（层次总排序的随机一致性比例），其计算公式分别为：

$$CI = \sum_{I=1}^{n} a_i(CI_i) \qquad RI = \sum_{I=1}^{n} a_i(rI_i) \qquad CR = \frac{CI}{RI}$$

式中，CI_i 为与 a_i 对应的 B 层次中判断矩阵的一致性指标，RI_i 为与 a_i 对应的 B 层次判断矩的随机一致性指标。

与层次单排序一样，当 $CR \leqslant 0.10$ 时，即可认为层次总排序的计算结果具有满意的一致性，否则需对本层次的各判断矩阵进行调整，再次进行分析。

6.2.2.2 判断矩阵特征向量与最大特征根的计算

AHP 计算的根本问题是确定判断矩阵的最大特征根及其对应的特征向量。线性代数中给出了解这一问题的精确算法，但当判断矩阵数比较高时，精确算法计算比较繁杂，因而在实际工作中，一般多采用一些比较简便的近似算法，下面给出两种近似算法。

（1）方根法

方根法的计算步骤是：

1）计算判断矩阵 B 每一行元素的乘积 M_i；$M_i = \prod_{j=1}^{n} b_{ij}$ $(i = 1, 2, \cdots, n)$

2）计算 M_i 的 n 次方根 $\overline{W}_i$

3）向量 $\overline{W} = (\overline{W}_1, \overline{W}_2, \cdots, \overline{W})^T$ "归一化" 处理 $W_i = \dfrac{\overline{W}_i}{\sum\limits_{j=1}^{n} \overline{W}_j}$, $(i = 1, 2, \cdots, n)$

则 $W = (W_1, W_2, \cdots, W_n)^T$ 即为所求的特征向量。

4）计算判断矩阵的最大特征根 $\lambda_{\max}$

$$\lambda_{\max} = \sum_{i=1}^{m} \frac{(BW)_i}{nW_i}$$

式中，$(BW)_i$ 表示向量 BW 的第 i 个元素。

（2）和积法

和积法的计算步骤为：

1）对判断矩阵的每一列进行归一化处理，相应元素记为 $\overline{a}_{ij}$

2）将每列经过归一化的判矩阵元素按行相加，得到向量 $\overline{W} = (\overline{W}_1, \overline{W}_2, \cdots, \overline{W}_n)^T$

3）对向量 $\overline{W}$ 再进行归一化处理，得到的向量 W 即为特征向量。

4）计算判断矩阵的最大特征值方法，与方根法完全一致。

6.2.3 算例

（1）问题的提出——层次分析模型的建立

某村镇建设的项目中，某镇为确定垃圾站点的选址位置，提出了如下评价指标体系，并归纳出图 6-4 所示的系统层次结构模型。

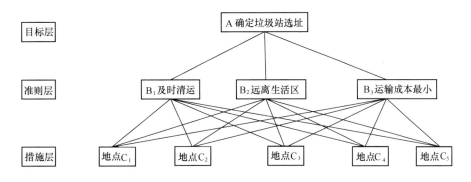

图 6-4 施工项目的 AHP 结构图

该模型共分为三个层次，第一层为目标层，它规定了本问题研究的总目标是确定垃圾站选址。第二层为准则层，为了达到确定最佳垃圾站的选址这一目标，必须根据"及时清运"、"远离生活区"、"运输成本最小"三个准则来进行。第三层为措施层，确定的 5 个候选地点。

（2）建立判断矩阵

通过征询有关专家意见，并由项目经理综合权衡后，得出各判断矩阵如下〔注意 (i, j) 和 (j, i) 位置的元素互为倒数〕：

1）判断矩阵 $A\text{-}B$

A	B_1	B_2	B_3
B_1	1	1/5	1/3
B_2	5	1	3
B_3	3	1/3	⋯

2）判断矩阵 $B_1\text{-}C$

B_1	C_1	C_2	C_3	C_4	C_5
C_1	1	3	5	4	7
C_2		1	3	2	5
C_3			1	1/2	3
C_4				1	3
$C5$					1

3）判断矩阵 B_2-C

B_2	C_1	C_2	C_3	C_4
C_1	1	1/7	1/3	1/5
C_2		1	5	3
C_3			1	1/3
C_4				1

4）判断矩阵 B_3-C

B_3	C_1	C_2	C_3	C_4
C_1	1	5	3	1/3
C_2		1	1/3	1/7
C_3			1	1/5
C_4				1

（3）层次单排序

若用方根法进行计算，对判断矩阵 A-B，其计算过程如表 6-12 所示。

方根法计算表   表 6-12

A	B_1	B_2	B_3	每行对应元素乘积	计算 3 次方根	W_i＝上列/3.8717	AW
B_1	1	1/5	1/3	$1\times1/5\times1/3=0.0667$	0.4055	0.105	0.318
B_2	5	1	3	$5\times1\times3=15$	2.462	0.637	1.937
B_3	3	1/3	1	$3\times1/3\times1=1$	1	0.258	0.783
	合计			—	3.8707	1.000	—

由此可求得：

$$\lambda_{\max}=\sum_{i=1}^{n}=\frac{(AW)_i}{nW_i}=\frac{0.318}{3\times0.105}+\frac{1.937}{3\times0.637}+\frac{0.783}{3\times0.258}=3.035$$

$$CI=\frac{\lambda_{\max}-n}{n-1}=\frac{3.035-3}{3-1}=0.0175$$

查 $n=3$ 时 RI 值（表 6-10），得 $RI=0.58$，则

$$CR=\frac{CI}{RI}=\frac{0.0175}{0.58}=0.0302，表明判断矩阵 A 具有较好的一致性。$$

按同样的计算方法，对判断矩阵 B_1-C，有：

$W=(0.491 \quad 0.232 \quad 0.092 \quad 0.118 \quad 0.046)^{\mathrm{T}}, \lambda_{\max}=5.128, CI=0.032, RI=1.12, CR=0.0286<0.1$

对判断矩阵 B_2-C，有：

$$W = (0.055, 0.564, 0.118, 0.263)^{\mathrm{T}}$$

$$\lambda_{\max} = 4.117, CI = 0.039, RI = 0.9, CR = 0.043 < 0.10$$

对判断矩阵 B_3-C，有：

$$W = (0.263, 0.055, 0.1148, 0.564)$$

$$\lambda_{\max} = 4.117, CI = 0.039, RI = 0.9, CR = 0.043 < 0.10$$

由于各判断矩阵的 CR 值均小于 0.1，可以认为它们均有满意的一致性。

若采用和积法进行计算，对判断矩阵 A-B，其计算过程如表 6-13 所示。

比较表 6-13 与表 6-12 的 W_i 列，显然二者相差甚少。因而，在实际工作中，可任选其中的一种方法进行计算。

和积法计算法 表 6-13

A	B_1	B_2	B_3	每列归一化			按行相加	再归一化
				$\overline{B_1}$	$\overline{B_2}$	$\overline{B_3}$	$\overline{W_i}$	W_i
B_1	1	1/5	1/3	0.1111	0.1304	0.0769	0.3184	0.106
B_2	5	1	3	0.5556	0.6522	0.6923	1.9001	0.633
B_3	3	1/3	1	0.3333	0.2174	0.2308	0.7815	0.261
合计	9	1.5333	4.3333	1.0000	1.0000	1.0000	3.0000	1.000

（4）层次总排序

A-B 的层次总排序即为相应的层次单排序，B-C 的层次总排序计算过程如表 6-14 所示。

层次总排序计算表 表 6-14

层次 B 层次 C	B_1	B_1	B_1	层次 C 总排序
	0.105	0.637	0.258	
C_1	0.491	0.000	0.263	$0.105 \times 0.49 + 0.637 \times 0 + 0.258 \times 0.263 = 0.119$
C_2	0.232	0.055	0.055	$0.105 \times 0.232 + 0.637 \times 0.055 + 0.258 \times 0.055 = 0.074$
C_3	0.092	0.564	0.118	$0.105 \times 0.092 + 0.637 \times 0.564 + 0.258 \times 0.118 = 0.399$
C_4	0.138	0.118	0.564	$0.105 \times 0.138 + 0.637 \times 0.118 + 0.258 \times 0.564 = 0.235$
C_5	0.046	0.263	0.000	$0.105 \times 0.046 + 0.637 \times 0.263 + 0.258 \times 0 \times = 0.172$

（5）一致性检验

按照前面介绍的层次总排序一致性检验方法，得知满足一致性要求。

根据上述计算结果可知，为确定最佳垃圾站选址，所提出的一种措施的优先次序为：

1）C_3，权值为 0.399；

2）C_4，权值为 0.235；

3）C_5，权值为 0.172；

4）C_1，权值为 0.119；

5）C_2，权值为 0.074。

按照权值最大原则，确定的垃圾站应该为 C_3。

6.2.4　AHP 实际应用需要注意的问题

随着层次分析方法在实际问题上的广泛应用，AHP 方法的相应不足之处逐渐暴露出来。为了得到更加有效的应用，人们对层次分析法进行了不断改进，如模糊层次分析法（FAHP）、决策树—层次分析法、灰色层次分析法、网络层次分析方法（ANP）、模糊德尔菲层次分析法等，甚至也出现了改进模糊层次分析法。社会发展的各个参与主体涉及任何复杂决策问题，几乎都可以通过层次分析方法得到最优的解决方案。随着 AHP 方法的不断改进，早已在各个领域均得到了广泛的应用。

其中，判断矩阵的确定在实际中是一个难题。一般来说，为更好地反映实际，往往采用多位专家判断法。假设有 n 位专家，对某项目下若干指标相对重要性的两两判断矩阵分别为 $\{A_k, k = 1, 2, \cdots, n\}$，其中矩阵 A_k 的元素为 $a_{ij}(k)$，则可用几何平均作为最终判断矩阵 A 中元素 a_{ij} 的值。如果存在异常点，则可以先剔除异常点后再计算几何平均值。

6.3　模糊综合评判法

6.3.1　模糊综合评判法的思想和原理

模糊数学是研究和揭示模糊现象的定量处理方法。1965 年，美国加利福尼亚大学伯克利分校电机工程与计算机科学系教授、自动控制专家扎德发表了文章《模糊集》，第一次成功的运用精确的数学方法描述了模糊概念，从而宣告了模糊数学的诞生。他所引进的模糊集（边界不明显的类）提供了一种分析复杂系统的新方法。

模糊数学是以不确定性的事物为其研究对象的，其研究对象具有"内涵明确，外延不明确"的特点。模糊数学的产生把数学的应用范围，从精确现象扩大到模糊现象的领域，去处理复杂的系统问题。模糊数学不是把已经很明确的数学变得模糊，二是用精确的数学方法来处理过去无法用数学描述的模糊事物。从某种意义上讲，模糊数学是架在形式化思维和复杂系统之间的一座桥梁，通过它可以把多年累积起来的形式化思维，也就是精确数学的一系列成果应用到复杂系统中。

模糊综合评判法，是一种运用模糊数学原理分析和评价具有"模糊性"事物的系统分析方法，具体地说，该方法是应用模糊关系合成的原理，从多个因素对被评判事务隶属等级状况进行综合性评判的一种方法。它是以模糊推理为主的定性与定量相结合、精确与非精确相统一的分析评价方法。它是综合评分法的一种，在对多种因素所影响的事物或现象进行总的评价时，评价过程涉及模糊因素，便是模糊综合评价，又称为模糊综合评判。

模糊综合评判方法是在模糊环境下，考虑多种因素的影响，为了某种目的对一事物做出综合决策的方法。它的特点在于，评判对各个对象依次进行，对被评价对象有唯一的评价值，不受被评价对象所处对象集合的影响。综合评价的目的是要从对象集合中选出优胜对象，所以还需要将所有对象的综合评价结果进行排序。所以，模糊综合评判法也将针对评判对象的全体，根据所给的条件，给每个对象赋予一个非负实数——评判指标，再根据此排序择优。模糊综合评判可以是一级模糊综合评判，二级模糊综合评判，甚至是多级模糊综合评判。采用几级评判方法主要决定于评价对象的复杂程度。

模糊综合评判法不仅可对评价对象按综合分值的大小进行评价和排序，而且还可根据模糊评价集上的值按最大隶属度原则或其他原则评定对象所属的等级。这就克服了传统数学方法结果单一性的缺陷，结果包含的信息量丰富。

北方严寒地区村镇绿色评价问题，由于有些指标属于定性指标，如村容镇貌的观感类指标"村容镇貌整洁度"、"村容镇貌满意度"等，可以用模糊集表示。因而模糊评价也可以用于该领域。

6.3.2 模糊综合评价法的模型

6.3.2.1 确定评价对象的因素集

设 $U = \{u_1, u_2, \cdots, u_m\}$ 为刻画被评价对象的 m 种评价因素（评价指标）。其中：m 是评价因素的个数。为便于权重分配和评议，可按评价因素的属性将评价因素分成若干类，把每一类都视为单一评价因素，并称之为第一级评价因素。第一级评价因素可以设置下属的第二级评价因素，第二级评价因素又可以设置下属的第三级评价因素，依此类推。即：$U = U_1 \bigcup U_2 \bigcup \cdots \bigcup U_s$（有限个交并）。其中 $U_i = \{u_{i1}, u_{i2}, \cdots, u_{im}\}$，$U_i \cdot U_j = \phi$，任意 $i \neq j, i, j = 1, 2, \cdots, s$。我们称 $\{U_i\}$ 是 U 的一个划分（或剖分），U_i 称为类（或块）。

设 $V = \{v_1, v_2, \cdots, v_n\}$ 为刻画每一因素所处的状态的 n 种决断（即评价等级），它实质是对被评事物变化区间的一个划分，$v_i(i = 1, 2, \cdots, m)$ 就是具体的评语或者说评价等级，如对村镇规划的满意度进行评判，一般可分为优秀、良好、中、合格、差等几个等级。

6.3.2.2 构造评价矩阵

建立模糊关系矩阵：

$$R = (r_{ij})_{m \times n} = \begin{bmatrix} r_{11} & r_{12} & \cdots & r_{1n} \\ r_{21} & r_{22} & \cdots & r_{2n} \\ \vdots & \vdots & \ddots & \vdots \\ r_{m1} & r_{m2} & \cdots & r_{mn} \end{bmatrix}$$

其中：$r_{ij} \in [0,1], i = 1, 2, \cdots, n, j = 1, 2, \cdots, m$。它表示 U 中的 u_i 对应于 V 中的 v_j 的隶属关系，即 u_i 这一指标能被评为 v_j 等级的隶属度，具体得说，r_{ij} 表示第 i 个因素 u_i 在第 j 个评语 v_j 上的频率分布，一般将其归一化使之满足 $\Sigma r_{ij} = 1$。

一般来说，主观或定性的指标都具有一定程度的模糊性，可以采用等级比重法。用等级比重确定隶属矩阵的方法，可以满足模糊综合评判的要求。用等级比重法确定隶属度时，为了保证可靠性，一般要注意两个问题：第一，评价者人数不能太少，因为只有这样，等级比重才趋于隶属度；第二，评价者必须对被评价事物有相当的了解，特别是一些涉及专业方面的评价，更应该如此。对于客观和定量指标，可以选用频率法。频率法是先划分指标值在不同等级的变化区间，然后以指标值的历史资料在各等级变化区间出现的频率作为对各等级模糊子集的隶属度。

6.3.2.3 确定权重

仅有模糊关系矩阵还不足以对事物进行评价，评价因素集中的各个因素在"评价目标"中有不同的地位和作用，即各评价因素在综合评价中占有不同的比重。故需确定评价因素权向量 $A = (a_1, a_2, \cdots, a_m)$，$A$ 是 V 中各个指标与被评判事物的隶属关系，这实际上是指人们在评判事物中时，依次着重于哪些常见的评价问题指标，所以我们把 A 称为评判因素权向量。其中 $a_i \geqslant 0$，且 $\Sigma a_i = 1$。

常见的评价问题中赋权数，一般多是凭主观臆断，主观判断权数有时严重扭曲了客观事实，使评价的结果严重失真而有可能导致决策者的错误判断。在某些情况下，确定权数可以利用数学的方法（如层次分析法），尽管数学方法掺杂有主观性，但因数学方法严格的逻辑性而且可以对确定的权数进行修复处理，以尽量剔除主观成分，符合客观事实。

6.3.2.4　模糊矩阵的合成

R 中不同的行反映了某个被评价事物从不同的单因素来看对各等级模糊子集的隶属程度。用模糊权向量 A 将不同的行进行综合，就可以得到该被评事物从总体上来看对各等级模糊子集的隶属程度，即模糊综合评价结果向量。引入 V 上的一个模糊子集 B，称模糊评价，又称决策集，即 $B = (b_1, b_2, \cdots, b_n)$。

将 A 与 B 合成得到 R，即：$B = A \cdot R$。从理论上说算子有很多很多，但是并不是任何算子都可以应用到模糊综合评判中，也不是什么样的算子应用到模糊综合评判中效果都很好，模糊综合评判只是模糊关系合成的一种，所以可用未合成模糊关系和算子，有的适宜评判，有的则不适宜。同时，在实际的应用中，人们还必须注意，对于适宜模糊综合评判的算子来说，是现实问题的性质决定算子的选择，而不是算子决定现实问题的性质。

由于选择了适当的合成算子，通过 $A \cdot R$ 能得出评判结果向量 B，它是对每个被评价对象综合状况分等级的程度描述，所以 B 一定是一个模糊向量，不能直接用于被评判对象间的排序评优，必须要更进一步的分析处理，待分析处理之后才能应用，最常见的处理方法就按照最大隶属度原则来处理，这种方法实质上是对评判结果向量做出某种截割，强制性使我们所得到的模糊信息又清晰化。当然这种方法也有局限性，因为在使模糊信息清晰化的过程中截割了某些信息，所以必然会造成对被评判事物描述的不完整或不精确，这就使得人们在应用模糊综合评判方法时，不得不去研究新的处理评判结果向量 B 的其他方法。

6.3.2.5　模糊综合评价法步骤总结

模糊综合评价可以归纳为如下步骤：

（1）给出备择的对象集。

（2）找出因素集（或称指标集）：表明我们对被评判事物从哪些方面来进行评判描述。

（3）找出评语集（或称等级集）：这实际上是对被评判事物变化区间的一个划分。

（4）确定评判矩阵

先通过调查统计确定单因素评价向量。调查的人数要足够多且具有代表性。然后由各单因素评价向量得到评价模糊矩阵。在实际的应用处理中有许多方法来确定，但不论如何确定，都必须本着实事求是的原则，因为它是评判的基础环节。

（5）确定权向量

这实际上是指人们在评判事物时，依次着重于哪些指标。一种是由具有权威性的专家及具有代表性的人按因素的重要程度来商定；另一种方法是通过数学方法来确定。现在通常是凭经验给出权重，不可否认，这在一定程度上能反映实际情况，评判结果也比较符合实际。但是凭经验给出权重又往往带有主观性，有时不能客观的反映实际情况，评判结果可能"失真"。因此，这是一个值得关注和研究的问题。

（6）选择适当的合成算法

常用的是用两种算法：加权平均型和主因素突出型。这两种算法总的来说，结果大同小异。注意这两种算法的特点：加权平均型算法常用在因素集很多的情形，它可以避免信息丢失；主因素突出型算法常用在所统计的模糊矩阵中的数据相差得很悬殊的情形，它可以防止其中"调皮"数据的干扰。在实际的应用中，人们应注意，对于适宜模糊综合评判的算子来说，是现实问题的性质决定算子的选择，而不是算子决定现实问题的性质。

（7）计算评判指标

模糊综合评判的结果是被评判事物对各等级模糊子集的隶属度，它一般是一个模糊向量而不是一个点值，因而它能提供的信息远比其他方法更丰富。若对多个事物比较并排序，就需要进一步处理，即计算每个评价对象的综合分值，按大小顺序，按序择优。将综合评价结果转换为综合分值，于是可依其大小进行排序，从而挑选出最优者。

需要注意的是，在复杂系统中，由于要考虑的因素很多，并且各因素之间往往还有层次之分。在这种情况下，如果仍用前面所描述的综合评判的初始模型，则难以比较系统中事物之间的优劣次序，得不出有意义的评判结果。我们在实际应用中，如果遇到这种情形时，可把着眼因素集合按某些属性分成几类，先对每一类（因素较少）做综合评判，然后在对评判结果进行"类"之间的高层次的综合评判。

6.3.3 模糊综合评价的应用实例

水质问题日益成为人类社会面临的严峻问题。随着水污染日益加剧，水质评价已成为我国环保领域十分重要而紧迫的课题之一。作为人们生活用水重要补给来源的地下水，正在随着人口的增加和城市的发展，工业废水和生活污水排放量的逐年增多而受到不同程度的污染。地下水污染具有过程缓慢、不易发现和难以治理的特点，一旦受到污染，即使彻底消除污染源，也需要十几年，甚至几十年才能恢复。因此，必须正确评价和保护地下水资源，但地下水环境是多层次、多目标、多因素控制的复杂模糊系统，对于这种具有模糊性的系统可以采用模糊综合评判法来评价，即运用模糊综合评判法来评价地下水级别。

运用模糊综合评判法评价北方地区某村镇的地下水环境质量，为地下水环境的保护和管理提供依据。基于模糊数学原理建立的模糊综合评判法，是以模糊推理为主的定性与定量相结合、精确与非精确相统一的分析评价方法，其评价结果具有理论上的可信性，能比较真实地反映地下水环境质量水平，比较合理也更接近客观实际。

下面引用某村镇的地下水监测资料，利用上文中阐述的模糊综合评判方法的理论及步骤进行水质评价。

（1）建立评价因子及评价集

根据对某村镇 2 个测点的地下水水质监测资料分析，选择评价因子集：$U = \{X_1, X_2, \cdots X_5\}$。表 6-15 为该村镇 2014 年第 4 季度 2 个水质监测采样点 5 项指标的水质。为了便于比较，列出地下水的水质评价标准，见表 6-16。评语集 {I，III…V} 对应 {非常好、好、一般、较差，差}。

某村镇地下水水质监测实测值（mg/L）　　　　　表 6-15

污染指数 j	测点 i	
	1	2
氯化物	19.4	12.7
COD_{Mn}	1.12	1
硝酸盐氯	6.54	2.36
总硬度	147	124
矿化度	231	203

地下水水质评价标准（mg/L）　　　　　表 6-16

污染指数 j	分　级				
	I	II	III	IV	V
氯化物	50	150	250	350	450
COD_{Mn}	1	2	3	10	20
硝酸盐氯	2	5	20	30	45
总硬度	150	300	450	550	700
矿化度	300	500	1000	2000	3000

（2）建立模糊关系矩阵

根据模糊关系矩阵的构建过程，确定 2 个测点的模糊关系矩阵，测点 1 的模糊关系矩阵为：

$$R = \begin{bmatrix} 1 & 0 & 0 & 0 & 0 \\ 0.88 & 0.12 & 0 & 0 & 0 \\ 0 & 0.9 & 0.1 & 0 & 0 \\ 1 & 0 & 0 & 0 & 0 \\ 1 & 0 & 0 & 0 & 0 \end{bmatrix}$$

测点 2 的模糊关系矩阵为：

$$R = \begin{bmatrix} 1 & 0 & 0 & 0 & 0 \\ 1 & 0 & 0 & 0 & 0 \\ 0.88 & 0.12 & 0 & 0 & 0 \\ 1 & 0 & 0 & 0 & 0 \\ 1 & 0 & 0 & 0 & 0 \end{bmatrix}$$

（3）权向量的计算

根据各评价因子的超标比可计算出各个监测断面评价因子的权重值，并进行归一化处理，结果见表 6-17。

评价因子权重值归一化结果 表 6-17

测点	指标	氯化物	COD_{Mn}	硝酸盐氯	总硬度	矿化度
测点 1	I_i	0.0776	0.1556	0.3206	0.3419	0.1582
	W_i	0.0736	0.1476	0.3042	0.3244	0.1501
测点 2	I_i	0.0508	0.1389	0.1157	0.2884	0.139
	W_i	0.0693	0.1895	0.1579	0.3936	0.1897

（4）水质模糊综合评价

各单位因素模糊关系矩阵 R 和权重集 W 代入模糊综合评判模型中进行计算，即可以得到模糊综合评判集 B，见表 6-18。

各监测点模糊综合评判结果 表 6-18

测点	I	II	III	IV	V	评价结果
1	0.678	0.2915	0.03042	0	0	I
2	0.9811	0.0189	0	0	0	I

评价结果表明，该村镇第 4 季度 1 号与 2 号水源地的地下水的级别均为 I 类。因此，该村镇第 4 季度 1 号与 2 号水源地地下水环境质量非常好，水质符合工农业及生活用水的要求，该方法的评价结果基本上反映了该区地下水环境质量的实际情况。

6.4 基于灰色-层次分析法的综合评价模型

6.4.1 灰色-层次分析法的综合评价模型的基本思路

设选取某村镇近 m 年的指标数值，对这些数值做无量纲化处理，通过灰色关联分析法计算该村镇每年与理想参照值之间的关联系数矩阵，通过层次分析法计算各个指标的权重值，二者加权，得出该镇近 m 年绿色村镇建设状况的关联度值，最后计算出的是这 m 年与理想村镇之间差距的优劣序列。通过这个序列，不仅可以看出这 m 年村镇建设的动态状况，还可以将各年的计算结果与事先设立的标准对比（该标准是经调研和专家咨询后得出的），以考核该村镇的总体绿色村镇建设等级。更重要的是，还可以进一步向上推算，计算中各个评价指标与理想指标之间的关联度，这样就可以详细分析评价对象在哪些方面做得好，哪些方面还有待加强，找出村镇发展存在的问题，并根据这些问题提出整改措施，给出绿色村镇建设的意见和建议。

需要指出的是，利用 AHP 法确定指标权重的过程中为提高权重确立的准确性，需找多个专家进行打分，但是多个专家打分的数值不一定都是有效的，可能会存在较大误差。为提高评价的准确性，本文引入格布拉斯准则，对专家打分数值进行筛选，剔除掉那些明显不合理的数值。在获取定性指标数值时，同样要采用该方法剔除掉打分数据中不合理的数值。以使评价结果尽量反映评价对象的真实状况。

6.4.2 指标理想值的选取方法和指标的标准化处理方法

6.4.2.1 指标理想值的选取

利用灰色关联分析法评价绿色村镇的基本原理即计算某一村镇与理想村镇之间的关联程度，进而与事先设立的评价等级比较，确立村镇目前的绿色村镇建设等级。因此，指标理想值的确立非常重要，他将直接关系到评价结果的准确性。同时，指标理想值也应当是村镇建设的目标，是激励每个村镇发展建设的参照系。因此，指标理想值应当设的稍高一些。指标理想值的具体选取依据为：

（1）有国家标准或国际标准，或国家环保局有规定的，依据最高标准设立。

（2）国家没有标准的，按照寒地或所在区域村镇现有最大值设定（若查找能够获得的话）。

（3）参考国内发达地区生态村镇、小城镇建设现状，结合严寒地区绿色村镇的实际情况，并考虑与绿色村镇建设要求相适应做合理的趋势外推，制定标准。

（4）定性指标本文采用 10 分制打分获取，因此指标理想值暂定 10 分。

（5）对于那些无法通过相关资料获取，同时国家也未做相关规定的，暂用类似指标替代。

6.4.2.2 指标的标准化处理

各指标量纲不同，因此需要进行标准化处理。在严寒地区绿色村镇评价指标中，有负向指标也有正向指标。两种类型指标分别采用以下方法进行无量纲化处理。

正向指标标准化处理:

$$s_{ij} = \frac{r_{ij} - r_{j\min}}{r_{j\max} - r_{j\min}}$$

负向指标标准化处理:

$$s_{ij} = 1 - \frac{r_{ij} - r_{j\min}}{r_{j\max} - r_{j\min}}$$

其中,

$$r_{j\min} = \min\{r_{ij}\}, i = 1, \cdots, m$$
$$r_{j\max} = \max\{r_{ij}\}, i = 1, \cdots, m$$

6.4.3 基于灰色-AHP 方法的综合评价模型的建立

利用灰色关联分析法评价时,没有考虑到指标之间的权重,只简单的默认所有指标同等重要,这显然是不合理的。其次,在灰色关联分析中,ρ 的计算取了折中值 0.5,这种做法减少了计算过程,但是方法却不科学。因此,将灰色关联分析和层次分析法相结合,利用层次分析法计算指标权重,采用一定方法计算出合理的 ρ。将得出的灰色关联系数与指标权重进行加权组合,组合的结果作为评价对象关于理想对象的关联度。这样便有效规避了单纯使用灰色关联分析法的弊端,提高了评价结果的科学性和合理性。

拟选取某一村镇,假设对 16 个指标经查找分析后获得了 m 年的统计数据。则这 16 个指标,m 年的原始数据矩阵记做 R。

$$R = \begin{bmatrix} r_{11} & \cdots & r_{116} \\ \vdots & \ddots & \vdots \\ r_{m1} & \cdots & r_{m16} \end{bmatrix}$$

(1)指标的标准化处理

对指标进行标准化处理化处理后,得到矩阵 $S = (s_{ij})_{m*16}$。

(2)计算 ρ:

$$\chi_i' = \sum_{j=1}^{16} s_{ij} * \omega_j, \text{其中} \ i = 1, 2, \cdots, m$$

则

$$\rho = \frac{1}{m} \sum_{i=1}^{m} \chi_i'$$

(3)确定理想最优向量 R_0

记 $R_0 = (s_{i1}, s_{i2} \cdots, s_{i16})$, $i = 1, 2, \cdots, m$。一般情况下,$r_{0j}(j = 1, 2 \cdots, n)$ 为第 j 个指标在 m 年中的最优值,通过指标的标准化处理已将指标数值全部转化为正向

指标，因此理想的最优向量 r_{0j} 即为指标 j 在 m 年中的最大值。

（4）计算关联系数矩阵

记 $s_i = (s_{i1}, s_{i2}, \cdots, s_{i16})$，$i = 1, 2, \cdots, m$。将 $s_0 = (1, 1, \cdots, 1)$ 作为参考数列，构造新的矩阵，即：

$$s = \begin{bmatrix} 1 & 1 & \cdots & 1 \\ s_{11} & s_{12} & \cdots & s_{116} \\ \vdots & \vdots & & \vdots \\ s_{m1} & s_{m2} & \cdots & s_{m16} \end{bmatrix}$$

计算 s_i 的第 j 个指标与 s_0 的第 j 个指标的关联系数，即：

$$\beta_i(j) = \frac{\min\limits_{i} \min\limits_{j} |s_{0j} - s_{ij}| + \rho \max\limits_{i} \max\limits_{j} |s_{0j} - s_{ij}|}{|s_{0j} - s_{ij}| + \rho \max\limits_{i} \max\limits_{j} |s_{0j} - s_{ij}|}$$

通过以上计算，求得关联系数矩阵 β，即：

$$\beta = \begin{bmatrix} \beta_1(1) & \beta_1(2) & \cdots & \beta_1(16) \\ \beta_2(1) & \beta_2(2) & \cdots & \beta_2(16) \\ \vdots & \vdots & & \vdots \\ \beta_m(1) & \beta_m(2) & \cdots & \beta_m(16) \end{bmatrix}$$

（5）计算综合评价结果

将确定的指标权重和 β 结果加权，得到最终结果：

$$X = \beta \times W$$

式中，W 为指标权重值，$X = (x_i)m \times 1$ 为评价对象相对于理想对象的关联度。的值越大，表明第 i 年的值越接近理想值，也即第 i 年村镇建设的效果更接近绿色村镇标准。同时对这 m 年的评价结果进行排序也可观察出村镇这 m 年来绿色村镇建设情况的动态变化。

（6）评价等级的确定

将计算结果 R 与评价等级表进行对比，即可得出评价对象的建设状况。考虑到我国东西部发展的差异性，不同地区经济发展水平，村镇建设要求也有差异。因此在实际应用中，各个地区可根据本地区村镇发展的现状，制定与之相适应的评价等级，以上标准仅做参考使用。

6.4.4 基于灰色-AHP 法的综合评价模型的实证模拟

本次实证模拟预选取实地调研的镇——黑龙江省 H 市 X 镇作为本文实证研究的对象。X 镇隶属黑龙江省 H 市管辖。位于 H 市西南部，总面积 $131km^2$，人口总数约 2.1 万，是 H 市西部较繁华的村镇之一。地域辽阔、物产丰盈、我国 90% 的朝鲜族人口均聚居于此，具有浓郁的异域风情。

（1）指标理想值的选取

本文在指标理想值设立时把标准定得稍高，这是灰色关联分析方法的原理所需。但是在实际应用中，理想值一般是很难达到的。因此本文在设定评价等级时，将等级适当降低，以与实际发展水平相适应。依据以上标准，得到下表 6-19：

绿色村镇评价指标理想值及参考依据　　　　　　　　　　表 6-19

一级指标	二级指标	单位	理想值	参考依据
绿色村镇建设能力	绿色村镇专项规划合理性	分	10	依据理想标准
	人均可支配财政收入	元/人	17803	依据国内乡镇最大值
资源利用	节水器具使用比例	%	50	国家一级建用地标准
	单位 GDP 能耗	吨标准煤/万元	0.459	国内乡镇最小值
	清洁能源使用比例	%	75	依据理想标准
	房屋保温节能措施率	%	100	依据理想标准
基础设施建设水平	村庄道路硬化率	%	100	依据理想标准
	自来水入户率	%	100	依据理想标准
房屋建筑与公共服务设施建设	文体设施满足度	分	10	依据理想标准
	人均建设用地面积	m²/人	80	国家一级建用地标准
绿化与村容镇貌	人均公共绿地面积	m²/人	12	依据国内村镇最大值
	村容镇貌满意度	分	10	依据理想标准
环境保护与环境卫生	垃圾无害化处理率	%	80	国家生态村镇创建标准
	卫生厕所拥有率	%	50	依据理想标准
绿色产业发展	有机绿色农业种植面积比例	%	80	依据理想值
	农用化肥施用强度	公斤/公顷年	11.8	依据国内乡镇最小值

（2）指标权重的确定

利用 AHP 法确定指标权重首先需要建立层次结构模型。按照表 5 中确立的指标体系，建立如图 6-5 所示层次结构模型。相应指标代号见表 6-20。

各指标体系的字母代号　　　　　　　　　　表 6-20

目标层	一级指标	三级指标
	绿色村镇建设能力 B1	绿色村镇专项规划合理性 C1
		人均可支配财政收入水平 C2
	资源利用 B2	节水器具普及使用比例 C3
A		单位 GDP 能耗 C4
		清洁能源使用比例 C5
		房屋保温节能措施率 C6
	基础设施建设水平 B3	村庄道路硬化率 C7

续表

目标层	一级指标	三级指标
A	房屋建筑与公共服务 B4	自来水入户率 C8
		文体设施满足度 C9
		人均居住建筑面积 C10
	绿化与村容镇貌 B5	人均公共绿地面积 C11
		村容镇貌满意度 C12
	环境保护与环境卫生 B6	垃圾无害化处理率 C13
		卫生厕所拥有率 C14
	绿色产业发展 B7	有机、绿色农业种植面积比例 C15
		农用化肥施用强度 C16

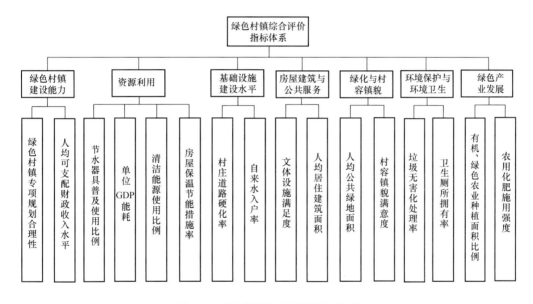

图 6-5 绿色村镇综合评价指标体系

利用层次分析法计算指标权重时，需要选取专家对指标之间相对重要程度进行打分，构造判断矩阵。为消除单一专家打分时个人偏好对判断结果的影响，本文采用了群决策的思想（所谓群决策思想，是指为消除单一专家打分结果的臆断性和偶然性，组织若干专家共同打分，将综合打分的结果作为判断矩阵元素的思想），选取 10 个专家，采用表 6-21 所示的简易表格，由专家打"√"进行专家意见问卷调研。

一级指标 B₁—绿色村镇综合评价目标层 A   表 6-21

相对重要性 指标元素	绝对重要	相邻中值	很重要	相邻中值	比较重要	相邻中值	稍微重要	相邻中值	同等重要
等级	9	8	7	6	5	4	3	2	1

相对重要性 指标元素	绝对重要	相邻中值	很重要	相邻中值	比较重要	相邻中值	稍微重要	相邻中值	同等重要
B₁									
B₂									
B₃									
B₄									
B₅									
B₆									
B₇									

通过专家打分以及后期对于数据的处理得出一级指标权重分别为：W_i＝（0.1489　0.293　0.1001　0.0786　0.1317　0.1601　0.0976），指标的权重之和为 1。二级指标权重 $W＝\omega_j$，其中 j＝1，2，…，16＝（0.0852　0.0637　0.0541　0.0317　0.1160　0.0812　0.0733　0.0268　0.0483　0.0303　0.0939　0.0378　0.1321　0.0280　0.0519　0.0457）。

（3）指标的获取和标准化处理

本文所构建的 16 个指标体系中既有定性指标，也有定量指标。定量指标中若有相关统计，则直接获得即可，没有统计的，可通过入户调研、发放问卷，统计整理获得；而对于指标中的定性指标，可通过专家访谈，问卷打分的方式获得。通过以上三种方法，即可得到 X 镇绿色村镇评价 16 个指标近 5 年的数据值，结合表 6-19 中所确定的指标理想值。即可得到表 6-22 所示统计数据

5 年内 X 镇评价指标原始数据　　　　　　　　　　　表 6-22

指标名称	1 年	2 年	3 年	4 年	5 年	指标标志值	单位
绿色村镇专项规划合理性	4.31	4.32	4.43	4.45	4.58	10	分
人均可支配财政收入	9765	9987	11065.7	11656	12472	17803	元/人
节水器具使用比例	8	10.5	11.4	12.3	14.9	50	%
单位 GDP 能耗	0.7562	0.7994	0.732	0.721	0.702	0.459	吨标准煤/万元
清洁能源使用比例	34	43	53	58	61	75	%
房屋保温节能措施率	85.3	87.1	88.2	90.5	92.3	100	%
村庄道路硬化率	68	75.4	90.5	100	100	100	%
自来水入户率	80.3	87.6	95.6	100	100	100	%
文体设施满足度	2.21	2.34	4.5	4.43	4.39	10	分
人均建设用地面积	116	123	134	143	150.5	80	m²/人
人均公共绿地面积	5.32	5.65	6.54	7.98	7.65	12	m²/人
村容镇貌满意度	5.11	5.21	5.23	5.3	5.63	10	分
垃圾无害化处理率	43	45	46	65	66	80	%
卫生厕所拥有率	5.6	7.3	8.9	10.4	12.3	50	%
有机绿色农业种植面积比例	10.3	14.6	16.9	19.6	21.5	80	%
农用化肥施用强度	78	79.3	87	98	102	11.8	公斤/公顷年

指标数据统计出来后，采用线性插值法进行标准化处理。将指标分类带入公式，得标准化后结果。设表 6-22 中的原始数据所形成的指标矩阵记做 $R = [r_{ij}]_{16\times6}$，该矩阵行表示 16 个指标，矩阵列表示近 5 年原始数据外加指标理想值，则标准化后的结果为：

$$S = \begin{bmatrix}
0 & 0.0018 & 0.0211 & 0.0246 & 0.0475 & 1 \\
0 & 0.0276 & 0.1618 & 0.2353 & 0.3368 & 1 \\
0 & 0.0595 & 0.0809 & 0.1024 & 0.1643 & 1 \\
0.1269 & 0 & 0.1980 & 0.2303 & 02861 & 1 \\
0 & 0.2195 & 0.4634 & 0.5854 & 0.6585 & 1 \\
0 & 0.1224 & 0.1973 & 0.3537 & 0.4762 & 1 \\
0 & 0.2313 & 0.7031 & 1 & 1 & 1 \\
0 & 0.3706 & 0.7767 & 1 & 1 & 1 \\
0 & 0.0167 & 0.2939 & 0.2849 & 0.2850 & 1 \\
0.4894 & 0.3901 & 0.2340 & 0.1064 & 0.1064 & 1 \\
0 & 0.0494 & 0.1826 & 0.3982 & 0.3982 & 1 \\
0 & 0.0205 & 0.0245 & 0.0389 & 0.0389 & 1 \\
0 & 0.0541 & 0.0811 & 0.5946 & 0.5946 & 1 \\
0 & 0.0383 & 0.0743 & 0.1081 & 0.1081 & 1 \\
0 & 0.0617 & 0.0947 & 0.1334 & 0.1334 & 1 \\
0.2661 & 0.2517 & 0.1663 & 0.0443 & 0.0443 & 1
\end{bmatrix}$$

（4）计算 ρ 值

首先利用下面的公式 1 得 5 列数据的 χ'_i 值，记 X$= \chi'_i$，$i = 1,2\cdots5$。则：

$$\chi' = (0.0310 \quad 0.1084 \quad 0.2296 \quad 0.3730 \quad 0.4036)$$

$$\rho = \frac{1}{5}\sum_{i=1}^{5}\chi'_i = 0.2291$$

（5）确定指标理想值

本文中理想值即取每个指标的标志值，即 $R_0 =$（10 117803　50　0.459 75　100　100　100　10　80　12　10　80　50　80　11.8）进行标准化处理后统一为 1。再把该理想值标准化后的结果作为一列，组合成新的标准矩阵，得 $S = [s_{ij}]_{16\times6}$

（6）计算关联系数

利用公式 2，计算各指标值相对于理想值的关联系数，结果为：

$$\beta_i(j) = \frac{\min\limits_i\min\limits_j |s_{oj} - s_{ij}| + \rho\max\limits_i\max\limits_j |s_{oj} - s_{ij}|}{|s_{oj} - s_{ij}| + \rho\max\limits_i\max\limits_j |s_{oj} - s_{ij}|}$$

$$\beta = \begin{vmatrix} \beta_1(1) & \beta_1(2) & \cdots & \beta_1(6) \\ \beta_2(1) & \beta_2(2) & \cdots & \beta_2(6) \\ \vdots & \vdots & \ddots & \vdots \\ \beta_{16}(1) & \beta_{16}(2) & \cdots & \beta_{16}(6) \end{vmatrix}$$

$$\beta = \begin{bmatrix} 0.1864 & 0.1867 & 0.1897 & 0.1902 & 0.1939 & 1 \\ 0.1864 & 0.1907 & 0.2147 & 0.2305 & 0.2568 & 1 \\ 0.1864 & 0.1959 & 0.1995 & 0.2033 & 0.2152 & 1 \\ 0.2079 & 0.1864 & 0.2222 & 0.2294 & 0.2429 & 1 \\ 0.1864 & 0.2269 & 0.2992 & 0.3559 & 0.4015 & 1 \\ 0.1864 & 0.2070 & 0.2220 & 0.2617 & 0.3043 & 1 \\ 0.1864 & 0.2296 & 0.4356 & 1 & 1 & 1 \\ 0.1864 & 0.2668 & 0.5064 & 1 & 1 & 1 \\ 0.1864 & 0.1889 & 0.2450 & 0.2427 & 0.2413 & 1 \\ 0.3097 & 0.2731 & 0.2302 & 0.2041 & 0.1864 & 1 \\ 0.1864 & 0.1942 & 0.2189 & 0.2757 & 0.2603 & 1 \\ 0.1864 & 0.1896 & 0.1902 & 0.1925 & 0.2041 & 1 \\ 0.1864 & 0.1949 & 0.1996 & 0.3611 & 0.3771 & 1 \\ 0.1864 & 0.1924 & 0.1940 & 0.2044 & 0.2125 & 1 \\ 0.1864 & 0.1962 & 0.2020 & 0.2091 & 0.2144 & 1 \\ 0.2379 & 0.2344 & 0.2156 & 0.1934 & 0.1864 & 1 \end{bmatrix}$$

（7）计算综合评价结果

得到综合评价结果

$$X = \beta \cdot W$$

其中 $W = (0.0852 \quad 0.0637 \quad 0.0541 \quad 0.0317 \quad 0.1160 \quad 0.0812 \quad 0.0733$ $0.0268 \quad 0.0483 \quad 0.0303 \quad 0.0939 \quad 0.0378 \quad 0.1321 \quad 0.0280 \quad 0.0519 \quad 0.0457)$

得最终计算结果为 $X = (0.1932 \quad 0.2065 \quad 0.24447 \quad 0.3360 \quad 0.3485 \quad 1)$

（8）模拟结果分析

首先由最终计算结果，参照表 6-23 中所示绿色村镇评价标准，绘制图 6-7。（注：以下结果分析中均以理想绿色村镇为参照系，但理想绿色村镇是一种理想状态，一般情况下是很难达到的)。

评估值（关联度）	评语
≤0.30	差
≥0.30～0.45	中
≥0.45～0.55	良
≥0.55～0.75	优
≥0.75	极优

绿色村镇建设评价分级标准　　　　　　　　　　　　　　　表 6-23

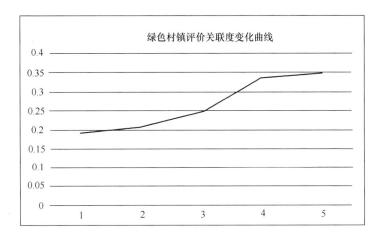

图 6-6　X 镇绿色村镇评价关联度变化曲线

由图 6-6 分析可知，首先，X 镇在模拟的 5 年期间与理想村镇的关联度始终小于 0.5，整体建设水平较理想村镇有较大差距；其次，在模拟的前 3 年，关联度值均小于 0.3，即位于"差"一级。而到第 4 年时关联度为 0.3360 大于 0.3，评定等级为"中"，表明到第 4 年时 X 镇绿色村镇建设情况已经达到中等水平；第三，从上图看出，X 镇在模拟的 5 年间关联度曲线呈升的趋势，表明该镇绿色村镇建设情况一直是在改善的。

6.5　TOPSIS 评价法

6.5.1　TOPSIS 评价方法背景介绍

TOPSIS 的全称是"逼近于理想值的排序方法"（Technique For Order Preference by Similarity to Ideal Solution），是 Hwang 和 Yoon 于 1981 年提出的一种适用

于根据多项指标、对多个方案进行比较选择的分析方法。这种方法的中心思想在于首先确定各项指标的正理想值和负理想值，所谓正理想解是一设想的最好值（方案），它的各个属性值都达到各候选方案中最好的值，而负理想解是另一设想的最坏值（方案），然后求出各个方案与理想值、负理想值之间的加权欧氏距离，由此得出各方案与最优方案的接近程度，作为评价方案优劣的标准。TOPSIS 法是有限方案多目标决策的综合评价方法之一，它对原始数据进行同趋势和归一化的处理后，消除了不同指标量纲的影响，并能充分利用原始数据的信息，所以能充分反映各方案之间的差距、客观真实的反映实际情况，具有真实、直观、可靠的优点，而且其对样本资料无特殊要求，故应用日趋广泛。TOPSIS 法较之单项指标相互分析法，能集中反映总体情况、能综合分析评价，具有普遍适用性。例如，其在评价卫生质量、计划免疫工作质量、医疗质量；评价专业课程的设置、顾客满意程度、软件项目风险评价、房地产投资选址；评价企业经济效益、城市间宏观经济效益、地区科技竞争力、各地区农村小康社会等方面都已得到广泛、系统的应用。

6.5.2 TOPSIS 评价法相关概念

TOPSIS 借助多属性问题的理想解和负理想解给方案集 X 中各方案排序。设一个多属性决策问题的备选方案集为 $X = \{x_1, x_2, \cdots, x_m\}$，衡量方案优劣的属性向量为 $Y = \{y_1, y_2, \cdots, y_n\}$；这时方案集 X 中的每个方案 $x_i (i = 1, \cdots, m)$ 的 n 个属性值构成的向量是 $Y_i = \{y_{i1}, y_{i2}, \cdots, y_{in}\}$，它作为 n 维空间中的一个点，能唯一地表征方案 x_i。

理想解 x^* 是一个方案集 X 中并不存在的虚拟最佳方案，它的每个属性值都是决策矩阵中该属性的最好的值；而负理想解 x^0 则是虚拟的最差方案，它的每个属性值都是决策矩阵中该属性的最差的值。在 n 维空间中，将方案集 X 中的各备选方案 x_i 与理想解 x^* 和负理想解 x^0 的距离进行比较，既靠近理想解又远离负理想解的方案就是方案集 X 中的最佳方案；并可以据此排定方案集 X 中各备选方案的优先序。

6.5.3 TOPSIS 评价方法基本步骤

TOPSIS 的基本思想是：对归一化后的原始数据矩阵，确定出理想中的最佳方案和最差方案，然后通过求出各被评方案与最佳方案和最差方案之间的距离，得出该方案与最佳方案的接近程度，并以此作为评价各被评对象优劣的依据。假设有 m 个目标，每个目标都有 n 个属性，则多属性决策问题的数学描述：$Z = \max / \min \{z_{ij} \mid i = 1, 2, \cdots, m; j = 1, 2, \cdots, n\}$。

本方法的基本原理为：通过计算得出评价对象中所有备选方案与该对象集合中的理论最优解、最劣解的距离来进行排序，若备选方案在最接近最优解同时又最远离最劣解，则为最优方案；否则不为最优。TOPSIS 法中有两个基本概念，即"正理想解"和"负理想解"。对备选方案进行排序的规则是把各备选方案与正理想解和负理想解的距离作比较，若其中有一个方案最接近理想解，且同时又远离负理想解，则该方案就是备选方案中最优的。需要指出的是，在对各个属性进行比较的时候，应注意属性的类别。属性分为效益型属性和成本型属性种，效益型为正增长，即越大越好；成本型为负增长，即越小越好。

用理想解求解多属性决策问题的概念很简单，只要在属性控件定义适当的距离测度就能计算备选方案与理想解，TOPSIS 法所用的欧氏距离。至于既用理想解又用负理想解是因为在仅仅使用理想解时有时会出现某两个备选方案与理想解的距离相同的情况，为了区分这两个方案的优劣，引入负理想解并计算这两个方案与负理想解的距离，与理想解的距离相同的方案离负理想解远者为优。TOPSIS 法的思路可以用图 6-7 来说明。图 6-7 表示两个属性的决策问题，f_1 和 f_2 为加权的规范化属性，均为效益型；方案集 X 中的六个方案 x_1 到 x_6，根据它们的

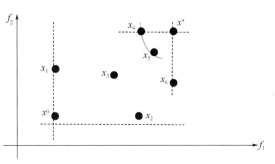

图 6-7　理想解和负理想解示意图

加权规范化属性值标出了在图中的位置，并确定理想解 x^* 和负理想解 x^0。图中的 x_4 与 x_5 与理想解 x^* 的距离相同，引入它们与负理想解 x^0 的距离后，由于 x_4 比 x_5 离负理想解 x^0 远，就可以区分两者的优劣了。

TOPSIS 法的具体算法如下：

步骤一，用向量规范化的方法求得规范决策矩阵。设多属性决策问题的决策矩阵 $Y = \{y_{ij}\}$，规范化决策矩阵 $Z = \{z_{ij}\}$，则

$$z_{ij} = \frac{y_{ij}}{\sqrt{\sum_{i=1}^{m} y_{ij}^2}}, \ i = 1, \cdots, m; \ j = 1, \cdots, n$$

步骤二，构成加权规范阵 $X = \{x_{ij}\}$。设由决策人给定 $w = \{w_1, w_2, \cdots, w_n\}^T$，则 $x_{ij} = w_{ij} \cdot z_{ij}, \ i = 1, 2, \cdots, m, \ j = 1, 2, \cdots, n$

步骤三，确定理想解 x^* 的第 j 个属性值为 x_j^*，负理想解 x^0 第 j 个属性值为 x_j^0，则

理想解 $x_j^* = \max\{x_{ij}\}$ 其中 j 为效益型属性，或者 $x_j^* = \min\{x_{ij}\}$ 其中 j 为成本型属性；

负理想解 $x_j^0 = \max\{x_{ij}\}$ 其中 j 为成本型属性，或者 $x_j^0 = \min\{x_{ij}\}$ 其中 j 为效益型属性。

步骤四，计算各方案到理想解与负理想解的距离。备选方案 x_i 到理想解的距离为

$$d_i^* = \sqrt{\sum_{j=1}^{n}(X_{ij} - X_j^*)^2}, \quad i = 1, \cdots, m$$

备选方案 x_i 到负理想解的距离为

$$d_i^0 = \sqrt{\sum_{j=1}^{n}(X_{ij} - X_j^0)^2}, \quad i = 1, \cdots, m$$

步骤五，计算各方案的排队指示值（即综合评价指数）；

$$C_i^* = d_i^0 / (d_i^0 + d_i^*), \quad i = 1, 2, \cdots, m$$

步骤六，按 C_i^* 由大到小排列方案的优劣方案。

6.5.4 TOPSIS 评价法应用举例

某个北方村镇用于绿色环保方面建设水平的评估。先选 5 个村镇，收集有关数据资料进行了试评估，资料数据如表 6-24 所示。

资料数据 表 6-24

	y_1/绿色活动宣传次数（次/月）	y_2冬季房屋能耗指数	设施投入 y_3/（元/人）	居民不满意率 y_4/（%）
1	0.1	5	5000	4.7
2	0.2	7	4000	2.2
3	0.6	10	1260	3.0
4	0.3	4	3000	3.9
5	2.8	2	284	1.2

第一步，对表 6-24 所示属性值向量规范化，所得属性矩阵见表 6-25。

规范化矩阵 表 6-25

	$z_1(y_1)$	$z_2(y_2)$	$z_3(y_3)$	$z_4(y_4)$
1	0.0346	0.6956	0.6482	0.6666
2	0.0693	0.5565	0.3034	0.5555
3	0.2078	0.1753	0.4137	0.2222
4	0.1039	0.4174	0.5378	0.4444
5	0.9695	0.0398	0.1655	0.0000

第二步，设权向量为 $w = \{0.2, 0.3, 0.4, 0.1\}$，得加权向量规范化属性矩阵见表 6-26。

属性矩阵　　　　　　　　　　　　　　　　表 6-26

	z'_1	z'_2	z'_3	z'_4
1	0.00692	0.2000	0.27824	0.06482
2	0.01386	0.1667	0.22260	0.03034
3	0.04156	0.6667	0.07012	0.04137
4	0.02079	0.1333	0.16696	0.05378
5	0.19390	0.0000	0.15920	0.01655

第三步，由表 6-25 得

理想解 x^* 为：（0.1939，0.2000，0.2782，0.01655）

负理想解 x_0 为：（0.00692，0.0000，0.01592，0.06482）

第四步，求各方案到理想点的距离 d_i^* 和负理想点的 d_i^0，列于表 6-27。

理想距离与负理想点　　　　　　　　　　　表 6-27

	d_i^*	d_i^0	C_i^*
1	0.1931	0.6543	0.7721
2	0.1918	0.4354	0.6577
3	0.2194	0.2528	0.5297
4	0.2197	0.2022	0.4793
5	0.6543	0.1931	0.2254

第五步，计算排队指示值 C_i^*（见表 6-26），由 C_i^* 值的大小可确定各方案的排序为：$x_1 > x_2 > x_3 > x_4 > x_5$。

6.6　数据包络分析法

6.6.1　数据包络分析法背景介绍

从资源、资金的投入和建设水平产出的角度，村镇建设的评价问题可以简单地说，就是以较少的投入，获得较好的效果，或者在投入水平相近的情况下，产生较好的效果。同时，参与评价的各个村镇，往往各自具有相同（或相近）的投入和相同的产出。衡量这类组织之间的绩效高低，通常采用投入产出比这个指标，当各自的投入产出均可折算成同一单位计量时，容易计算出各自的投入产出比并按其大小进行绩效排序。

当被衡量的同类型组织有多项投入和多项产出，且不能折算成统一单位时，就无法算出投入产出比的数值。在这种背景下产生了数据包络分析方法（Data Envel-opment Analysis，DEA）。

DEA 的原型可以追溯到 1957 年，Farrell 在进行英国农业生产力分析时提出的包络思想。此后，在运用和发展运筹学理论与实践的基础上，逐渐形成了主要依赖线性规划技术并常常用于经济定量分析的非参数。1978 年著名的运筹学家 A. Charnes 和 W. W. Cooper 等学者首先提出数据包络分析方法，这是基于相对效率的多投入多产出分析法。他们的第一个模型被命名为 CCR 模型，目的是为了评价部门间的相对有效性（因此被称为 DEA 有效）。这一模型是用来研究具有多个输入，特别是具有多个输出的"生产部门"时为衡量部门"规模有效"与"技术有效"的较为方便且卓有成效的方法。1984 年 R. D. Banker，A. Charnes 和 W. W. Cooper 给出了一个被称为 BCC 的模型。1985 年 Charnes，Cooper 和 B. Golany，L. Seiford，J. Stutz 给出了另一个模型（称为 CCGSS 模型），这两个模型是用来研究生产部门的间的"技术有效"性的。1986 年 Charnes，Cooper 和魏权龄为了进一步地估计"有效生产前沿面"，利用 Charnes，Cooper 和 K. Kortanek 于 1962 年首先提出的半无限规划理论，研究了具有无穷多个决策单元的情况，给出了一个新的数据包络模型——CCW 模型。1987 年 Charnes，Cooper，魏权龄和黄志民又得到了称为锥比率的数据包络模型——CCWH 模型。这一模型可以用来处理具有过多的输入及输出的情况，而且锥的选取可以体现决策者的"偏好"。灵活的应用这一模型，可以将 CCR 模型中确定出的 DEA 有效决策单元进行分类或排队等。这些模型以及新的模型正在被不断地进行完善和进一步发展。

上述的这些模型都可以看作是处理具有多个输入（输入越小越好）和多个输出（输出越大越好）的多目标决策问题的方法，需要运用线性规划等运筹学相关知识。因此，可以说数据包络分析是运筹学的一个新的研究领域。

一个待评的村镇可看成是一个决策单元，可得到每个决策单元的效率评价指数：

$$h_j = \frac{u^T y_j}{v^T x_j} = \frac{\sum_{r=1}^{s} u_r y_{rj}}{\sum_{i=1}^{s} v_i x_{ij}} \quad j = 1, 2, \cdots, n$$

可以选取适当权系数 v 和 u，使得 $h_j \leqslant 1$。

现在对第 j_0 个决策单元进行评价。一般来说，h_{j0} 越大，表明 DMU j_0 效率越高，即能够用相对较少的输入得到相对较多的输出。当对 DMU j_0 进行评价，看 DMU j_0 在这 n 个 DMU 中相对来说是不是最优的，可以尽可能变化权重，看 h_{j0} 的最大值究竟是多少。

以第 j_0 个决策单元的效率指数为目标，以所有决策单元的效率指数为约束

（包括第 j_0 个决策单元），就构造出如下的 C2R 模型：

$$
\text{s. t. max}\begin{cases}
h_{j0} = \dfrac{\sum\limits_{r=1}^{s} u_r y_{rj0}}{\sum\limits_{i=1}^{s} v_i x_{ij0}} \leqslant 1 \quad j=1,2,\cdots,n \\[4mm]
h_j = \dfrac{\sum\limits_{r=1}^{s} u_r y_{rj}}{\sum\limits_{i=1}^{s} v_i x_{ij}} \\[4mm]
v = (v_1, v_2, \cdots, v_m) \quad T \geqslant 0 \\
u = (u_1, u_2, \cdots, u_s) \quad T \geqslant 0
\end{cases}
$$

上式是一个分式规划问题，使用 Charnes-Cooper 变化，即令：$t = \dfrac{1}{v^T x_0}$，$\omega = tv$，$\mu = tu$，可变成线性规划模型。

用线性规划问题的最优解来定义决策单元的有效性。

可以看出，利用 C2R 模型来评价决策单元 j_0 是不是有效是相对于其他所有决策单元而言的。

该线性规划的对偶规划为：

$$
(D)\begin{cases}
\min\theta \\
\text{s. t. } \sum\limits_{j=1}^{n} \lambda_j x_j \leqslant \theta x_0 \\
\sum\limits_{j=1}^{n} \lambda_j x_j \geqslant y_0 \\
\lambda_j \geqslant 0 \\
\theta \text{ 无约束}
\end{cases}
$$
$$j=1,\ 2,\ \cdots,\ n$$

应用线性规划对偶理论，我们可以通过对偶规划来判断 DMUj_0 的有效性。

引入松弛变量 s^+ 和剩余变量 $s-$，将上面的不等式约束变为等式约束，得到如下线性规划：

$$
(D)\begin{cases}
\min\theta \\
\text{s. t. } \sum\limits_{j=1}^{n} \lambda_j x_j + s^+ = \theta x_0 \\
\sum\limits_{j=1}^{n} \lambda_j x_j - s^- = y_0 \\
\lambda_j \geqslant 0 \\
\theta \text{ 无约束}, s^+ \geqslant 0, s^- \geqslant 0
\end{cases}
$$
$$j=1,\ 2,\ \cdots,\ n$$

下面给出几条定理和定义为以后模型应用做准备。

定理 1：线性规划（P）和其对偶规划（D）均存在可行解，所以都存在最优值。假设它们的最优值分别是 h_{j0}^* 和 θ^*，$h_{j0}^* = \theta^* \leqslant 1$。

定义 1：若线性规划（P）最优值 $h_{j0}^* = 1$，则称决策单元 DMU$j0$ 为弱 DEA 有效。

定义 2：若线性规划（P）的解中存在 $\omega^* > 0$，$\theta^* > 0$，并且其最优值 $h_{j0}^* = 1$，则称决策单元 DMU j_0 为 DEA 有效（C2R）。

弱 DEA 有效具备了有效的基本条件。DEA 有效则表明各项投入及各项产出都不能置之一旁，即这些投入产出都对其有效性作了不可忽视的贡献。

定理 2：

（1）DMUj_0 为弱 DEA 有效的充分必要条件是线性规划（D）的最优值 $\theta^* = 1$。

（2）DMUj_0 为 DEA 有效的充分必要条件是规划（D）的最优值 $\theta^* = 1$，并且对于每个最优解 λ^*，s^{*+}，s^{*-}，s^{*-}，都有 $s^{*+} = 0$，$s^{*-} = 0$。

下面进一步说明 DEA 有效性的经济意义，即怎样用 C2R 判定生产活动是否同时技术有效和规模有效。结论如下：

1）$\theta^* = 1$，且 $s^{*+} = 0$，$s^{*-} = 0$，因为 s^+ 表示产出的"亏量"，s^- 表示投入的"超量"，此时不存在"超量"投入和"亏量"产出，此时的决策单元 j_0 同时为技术有效和规模有效，也是 DEA 有效。

2）$\theta^* = 1$，但至少有某个输入或输出的松弛变量大于零。此时决策单元 j_0 为弱 DEA 有效，即不是同时技术和规模有效，说明此时某些方面的投入仍有"超量"或某些方面的产出存在"亏量"。

3）$\theta^* < 1$，此时决策单元，也就是说该决策单元既不是技术效率最佳，也不是规模效益最佳。

另外，通常我们还可用 C2R 模型中 λ_j 的最优值来判别 DMU 的规模收益情况，结论如下：

1）如果存在 λ_j^*（$j = 1, 2, \cdots, n$）使得 $\Sigma \lambda_j^* = 1$，则 DMU 为规模效益不变。

2）如果不存在 λ_j^*（$j = 1, 2, \cdots, n$）使得 $\Sigma \lambda_j^* = 1$，则若 $\Sigma \lambda_j^* < 1$，那么 DMU 为规模效益递增。

3）如果不存在 λ_j^*（$j = 1, 2, \cdots, n$）使得 $\Sigma \lambda_j^* = 1$，则若 $\Sigma \lambda_j^* > 1$，那么 DMU 为规模效益递减。

6.6.2 数据包络分析法的模型构建

6.6.2.1 相关概念

在 DEA 中一般称被衡量绩效的组织为决策单元（Decision Making Units 简称

DMU)。

DMU 的基本特点是具有一定的输入和输出，并且在将输入转换为输出的过程中，努力实现自己的决策目标。

在很多情况下，我们对具有以下特征的 DMU 更感兴趣：具有相同的目标和任务；具有相同的外部环境；具有相同的输入和输出指标。具有上述特征的 DMU 也成为同类型的 DMU。在外部环境和内部结构没有多大变化的情况下，同一个 DMU 的不同时段也可视为同类型的 DMU。

现设有 n 个 DMUj （$1 \leqslant j \leqslant n$），DMU$j$ 的对应输入输出向量分别为：

$$x_j = (x_{1j}, x_{2j}, \cdots, x_{mj})^T > 0 \quad j = 1, 2, \cdots, n$$

$$y_j = (y_{1j}, y_{2j}, \cdots, y_{sj})^T > 0 \quad j = 1, 2, \cdots, n$$

用 x_{ij} 表示第 j 个决策单元第 i 种类型输入的投入量，y_{rj} 表示第 j 个决策单元第 r 种类型输出的产出量，两者均应满足：$x_{ij} > 0$, $y_{rj} > 0$, $i = 1, 2, \cdots, m$; $r = 1, 2, \cdots, s$。m 和 s 分别表示每个决策单元有 m 种类的输入和 s 种类的输出。x_{ij} 与 y_{rj} 均为可以根据历史数据得到或观测得到的已知数据。于是可利用前面的数学规划，评价相应的 DEA 有效性。

6.6.3 数据包络分析法应用举例

作为村镇绿色建设的一个指标——医院卫生建设评价在村镇建设评价中具有重要意义。通过对乡镇卫生院建设项目的有效性评价，审视项目效率，发现成绩和问题，可对乡镇卫生院建设提出相关政策决策建议。

6.6.3.1 变量与决策单元的选择

抽取某省 16 个县（市）作为样本县，每样本县按中心乡镇和普通乡镇分为 2 组，每组随机抽取 3 个乡镇，该乡镇的卫生院组成本次调查对象。

投入要素：投入资金总额、卫技人员数、乡镇卫生院建设项目的固定资产总值、专用设备总值、开放床位数和业务支出。

产出要素：卫生服务提供总量和业务收入。

业务支出＝医疗支出＋药品支出＋防保支出卫生服务提供量＝医疗服务总量＋防保服务总量 ＝（门急诊人次＋住院总床日）＋（预防接种人次＋传染病报告例次＋传染病个案处理人次＋妇幼保健人次＋健康体检人次＋疾病普查防治人次）。

业务收入＝门急诊收入＋住院收入＋防保收入。

6.6.3.2 数据包络分析（DEA）分析结果及分析

将各样本单位投入和产出要素标准化处理以后，运用 C2R 法计算各样本乡镇卫生院的数据包络分析（DEA）得分，如表 6-28 所示。

乡镇卫生院项目建设前后决策单元得分频数分布 表 6-28

DEA 得分	所有乡镇卫生院样本		一般乡镇卫生院		中心乡镇卫生院	
分组	项目前	项目后	项目前	项目后	项目前	项目后
<0.3	6	2	5	2	1	0
0.3~0.4	11	9	9	6	2	3
0.4~0.5	25	19	13	8	12	11
0.5~0.6	23	26	10	12	13	14
0.6~0.7	5	4	3	2	2	2
0.7~0.8	4	4	2	1	2	3
0.8~0.9	3	3	1	1	2	2
0.9~1.0	1	3	0	1	1	2
1.0	22	30	7	17	15	13
平均	0.6108	0.6702	53.98	66.72	68.18	67.32

对数据包络分析（DEA）值的分析。项目后，数据包络分析（DEA）有效的决策单元构成比从 22% 增加到 30%，说明从整体看乡镇卫生院的效率有改善；进一步将乡镇卫生院按中心与否分别分析发现，数据包络分析（DEA）有效率为：一般乡镇卫生院从 14% 增加到 34%，而中心乡镇卫生院则从 30% 下降到 26%；数据包络分析（DEA）得分频数分布为正偏态，频数仍集中在较小数据包络分析（DEA）得分处，说明乡镇卫生院低效率运行状态未得到根本性扭转。数据包络分析（DEA）分布特征产生的可能原因：

（1）乡镇卫生院建设项目改善了乡镇卫生院的效率；但乡镇卫生院总体效率偏低。

（2）一般乡镇卫生院数据包络分析（DEA）有效的比例增加了 143%，提示项目的投入促进了技术和规模效益；中心乡镇卫生院数据包络分析（DEA）有效的比例不升反降，提示可能项目的投入过剩，或服务产出不足。

6.6.3.3 截阈分类分析

将项目建设后数据包络分析（DEA）有效值 θ_2 值进行截阈分类，形成如下 4 个子集：S_1（$\theta^* < 0.4$），S_2（$\theta^* \in [0.4, 0.7]$），S_3（$\theta^* \in [0.7, 1]$），S_4（$\theta^* = 1$）。

每个子集含有的决策单元个数为：11、49、10 和 30。按分类比较它们的投入产出见表 6-29。

项目后按数据包络分析有效值截阈分类平均每单元的投入产出比较　　　表 6-29

决策单元子集	输入量				输出量		
	卫技人员（人）	开放床位（张）	固定资产（万元）	专业设备总额（万元）	业务支出（万元）	卫生服务提供（万人次）	业务收入（万元）
S_1	24.6	22.9	112.1	12.0	27.9	3.6	40.7
S_2	43.5	50.6	201.1	37.3	114.4	5.7	101.1
S_3	41.8	33.5	161.1	25.8	69.5	6.0	135.5
S_4	46.9	31.6	150.0	35.9	67.9	8.1	140.5
平均数	41.3	32.8	165.1	34.1	71.7	6.1	103.5

表 6-29 显示，子集 S_1 的输入和输出量都是最小的，提示子集 S_1 内的乡镇卫生院未达到与其功能相适应的基本规模，需要加大投入。

子集 S_4 的决策单元的投入比较小，产出最大：其卫生技术人员数排第一，专用设备排第二，其余 3 项输入量都小于平均数，而输出量是最大的。实际上，该子集内的乡镇卫生院不仅卫生技术人员数量多，进一步分析可得，其项目资金投向中，用于卫生技术人员培训的比例也是最高的，抓住了"人才"这一乡镇卫生院发展的关键。

6.6.3.4　对中心乡镇卫生院数据包络分析

DEA 有效率下降的分析。中心乡镇卫生院项目前后的投入产出比较见表 6-30。

项目前后相比，中心乡镇卫生院的投入大幅度增加，5 个投入变量中有 4 个增加，其中固定资产增加达 38.7%，专业设备达 50.7%；但产出指标基本无变化（差异均无统计学意义）。换言之，中心乡镇卫生院由项目前的中投入和中产出，变为高投入和中产出，效率下降。所以可以说项目对中心乡镇卫生院投入过度。

项目前后中心乡镇卫生院院均投入产出比较　　　表 6-30

决策单元子集	输入量				输出量		
	卫技人员（人）	开放床位（张）	固定资产（万元）	专业设备总额（万元）	业务支出（万元）	卫生服务提供（万人次）	业务收入（万元）
项目前	41.1	30.4	134.4	28.6	87.3	6.3	121.7
项目后	44.1	34.7	186.4	43.1	82.1	6.4	122.0
P	0.0119	4.08E-06	9.61E-08	6.15E-08	0.0830	0.2025	0.4801
变化量（%）	7.3	31.6	38.7	50.7	-6.0	1.6	0.2

第 7 章

严寒地区绿色村镇建设综合评价软件解决方案

7.1 软件解决方案的设计原则

(1) 科学性

严寒地区绿色村镇建设评价软件是科研课题的计算类软件，是科研成果体现的重要组成部分。因此，软件在设计前需要充分调研科研课题的意义，明确科研分析过程中数据筛选方式和计算方式，设计时应严格遵守科研分析中的流程和计算方式，使软件具备严谨的科学性。

(2) 准确性

严寒地区绿色村镇建设评价软件作为一个计算类软件，必须满足计算的准确性。对于数据处理要严格满足科研分析过程的要求，增加数据规范性约束功能（如小数保留位、范围计算等），去除计算机自主计算与实际数据的误差。

(3) 直观性

软件在展示时，需要满足展示的直观性。展示公式类数据时，对各参数应有简单且明确的名称；资料展示时，应有图表说明等信息。使用者在使用时，可以通过页面的展示内容知晓各数据/参数的含义，不必另行查找资料。

(4) 便捷性

软件在设计时需要考虑操作的便捷性。对各项指标进行必要的分类，以便不同方面的专家使用。数据录入时，应尽可能地减少使用者的操作，提高使用者的工作效率。

7.2 技 术 架 构

(1) 服务器操作系统

服务器使用 Windows 操作系统。可以利用其更可靠、高效、经济、支持多种网络服务的优点，保障软件稳定运行。

(2) 编程语言

软件采用 .NET 技术架构，使用稳定的 Asp. net 4.0 版本，充分使软件更安全、利用缓存技术可以使用户更快速的进行访问、角色管理等方面提供了非常强大易用的框架模型等技术。Asp. net 语言为基础的全文检索系统可以把复杂、海量的信息数据有效的结合和充分利用起来，系统有效的利用强大的数据库全文检索核心技术和数据库管理，系统基于 B/S（浏览器/服务器）Web 技术的广域网（IN-

TERNET）/局域网（INTRANET）的先进的网络信息管理和应用方案，可以建立一个信息浏览与检索、统计与管理一体化的应用软件系统。

（3）系统结构体系说明

应用层是为客户提供应用服务的图形界面，有助于用户理解和高效的定位应用服务。

业务逻辑层位于显示层和数据层之间，专门为实现系统的业务逻辑提供一个明确的层次，在这个层次封装了与系统关联的应用模型，并把用户表示层和数据库代码分开，主要功能是执行应用策略和封装应用模式，并将封装的模式呈现给客户应用程序。

数据层是 3 层模式中的最底层，它用来定义、维护、访问和更新数据并管理和满足应用服务对数据的请求。

（4）数据库

采用的是 Oracle 119 数据库存储数据。具有数据安全性与数据完整性控制方面的优越性能，安全性强，并且在对数据库中数据的恢复和可以同时支持更多用户对数据库进行访问等方面都有很强的优势。在数据安全性与数据完整性控制方面的优越性能，以及跨操作系统、跨硬件平台的数据互操作能力，使得越来越多的用户将 Oracle 作为其应用数据的处理系统。

Oracle 数据库是基于"客户端/服务器"模式结构。客户端应用程序执行与用户进行交互的活动。其接收用户信息，并向"服务器端"发送请求。服务器系统负责管理数据信息和各种操作数据的活动。

7.3　具体实现方案

7.3.1　工作流程

工作流程见图 7-1。

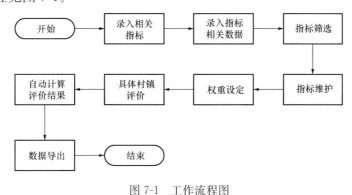

图 7-1　工作流程图

7.3.2 系统结构设计

系统分为系统管理和数据采集计算两个部分组成。

（1）系统管理

系统管理是对软件基本信息的管理部分，是软件计算的先决设置。可以提供用户管理、村镇管理、指标资料管理、权重设置、专家管理、指标权重计算、指标筛选和维护等功能，见表7-1。

系统管理模块功能 表7-1

序号	模块名称	功能描述
1	用户管理	可以新增、修改、删除用户，并提供用户数据批量导入功能。用户将分为超级用户、系统管理员、专家三个角色
2	村镇管理	可以新增、修改、删除村镇信息，各项指标评价将基于具体村镇信息进行
3	指标资料管理	可以新增、修改指标资料信息，支持指标资料上传功能
4	专家设置	专家分为确定权重的专家和具体实施评价的专家两类。确定权重的专家只能对权重设定；实施评价的专家能够查阅相关指标的资料或者查看数据，只有需要专家评价的指标能进行结果值的输入，其他只有查看权限。 确定权重的专家由超级用户设置；评价专家由系统管理员设置
5	权重设置	确定权重的专家可以对层次矩阵进行设定
6	指标权重计算	超级用户能计算相关指标的权重
7	指标筛选维护	超级用户能进行指标筛选和维护

（2）数据采集计算

数据采集计算部分是软件的核心计算部分，提供村镇列表展示、评价信息查询展示、相关数据录入、结果计算和结果导出功能，见表7-2。

数据采集计算模块功能 表7-2

序号	模块名称	功能描述
1	村镇列表展示	展示系统管理中添加的村镇信息，系统管理员和评价专家可以选择具体村镇进行评价

续表

序号	模块名称	功能描述
2	评价信息查询	评价专家可以查阅相关指标的资料或者查看数据。 系统提供分类查询和关键字查询功能，支持多关键字、多级模糊查询，支持全文检索功能
3	相关数据录入	系统管理员可以录入相关调研资料，维护指标数据，进行相关文档的上传和修改；评价专家可以在需要专家评价的指标项中录入评价结果。 具有公式计算的指标项，当数据录入完成后，将根据设置的公式信息显示公式计算结果
4	结果计算	当数据录入完成后，系统自动计算村镇评价结果
5	结果导出	将最终计算结果导出到 Excel

（3）数据录入方式设计

经过统计，现提供的 90 项指标中，数据采集方式大体分为基本数值录入、调查问卷、相关资料上传三种方式。现分别说明三种数据录入方式的展现形式。

1）基本数值录入

具有数值录入的指标项，大多具有计算公式或区间计算公式。对于此类指标，界面中将展示原公式定义及各参数的简要描述，分别录入数据后，可以计算当前计算结果。

2）调查问卷

调查问卷形式的指标项，将在数据采集界面中展示完整的调查问卷，由使用者完成填写后提交，系统将自动统计调查问卷总数，并根据规则计算结果。

也可以录入调查问卷总数，并录入各评价项数据后提交，系统将自动计算结果。

3）相关资料上传

相关资料上传形式的指标项，将会把资料以上传形式存储到服务器中，系统在指标查询展示模块中提供资料下载功能，方便使用者查阅。

（4）数据库的结构设计

数据库结构的设计示意如图 7-2 所示。

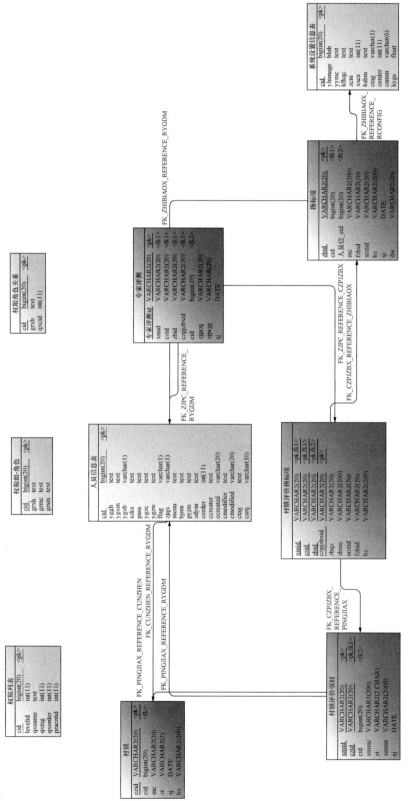

图 7-2 数据库的结构设计

7.4 严寒地区绿色村镇建设评价软件系统综述

7.4.1 系统的特点

7.4.1.1 系统的运行环境

该系统运行环境包括：硬件环境、软件环境和网络环境等，具体见以下说明。

（1）硬件环境

硬件环境要求，如表 7-3 所示：

硬件环境要求一览表　　　　　　　　　　　　　　　　　表 7-3

序号	内容	名称及版本
1	服务器	CPU3.30GHz、内存 8G
2	客户机	CPU3.30GHz 以上、内存 1G 以上
3	网络设备	路由器、集线器

（2）软件环境

软件环境要求，如表 7-4 所示：

软件环境要求一览表　　　　　　　　　　　　　　　　　表 7-4

序号	内容	名称及版本
1	客户端	操作系统：Windows XP/Windows 7/ Windows 8
2	服务器	操作系统：Windows Server2008 数据库：Oracle 11.0

（3）网络环境

内部局域网。

（4）通信环境

使用本系统对通信环境无要求。

7.4.1.2 软件基本组成和软件版权

本系统主要由指标录入、指标维护、指标查看、专家评测等功能组成。

本系统版权归哈尔滨工业大学所有。

7.4.1.3 评价系统核心算法

粗糙集属性约简原理用于指标筛选，AHP理论用于权重设定。

7.4.2 软件使用

（1）使用约定

浏览器推荐：IE8以上版本。

系统推荐：Windows XP/Windows 7。

用户机器推荐配置：CPU 3.3GHz，内存2GB。

（2）评价系统进入

评价系统进入首先是用户登录页面，如图7-3所示：

图7-3 系统登录页面

根据权限不同，登录的用户分为超级管理员、系统管理员、专家。

1）超级管理员

可以对八个分类的90个指标进行维护、筛选等操作，设置权重专家、评价专家。如图7-4所示：

2）系统管理员

可以对八个分类的90个指标数据进行维护，包括数据添加、修改和资料的上传。如图7-5所示：

3）专家

评分专家：只可以对八个分类的90个指标需要专家评分的指标打分。对于其他的指标只能查看，如图7-6所示。

权重专家：只可以对权重进行设定。

图 7-4　超级管理员页面

图 7-5　系统管理员页面

图 7-6 专家页面

（3）评价系统指标操作

1）绿色村镇建设能力等相关指标

可对规划完备性，控制性详细规划覆盖率，绿色村镇专项规划合理性，管理机构健全性，管理制度完善度，人均可支配财政收入水平，人均年收入，社会保障覆盖率，建设资金来源稳定性，人均 GDP，上级政府支持度，绿色村镇建设政策知晓度，绿色建设技术应用，寒地建设技术应用共 14 项指标的录入操作，如图 7-7 所示。

图 7-7 绿色村镇建设能力相关指标操作界面

2）资源利用

可对节水器具普及使用比例，污废水再生利用率，非居民用水定额计划用水管理，饮用水达标率，饮用水水源地水质达标率，地方材料利用，村镇建设工程节约材料，村镇建设 3R 材料使用，可再生能源利用度，单位 GDP 能耗，节能器具使用比例，人均能耗，清洁能源使用率，房屋保温节能措施率，人均建设用地面积，人均宅基地面积，院落式行政办公区平均建筑密度，人口 300 人或 50 户以下村庄比例，集中居住居民人数占总居民数比例，道路主干线红线宽度共 20 项指标进行操作。

3）基础设施建设水平

可对道路路网合理性，村庄道路硬化率，道路用地选址适宜性，道路交通设施完善度，居民出行公交设施，冬季道路人行路面防滑设施，交通安全管理，全年有效供水天数，自来水入户率，镇区污水管网覆盖率，生产污水达标排放率，生活污水处理率，生活用电保证率，生产用电保证率，通信设施满足度，防洪设施，消防设施配置与消防组织，自然灾害应急系统，农田水利设施抗旱涝能力共 19 项指标进行操作。

4）房屋建筑与公共服务设施建设

可对人均居住建筑面积，政府办公建筑人均建筑面积，村镇危房比例，房屋空置率，教育设施满足度，医疗设施满足度，文体设施满足度，商贸设施满足度共 8 项指标进行操作。

5）绿化与村容镇貌

可对绿化覆盖率，人均公共绿地面积，道路绿化率，工业用地绿化率，村容镇貌整洁度，村容镇貌满意度共 6 项指标进行操作。

6）环境保护与环境卫生

可对年 API 小于或等于 100 的天数，废气处理率，环境噪声平均值（有噪声环境质量），辖区水Ⅲ类及以上水体比例，垃圾收集率，垃圾无害化处理率，垃圾处理体系合理，垃圾容器设置，环卫管理规范化，卫生厕所拥有率，冬季积雪清理及时性共 11 项指标进行操作。

7）绿色产业发展

可对有机、绿色农业种植面积的比重，绿色低能耗产业占 GDP 比重，绿色产业规划与实施，农用化肥施用强度，农药施用强度，农膜回收率，畜禽养殖场粪便综合利用率，秸秆综合利用率共 8 项指标进行操作。

8）特色村镇建设

可对地域文化特色建设，自然环境特色建设，历史文化保护管理，历史文化名镇（村）保护共 4 项指标进行操作。

第 8 章

严寒地区绿色村镇建设管理体系与对策建议

8.1 严寒地区绿色村镇建设管理的内容

严寒地区绿色村镇建设管理的目的是通过实施有效的管理，并根据村镇建设管理的原则，对于严寒地区绿色村镇建设的相关活动进行协调，使得与环境、能源、资源实现和谐发展，改善村镇居民的生产、生活方式，保证村镇建设的可持续发展。

严寒地区绿色村镇建设管理目标是要建设一个具有严寒地区绿色特征的适合村镇居民居住的村镇，针对严寒地区绿色村镇建设管理中存在的问题，依据严寒地区绿色村镇建设管理原则，采用新的管理方法进行严寒地区绿色村镇建设管理。

严寒地区绿色村镇建设管理包含的主要内容见图 8-1。

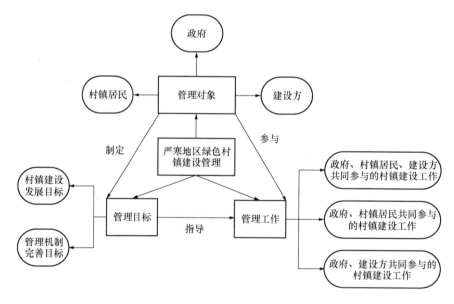

图 8-1 严寒地区绿色村镇建设管理内容

8.1.1 管理目标

严寒地区绿色村镇建设管理目标可以简单的分为村镇建设发展目标和管理机制完善目标。村镇建设发展目标是指，村镇建设工作符合绿色标准，实现经济绿色、环境绿色、资源绿色、技术绿色，村镇居民生活满意度较高，村镇建设能够实现可持续发展。管理机制完善目标是指政府在进行村镇建设管理中，设立完善的村镇建设管理机制，该管理机制能够不断与时俱进，鼓励村镇居民积极参与村镇建设管理工作，在实践中不断累积经验，为今后的村镇建设管理工作提供依据。

村镇建设发展目标与管理机制完善目标，二者相辅相成，管理机制的建立，可以指导村镇建设发展，村镇建设发展目标的实现，可以检验管理机制，不断补充和完善村镇管理机制。

8.1.2　管理对象

在第 2 章严寒绿色村镇建设管理现状分析中，通过利益相关方利益，识别严寒地区绿色村镇建设管理的三个关键利益相关方：政府、村镇居民、建设方，对于这三者而言，政府的角色是核心领导者，是严寒地区绿色村镇建设的发起者与引导者，也是联系村镇居民与建设方的纽带；村镇居民是严寒地区绿色村镇建设的直接受益者，村镇建设工作效果的直接感受者和受益者，也是建设者；建设方在严寒地区绿色村镇建设工作中，承担着村镇的建设工作，建设工作的结果好坏，也是衡量管理效果好坏的一个标准之一。

同时，在进行严寒地区的绿色村镇建设时，各个参与方，尤其是政府应该积极鼓励除村镇居民和建设方之外的其他利益相关方积极参与严寒地区绿色村镇建设，例如村镇企业、媒体机构、相关的村镇建设研究机构等，政府作为核心领导者，应该协调处理好各个利益相关者之间的利益矛盾，最大程度的发挥各个参与者的力量和作用，使得村镇建设能够朝着更加稳健的方向发展。

8.1.3　管理工作

村镇建设管理包括以下内容：村镇建设目标管理、村镇规划管理、村镇工程建设管理、村镇基础设施管理、村镇房地产管理、村镇环境管理、村镇建设资金管理、村镇建设档案管理、村镇建设能源管理、村镇建设资源管理等。

根据第 3 章严寒地区绿色村镇建设管理扩展式博弈分析的结果，将严寒地区绿色村镇建设管理工作分为三种类型：政府、村镇居民、建设方共同参与的村镇建设工作；政府与村镇居民共同参与的村镇建设工作；政府与建设方共同参与的建设工作。不同类型的管理工作中，同一参与者的反应和变化不尽相同，但是这些参与者的社会行为都会对严寒地区绿色村镇建设产生影响，管理效果理想的行为会促进严寒地区绿色村镇建设的发展。

严寒地区绿色村镇建设管理包含上述三个内容：管理目标、管理对象、管理工作，其中，管理对象制定管理目标，管理目标指导管理工作，并且管理对象参与管理工作。

8.2 严寒地区绿色村镇建设管理的框架体系的建立

8.2.1 严寒地区绿色村镇建设管理框架体系

前面分析严寒地区村镇建设管理中主要存在如下四个问题：严寒地绿色村镇建设管理体系不健全、严寒地区绿色村镇经济水平偏低、绿色建设技术等相关技术缺乏推广、村镇居民在严寒地区绿色村镇建设管理中的参与度较低等。

针对绿色建设技术等相关技术缺乏推广、村镇居民在严寒地区绿色村镇建设管理中的参与度较低的问题，建立严寒地区绿色村镇建设宣传体系。

针对严寒地区绿色村镇建设管理体系不健全、严寒地区绿色村镇经济水平偏低的问题，建立严寒地区绿色村镇建设政府管理体系。

这两个体系共同构成严寒地区绿色村镇建设管理框架体系（图 8-2），各个参与者积极参与其中，共同推进严寒地区的绿色村镇建设工作。

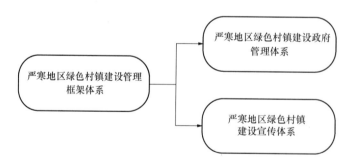

图 8-2 严寒地区绿色村镇建设管理框架体系

8.2.1.1 严寒地区绿色村镇建设政府管理体系

在严寒地区，根据绿色村镇建设管理中政府的职能，管理的目标、管理的对象、管理工作，以及严寒地区绿色村镇建设管理博弈分析得出的结论，结合严寒地区绿色村镇建设管理的内容和原则，建立严寒地区绿色村镇建设政府管理体系（见图 8-3），该体系包含三部分主要内容：管理组织、管理方法和管理绩效评价。

（1）管理组织

在管理小组的设置时，不仅要包括政府工作人员，还应该包括村镇居民代表，使得能够充分了解村镇居民的需求，并且能够提高村镇居民参与的积极性。

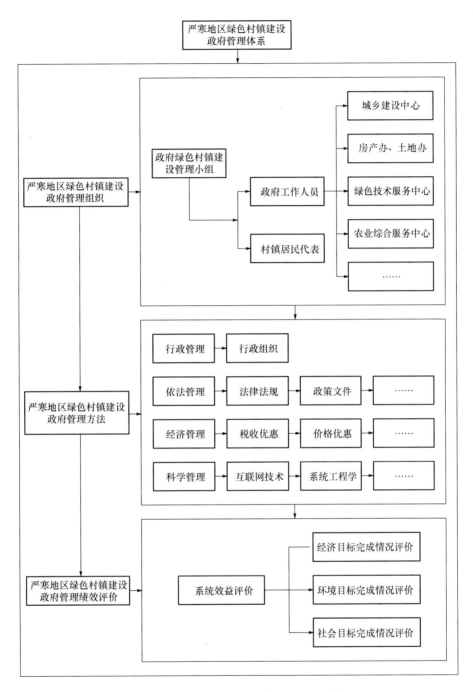

图 8-3　严寒地区绿色村镇建设政府管理体系

（2）管理方法

管理方法的选取多种多样，政府工作人员在进行选择时，应该灵活运用，根据不同类型的管理工作选择合适的管理方法，使得能够更高效的进行严寒地区绿色村镇建设管理。

（3）管理绩效评价

在严寒地区绿色村镇建设管理中，关注的是系统效益，而系统效益包括经济效益、社会效益和环境效益，这三者的综合统一，共同评价严寒地区绿色村镇建设管理效果。

根据严寒地区绿色村镇建设管理的内容和过程，可以得出严寒地区绿色村镇建设政府管理流程（如图 8-4），该管理流程使严寒地区绿色村镇建设管理变为一个不断循环的管理过程，某项严寒地区绿色村镇建设管理活动的结束，并不意味着严寒地区绿色村镇建设管理的结束，各个参与者需要从该项管理活动中总结经验，并形成反馈，指导下一次的管理活动，这对严寒地区绿色村镇建设管理创新有着积极的作用。

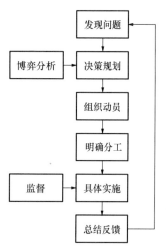

图 8-4 严寒地区绿色村镇建设
政府管理流程

在严寒地区，政府进行绿色村镇建设工作时，具体操作如下。

1）发现问题

发现问题是严寒地区绿色村镇建设管理的起点，也是现在严寒地区村镇建设管理中缺乏的。在严寒地区，许多村镇的村镇建设工作，并不是因为村镇建设中存在这样的问题或者需求，而是出于政绩或者形象工程的需要，并不能解决村镇建设的实质问题。

并且，在调研过程中，可以看出，有一部分村镇政府在开展村镇建设时，对于村镇居民的需求的重视度不高，导致之后的建设工作得不到村镇居民的支持，使得建设工作进展困难，增加了村镇建设的成本。因此，发现问题的实质就是需要政府充分了解村镇建设现状和存在的问题以及村镇居民需求，鼓励村镇居民积极对村镇建设发表自己的看法，表达自己的需求，使得问题得到实质的解决，共同促进村镇建设工作的进行。

2）决策规划

在决策规划阶段，可以借助博弈分析的手段，对于参与严寒地区绿色村镇建设管理中的各个利益相关方的效用函数进行估算，然后根据不同类型的严寒地区绿色村镇建设管理工作，利用相应的扩展式博弈模型，对参与者的行为进行分析，为了达到纳什均衡，各个参与者进行协商谈判，达成一致协议。

3）组织动员

在组织动员阶段，政府是核心领导者，需要对接下来要进行的严寒地区绿色村镇建设工作进行宣传、推广，务必做到使得每一个参与工作的人都能充分了解该项工作，并且要鼓励更多的人参与到严寒地区绿色村镇建设工作来。

4）明确分工

在明确分工阶段，需要参与严寒地区绿色村镇建设工作的各个利益相关方积极配合，使得村镇建设工作能够得以很好的实施，为实现最终的管理效果奠定良好的基础。

5）具体实施

在具体实施阶段，通过对利益相关方之间的博弈分析可以看出，需要设立相应的监督体系，使得严寒地区绿色村镇建设工作，实现公开透明，保证各个利益相关方的最大利益，具体内容见严寒地区绿色村镇建设管理的配套机制中的监督机制。

6）总结反馈

总结反馈阶段，是严寒地区绿色村镇建设工作管理中的某一个问题的结束，也是新问题的开始，如此循环推进，使得严寒地区绿色村镇建设不断向前发展。

严寒地区绿色村镇建设管理问题不仅仅是最终管理效果的问题，在整个严寒地区绿色村镇建设的各个环节都有产生严寒地区绿色村镇建设管理问题的可能。因此，通过政府、建设方和村镇居民这三个利益相关方，将严寒地区绿色村镇建设管理延伸到村镇建设活动中的各个方面。

8.2.1.2 严寒地区绿色村镇建设宣传体系

在进行严寒地区村镇建设现状调研时，严寒地区的村镇居民对于"绿色"、"环保"等方面知识了解的非常少，并且，政府对于这些方面知识的宣传比较缺乏，宣传手段也比较单一。这样的结果使得村镇居民对于绿色村镇建设的了解非常少，参与绿色村镇建设的积极性并不高，使得政府工作人员在进行相关的绿色村镇建设工作时，遇到了较多的困难，因此，对于严寒地区绿色村镇建设的宣传工作要引起足够的重视。

同时，优秀的严寒地区绿色村镇的宣传工作不仅仅局限于本村镇的居民，可以鼓励本村镇的居民带动其他村镇的村镇居民，通过口口相传的方式，使得严寒地区绿色村镇建设能够在更广的范围内被更多的村镇居民所了解、所熟悉，使得我国的村镇建设发展更上一层楼，见图 8-5。

（1）宣传目的

对于严寒地区绿色村镇建设进行宣传时，宗旨是鼓励村镇居民积极参与到严寒地区绿色村镇之中，并在能力范围内，政府工作人员可以采取一定的激励手段，鼓励村镇居民积极参与严寒地区绿色村镇建设管理，使得绿色村镇建设工作能够顺利推进，也减轻了政府工作人员的工作压力。

（2）宣传手段

在选择宣传手段时，政府工作人员应该事先了解村镇居民对于何种宣传手段的

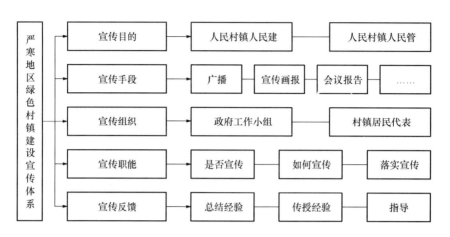

图 8-5 严寒地区绿色村镇建设宣传体系

接受程度最高，这样在进行具体的宣传工作时，能够提高宣传的效果，甚至会起到事半功倍的效果。

（3）宣传组织

宣传组织的设置，主力是政府工作人员，村镇居民的角色是协助政府工作人员完成这些工作，并且可以发掘在宣传工作表现突出的优秀人才。

（4）宣传职能

宣传职能的主要作用是对于宣传工作进行计划，并且按照该计划执行，使得能够控制整个宣传过程，及时调整宣传工作中的偏差，保证宣传工作的落实和效果。

（5）宣传反馈

每一次的宣传工作中，或多或少都会出现一些问题，这些问题的存在为下一次的宣传工作提供经验教训。政府工作人员应该再每一次的宣传工作结束之后，总结相关的经验，并和其他的工作人员进行沟通交流，形成丰富的宣传工作经验，指导未来的严寒地区绿色村镇建设宣传工作。

8.2.2 严寒地区绿色村镇建设管理的配套机制

针对严寒地区绿色村镇建设管理利益相关主体之间中存在的诸如利益失衡、文化差异、信息沟通不畅等导致的矛盾，仅仅依靠严寒地区绿色村镇建设管理框架体系，并不能使得严寒地区绿色村镇建设管理的总体收益和各主体利益达到最大，要想各个利益相关方之间实现"共赢"，需要设计各种机制来协调各个利益相关方之间的关系，使得严寒地区绿色村镇建设能够顺利进行，这些机制包括监督机制、信息公开与共享机制、收益分配机制等。

8.2.2.1　监督机制

监督机制发挥的是约束的作用，通过参与严寒地区绿色村镇建设管理的各个利益相关方之间的相互监督，利用签订相应的奖惩协议等方式，对于参与管理的各个相关方的行为进行监督，从而取得预期的高效的管理效果。

严寒地区绿色村镇建设管理监督机制可以用图 8-6 表示。

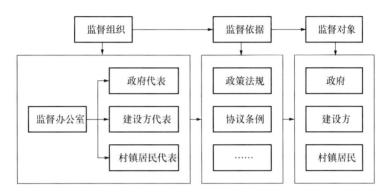

图 8-6　严寒地区绿色村镇建设管理监督机制

8.2.2.2　信息公开与共享机制

严寒地区绿色村镇建设管理中，政府和建设方在整个管理过程中由于其社会地位、获取资源的便利性，使得他们可以充分利用这些有利条件获取更多的信息资源，这使得他们在进行沟通协商时更有优势，而这样的优势可能会使得他们做出违背协议的行为，造成最终未能形成纳什均衡，取得预期的管理效果。

严寒地区绿色村镇建设管理的信息公开与共享机制要求向各个利益相关方公开与共享信息。在严寒地区绿色村镇建设管理当中，如果信息公开与共享不够充分，就很容易由信息不对称而引发利益相关者的背信弃义，造成管理的失效。信息的公开与共享使得在严寒地区绿色村镇建设管理过程中，各个利益相关方能够获取更多的信息，从而在进行协商沟通时各个参与者的地位能够实现大致平等，使得达成的协议能够实现各个利益相关者的最大利益。并且，信息的传递与流动，使得各个利益相关方之间加强了沟通与交流，使得参与者在进行决策时考虑问题更加全面，从而使决策更为理性。

在严寒地区绿色村镇建设管理中，政府、建设方、村镇居民可以通过相关的信息技术和网络技术等加强彼此的沟通交流，也可以利用现代相关的科技手段构建信息平台，使得各个利益相关方之间能够实现更加快速、更加即时的沟通交流，降低严寒地区绿色村镇建设管理的交易成本，实现严寒地区绿色村镇建设的高效管理。

8.2.2.3 收益分配机制

严寒地区绿色村镇建设管理博弈过程中，实现"共赢"是严寒地区绿色村镇建设管理形成的基础，因此收益分配是一个十分关键性的问题，是各个利益相关方都非常关心的问题。在进行严寒地区绿色村镇建设管理时，也常常因为利益分配的不合理而使得没有达到预期的管理效果，对于之后的管理活动也会造成负面的影响。

在严寒地区绿色村镇建设管理中，收益分配机制是严寒地区绿色村镇建设管理博弈的形成的理性机制、协商机制、效用转移机制的高度总结，在收益分配机制中，理性机制是基础，同过协商与效用转移，对严寒地区绿色村镇建设管理的收益进行分配，使得严寒地区绿色村镇建设的各个利益相关方能够实现利益均衡，因此收益分配机制是也是这三种机制的衍生与拓展。

严寒地区绿色村镇建设管理的各个利益相关方分别代表不同群体的利益，他们根据自己的权利、义务和利益需求，在管理过程中，通过协商、信息公开与共享等方式，达成共识，使得严寒地区绿色村镇建设管理参与主体并不能随意的行动，而是受到各个利益相关者的监督，从而化解因利益失衡、文化差异和信息沟通不畅造成的矛盾。

综合分析，严寒地区绿色村镇建设管理是依靠相应的管理框架体系，并配套相应的监督机制、信息公开与共享机制、收益分配机制等组成的综合性运作体系，合理运用严寒地区绿色村镇建设管理框架体系和以上各机制，将有助于提高严寒地区绿色村镇建设管理的运作效率，降低管理成本，实现严寒地区绿色村镇建设管理目标。

8.3 严寒地区绿色村镇建设管理的对策

8.3.1 政府的对策

（1）充分了解绿色村镇建设内涵

"绿色效益"不仅仅体现在经济上，还体现于环境、社会发展中，因此，政府应该提高可持续发展觉悟，完善绿色意识，使得在绿色村镇建设的第一步能够顺利迈出。

同时，政府应该秉持严寒地区绿色村镇建设管理的与时俱进原则，加强政府工作人员对于相关绿色村镇建设工作的学习，提高对于绿色的认知，充分了解村镇建设领域的"绿色举措"，学习示范村镇的"绿色实践"，只有政府工作人员能够充分了解"绿色村镇建设"，才能将这些"绿色举措"在村镇建设中推广，才能使得村镇居民在村镇建设中有更多更好的选择。

（2）制定长期发展规划

绿色村镇的形成不是一蹴而就的，因此对绿色村镇的建设也不可能在短时间内完成，这是一个既艰难又长期的过程，应该制定长期发展规划。并且政府应该建立监督机制，用严格的态度实施规划。因为在进行严寒地区村镇建设现状调研过程中，许多村镇的村镇规划只是一纸空文，并没有得到具体的实施，之所以出现这些问题，是因为政府对于村镇规划不重视。因此，政府工作人员首先必须加大对村镇规划的重视，提高政府工作人员的规划管理水平，同时，在经济条件允许的情况下，聘请专业的规划人员对村镇进行规划，并且要严格执行规划，并监督规划的实施过程，及时发现村镇规划实施中的问题，及时解决并存档，吸取经验教训。

（3）充分调动群众力量

对于政府而言，有三个需要解决的问题，一是如何让村镇居民了解相关的绿色村镇建设工作，使得居民能够有进行选择的机会；二是如何保证村镇建设管理的实际效果与预期的效果相同；三是如何使村镇居民参与严寒地区绿色村镇建设的监督工作。

要想村镇居民了解相关的绿色村镇建设工作，就必须对严寒地区绿色村镇建设工作进行宣传，根据严寒地区村镇建设调研现状分析可知，村镇居民对绿色相关知识的了解途径比较少，大部分通过电视，部分通过广播，宣传形式比较单一，故政府应加强对绿色村镇建设的宣传工作，拓展宣传渠道，使村镇居民更好地了解绿色村镇建设，以便让村民更积极地参与绿色村镇建设。

在我国村镇建设中，政府在进行村镇规划时，并没有充分考虑村镇居民的意愿，并且我国村镇建设管理长期以来的发展模式，使得很少有村镇村民参与村镇建设的规划、决策等，这样使得许多村镇建设工作在实施中遇到许多阻碍，造成了村镇建设管理的实际效果与预期效果的较大差异，因此，政府需要提高村镇居民以及其他参与者的参与程度，充分调动群众的力量，使得村镇建设的实际效果与预期效果尽可能一致。

（4）调整政策和加大资金投入

严寒地区绿色村镇建设工作需要一定的资金支持，其表现形式是直接的资金补贴，或者是相关的金融优惠政策。

严寒地区政府在进行绿色村镇建设时，应该积极拓展资金渠道，通过招商引资、国家政策补贴等方式，加大对绿色村镇建设资金的投入。同时，不管是对村镇居民还是建设方的优惠，政府应该事先对于他们希望接受的优惠方式进行充分的调查，这样能够保证最终的结果尽可能满足各方需求，同时，村镇居民与建设方应该积极配合调查，理性的对待要实施的村镇建设工作，不能盲目地提出不合常理的要求。

掌握了村镇居民与建设方希望接受的优惠方式之后，政府在所能利用的资金范围内，进行详细的资金计划，制定不同的资金运用策略，利用相关方法，例如博弈分析、专家咨询等，确定最优的资金运用策略。

（5）要充分发挥信息资源的作用

在进行严寒地区绿色村镇建设现状调研时发现，政府进行相关工作的宣传时，宣传方式比较单一，只有宣传画报、广播等，村镇居民了解绿色村镇建设的相关信息的渠道较少，使得绿色村镇建设很难取得村镇居民的支持。因此，政府应该充分了解村镇居民的接受方式，积极探索新的宣传方式。并且，随着村镇居民生活水平的提高，电视、电话、手机、互联网迅速普及，政府可以改变以前的宣传方式，充分利用电视、互联网等新兴形式。

同样的，可以充分利用信息资源对绿色村镇建设相关工作、政策等信息进行宣传，使得更多的村镇了解绿色村镇建设，吸取经验，促进更多的村镇进行绿色村镇建设，使得绿色村镇建设能够顺利前行。

8.3.2 村镇居民的对策

（1）了解绿色村镇建设和形成绿色理念

绿色村镇建设不能充分得到村镇居民的支持，原因之一就是村镇居民对于绿色村镇建设的了解很少，并没有形成绿色理念，因此，面对一个未知的领域，面对未知的风险，村镇居民可能会选择持观望态度，或者干脆不支持。而绿色村镇建设受益方是村镇居民。村镇居民只有了解绿色村镇建设和形成绿色理念，才能更好地选择和参与到绿色村镇的建设中去，也才能更多地获得绿色村镇建设的益处。

面对这样的情况，政府应该加大宣传力度，同时村镇居民也应该积极了解绿色村镇建设，主动学习、获取相关知识，变被动的接受知识为主动的学习知识，并且，应该积极带动身边的人，共同努力，形成绿色理念，积极建设绿色村镇。

（2）主动参与绿色村镇建设

在实际情况中，由于村镇居民自身认识水平的限制，使得村镇居民并没有参与监督绿色村镇的建设过程，而且，由于在村镇建设中，村镇居民普遍参与度较低的大环境的限制，使得村镇居民在村镇建设中的参与度较低，从而导致村镇居民的真正需求得不到实现。因此，为了维护自己的切身利益，改善村镇居住环境，提高生活水平，村镇居民应该积极参与绿色村镇建设中，并且，村镇居民应该积极的表达自己的需求，从源头上促进村镇建设的发展步伐，避免资源的浪费。

（3）适当承担绿色村镇建设成本

严寒地区绿色村镇建设不可能要求政府承担所有的建设成本，居民适当的承担绿色村镇建设成本是必然的。从新安镇西安村的村镇建设中可以看出，对于一些基础设施或者公共服务设施的建设，村民参与了部分建设资金的投入和劳动，获得了很好的效果。绿色村镇建设最终的受益方是村镇居民，如果能够取得村镇居民的资金支持和劳动力支持，这些村镇建设工作能够更加顺利的进行。

8.3.3 建设方的对策

（1）积极参与绿色村镇建设

严寒地区绿色村镇建设还处在一个探索阶段，相较于建设方参与建设的其他项目而言，存在很大的不确定性，有着较大的风险，但是，风险意味着机遇，而且，现在的许多村镇都积极实施一些优惠政策，用来吸引建设方的投资，因此，对于建设方而言，只要能够熟悉与了解绿色村镇建设中的相关技术与要求，利润目标是可以得到满足的，因此建设方应该积极参与绿色村镇建设。

（2）结合适宜严寒地区绿色村镇技术的推广来参与村镇建设

建设方要参与到绿色村镇的建设，要想得到政府的支持和村镇居民的响应，最好的途径就是将节能、节电、节材、节地和有利于环境保护的绿色村镇技术运用于村镇建设中来。例如，村镇建设中村镇住房建设的建设方，如果能够将适合于严寒地区的低成本的节能建筑技术运用于村镇居民的住房建设，就可以占据村镇住房建设市场。

参 考 文 献

[1] 王宝刚. 国外小城镇建设经验探讨[J]. 规划师, 2003, 11: 96-99.

[2] 白国强. 美国城镇体系的演化与规律[J]. 岭南学刊, 2004, 05: 87-91.

[3] 左停, 鲁静芳. 国外村镇建设与管理的经验及启示[J]. 城乡建设, 2007, 03: 70-73.

[4] 陈玉兴, 李晓东. 德国、美国、澳大利亚与日本小城镇建设的经验与启示[J]. 世界农业, 2012, 08: 80-84.

[5] 方明, 刘军. 国外村镇建设借鉴[M]. 北京: 中国社会出版社, 2005.

[6] 王宝刚. 国外小城镇建设经验探讨[J]. 规划师, 2003, 11: 96-99.

[7] 有田博之, 王宝刚. 日本的村镇建设[J]. 小城镇建设, 2002, 06: 86-89.

[8] 刘青元, 迟德钊, 刘玉皎. 日韩"新村运动"和"一村一品"发展经验与借鉴[J]. 青海农林科技, 2010, 02: 27-30.

[9] 强百发. 我国新农村建设与韩国新村运动比较研究[J]. 开发研究, 2008, 06: 97-100.

[10] 黄建伟, 江芳成. 韩国政府"新村运动"的管理经验及对我国新农村建设的启示[J]. 理论导刊, 2009, 04: 69-72.

[11] 郝宏桂. 韩国农业现代化的历史经验[J]. 安徽农业学, 2008, 34: 15272-15274.

[12] 邓毛颖. 基于城乡统筹的村庄规划建设管理实践与探讨[J]. 小城镇建设, 2010, 07: 21-27.

[13] 吴康, 方创琳. 新中国成立 60 年来城镇的发展历程与新态势[J]. 经济地理, 2009, 29(10): 1605-1611.

[14] 关于绿色重点小城镇试点示范的实施意见[J]. 建筑设计管理, 2011, 08: 5-6.

[15] 季昆森. 关于生态型城镇建设的探讨[A]. 中国生态学会. 复合生态与循环经济——全国首届产业生态与循环经济学术讨论会论文集[C]. 中国生态学会, 2003: 7.

[16] 金兆森, 陆伟刚等. 村镇规划(第三版)[M]. 南京: 东南大学出版社, 2010: 34-37.

[17] 住房和城乡建设部课题组. 完善城市规划指标体系研究[M]. 北京: 中国建筑工业出版社, 2007: 2-8.

[18] 张文忠. 宜居城市的内涵及指标体系探讨[J]. 城市规划学刊, 2007(3): 30-34.

[19] 韩青, 顾朝林, 袁晓辉. 城市总体规划与主体功能区规划管制空间研究[J]. 城市规划, 2011 (10): 44-50.

[20] 于洋. 绿色、效率、公平的城市愿景——美国西雅图市可持续发展指标体系研究[J]. 国际城市规划, 2009(6): 44-52.

[21] Hu Huifang. Practices of and Discussion on Village Planning[J]. Journal of Landscape Research, 2012, 4(11): 31-33, 36.

[22] 杜黎明. 主体功能区区划与建设——区域协调发展的新视野[M]. 重庆: 重庆大学出版社, 2006: 70-72.

[23] Fan Jie, Tao Anjun, Ren Qing. On the Historical Background, Scientific Intentions, Goal Ori-

entation，and Policy Framework of Major Function-Oriented Zone Planning in China［J］．Journal of Resources and Ecology，2010(4)：289-298.

[24] 洪亮平，胡方．英国可持续发展战略编制体系及实施策略[J]．新建筑，2006(3)：78-82.

[25] Yunfeng Zhao. The Method and Indicator System of Evaluation the Coal Industry Supportive of Circular Economy［C］．International Conference on Emergency Management and Management Sciences，2011：329-333.

[26] 朱传耿等．地域主体功能区划理论——方法——实证[M]．北京：科学出版社，2007：113-119.

[27] 赵景华，李宇环．基于主体功能区规划的地方政府绩效指标体系研究[C]．第六届(2011)中国管理学年会——公共管理分会场论文集，2011：5-11.

[28] 周亚莉．社会主义新农村综合评价模型探讨[J]．云南社会科学，2006(4)：42-47.

[29] 顾凤岐，王爽．构建社会主义新农村指标体系研究[J]．统计与信息论坛，2006，21(5)：24-28.

[30] 何琳．关于社会主义新农村评价问题的思考[J]．山东工商学院学报，2006，20(4)：17-21.

[31] 过建春，刘艳．对中国社会主义新农村指标体系的初步探讨[J]．经济发展，2006(10)：69-72.

[32] 指标体系为例[C]．中国环境科学学会学术年会论文集，2010：289-297.

[33] 陈磊，王刚．曹妃甸生态城指标体系研究[J]．中国人口、环境与资源，2010(20)：11-15.

[34] 陈洁燕．无锡太湖新城——国家低碳生态城示范区指标体系探讨[C]．2011城市发展与规划大会，2011：77-82.

[35] 王丹，谢元态．新生态农村指标体系研究[C]．中国生态经济学会年会论文集，2006：92-95.

[36] 李南洁，姜树辉．村镇土地节约和集约利用指标体系研究[J]．南方农业，2008(5)：87-92.

[37] Kent R，H．Jack Ruiten．Selection and Modeling of sustainable development indicators：a case study of the Fraser River Basin，British Columbia［J］．Ecological Economies，2009(28)：117-132.

[38] Dluhy M，Swartz N．Connecting knowledge and policy：the promise of community indicators in the United States［J］．Social Indicators Research，2006(79)：1-23.

[39] 兰国良．可持续发展指标体系构建及其应用研究[D]．天津：天津大学博士学位论文，2004：18-22.

[40] Kent E．Portney．Taking Sustainable Seriously Economic Development，Quality of Life，and the Environment in American Cities［M］．Cambridge，MA：MIT Press，2003：79-95.

[41] Ma Jing．Poverty Occurrence Characteristics of Ancient Towns and Villages in Shanxi Province and Poverty Reduction Countermeasures［J］．Asian Agricultural Research，2012，4(5)：13-16，21.

[42] Zhu Li，Zhu Jing．Expansion Strategy of Agricultural Industrial Chain of Suburban Villages and Towns in the Process of Urbanization［J］．Asian Agricultural Research，2011，3(6)：118-122.

[43] 刘菲．生态农村的界定与评价指标研究——以涿州农村为例[D]．北京：北京化工大学，2008，30-32.

[44] 张群，秦川．国内外小城镇建设理论与实践分析[J]．小城镇建设，2008，10：30-35.

[45] Liu W X．Research on the "Villages Merged" Community Building in the Perspective of "Green"

Idea[J]. Energy Procedia, 2010, 3: 35-40.

[46] Dinesh C. Sharma. Transforming rural lives through decentralized green power[J]. Futures, 2010, 583-596.

[47] Colin Trier, Olya Maiboroda. The Green Village project: a rural community's journey towards sustainability[J]. Local Environment, 2009, 14(9): 43-49.

[48] Jan Hinderink, Milan Titus. Small Towns and Regional Development: Major Findings and Policy Implications from Comparative Research[J]. Urban Studies, 2009, 3: 379-391.

[49] Han Fei. Regional Economic Types and Development Strategy of Small Towns[J]. Population, Resources and Environment. 2010, 2: 75-83.

[50] Hubert H. G. The sustainable village[J]. Physics and Chemistry of the Earth, 2009, 34: 1-2.

[51] George Owusu. The Role of Small Towns in Regional Development and Poverty Reduction in Ghana[J]. Urban and Regional Research, 2008, 6: 453-472.

[52] 肖忠钰. 北方寒冷地区村镇住宅节能技术适宜度评价研究[D]. 天津天津城市建筑学院, 2008, 87-88.

[53] 姜轶超. 东北地区绿色小镇发展模式研究[J]. 商业经济, 2013, 10 431): 26-28.

[54] Rebecca. C. Retzlaff. Building Assessment Systems: A Framework and Comparison for Planners [J]. Journal of the American Planning Association, 2008, 4(74): 505-518.

[55] Rebecca. C. Retzlaff. Green Buildings and Building Assessment Systems: A New Area of Interest for Planners[J]. Journal of Planning Literature, 2009, 1(24): 3-21.

[56] Park D B, Yoon Y S. Developing sustainable rural tourism evaluation indicators[J]. International Journal of Tourism Research, 2011, 13(5): 401-415.

[57] 车乐, 邓小兵. 生态城市实验: 2010"生态世博"指标体系构建[A]. 城市规划和科学发展——2006 中国城市规划年会论文集[C]. 2009, 30-35.

[58] 李海龙. 于立. "生态城市指标体系构建"研究进展[J]. 建设科技, 2011, 99(15): 24-26.

[59] 李海龙. 中国生态城镇发展现状与问题评析[J]. 建设科技. 2011, 9(13): 20-23.

[60] 王婉晶. 绿色南京城市建设评价指标体系研究[J]. 地域研究与开研发. 2012, 2(31): 62-65.

[61] 李广海. 和谐社会理念的新农村评价指标体系构建[J]. 西北农林科技大学学报, 2007, 9(1): 10-12.

[62] 李佐军. 中国新农村建设报告(2006)[M]. 北京: 社会科学文献出版社, 2006, 70-73.

[63] Woo Hye-Mi, Ban Yong-Un. The Development of Eco-village Planning Indicators for Sustainability[J]. 2013, 5(20): 30-31.

[64] Shakohi M A, Akbari M. Evaluation of Sustainable Urban Development In Mashhad city, Iran [J]. International Journal of Management Sciences & Business Research, 2013, 2(10): 10-13.

[65] 侯利娟, 王国溉. 粗糙集理论中的离散化问题[J]. 计算机科学, 2007, 27(12) 89-94.

[66] 王国胤, 姚一豫, 于洪. 粗糙集理论与应用研究综述[J]. 计算机学报, 2009, 32(7): 1229-1246.

[67] Mörtberg U M, Balfors B, Knol W C. Landscape ecological assessment: A tool for integrating-biodiversity issues in strategic environmental assessment and planning[J]. Journal of Environmental Management, 2007, 82(4): 457-470.

［68］ Cherp A. The role of environmental management systems in enforcing standards and thresholds in the context of EIA follow-up［C］//Standards and thresholds for impact assessment. Springer，2008：433-446.

［69］ Garmendia E，Stagl S. Public participation for sustainability and social learning：Concepts and lessons from three case studies in Europe［J］. Ecological Economics，2010，69(8)：1712-1722.

［70］ Crawley D，Aho I. Building environmental assessment methods：applications and development trends［J］. Building Research & Information，1999，27(4-5)：300-308.

［71］ 《绿色低碳重点小城镇建设评价指标(试行)》［J］. 建设科技，2011(19)：6.

［72］ Village. 中国美丽村庄评鉴指标体系［J］. 中国村讯，2012(21).1-8.

［73］ 张凤太，苏维词，周继霞. 基于熵权灰色关联分析的城市生态安全评价［J］. 生态学杂志，2008(07)：1249-1254.

［74］ 耿涌，王珺. 基于灰色层次分析法的城市复合产业生态系统综合评价［J］. 中国人口. 资源与环境，2010(01)：112-117.

［75］ 徐东云，李孟刚. 村镇建设的理论综述［J］. 生产力研究，2011(07)：28-29.

［76］ 诸大建，朱远. 生态文明背景下循环经济理论的深化研究［J］. 中国科学院院刊，2013(02)：207-218.

［77］ Reap J，Roman F，Duncan S，et al. A survey of unresolved problems in life cycle assessment［J］. The International Journal of Life Cycle Assessment，2008，13(5)：374-388.

［78］ 杨伟，宗跃光. 生态城市理论研究述评［J］. 生态经济，2008(05)：137-140.

［79］ Wang J，Fang C L，Wang Z B. China's contemporary urban-rural construction land replacement：Practices and problems［J］. Journal of Natural Resources，2011，26(9)：1-14.

［80］ 左停. 国际上村镇建设的具体经验［J］. 武汉建设，2013(02)：32-33.

［81］ 仪慧琳，马婧婧. 国外村镇建设经验对中国的启示［J］. 经济丛刊，2011(03)：46-48.

［82］ 陈衍泰，陈国宏，李美娟. 综合评价方法分类及研究进展［J］. 管理科学学报，2004(02)：69-79.

［83］ 杨娟. 区域发展综合评价的数学方法综述［J］. 上海农业学报，2010(01)：111-115.

［84］ Kjellström T，Corvalán C. Framework for the development of environmental health indicators.［J］. World health statistics quarterly. Rapport trimestriel destatistiques sanitaires mondiales，1994，48(2)：144-154.

［85］ 余育青. 基于灰色层次分析法的实训资源配置评估模型及其应用研究［D］. 浙江工业大学，2009：54-56.

［86］ 费智聪. 熵权—层次分析法与灰色—层次分析法研究［D］. 天津大学，2009：15-18.